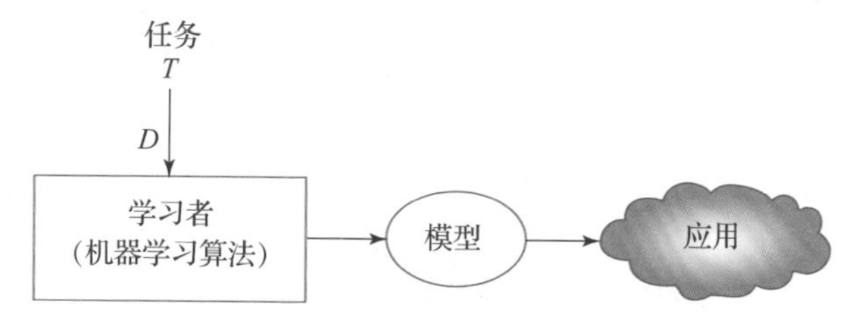

图 1.1　经典的机器学习范式

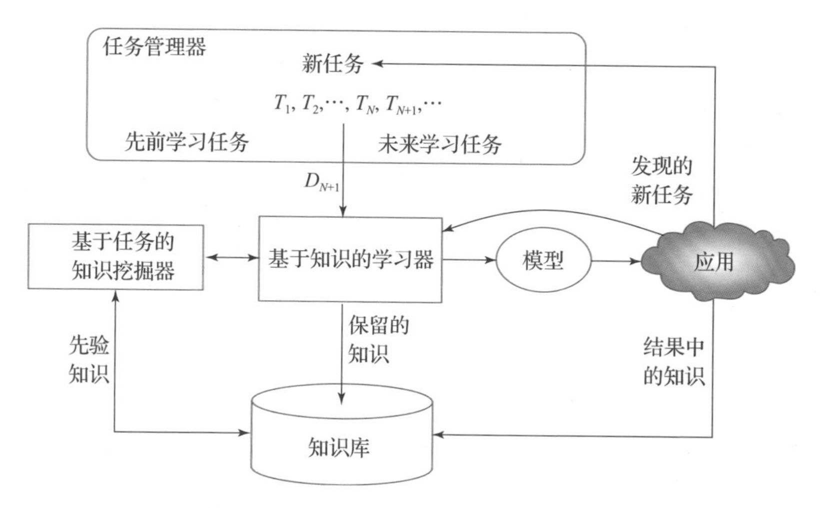

图 1.2　终身机器学习的系统架构

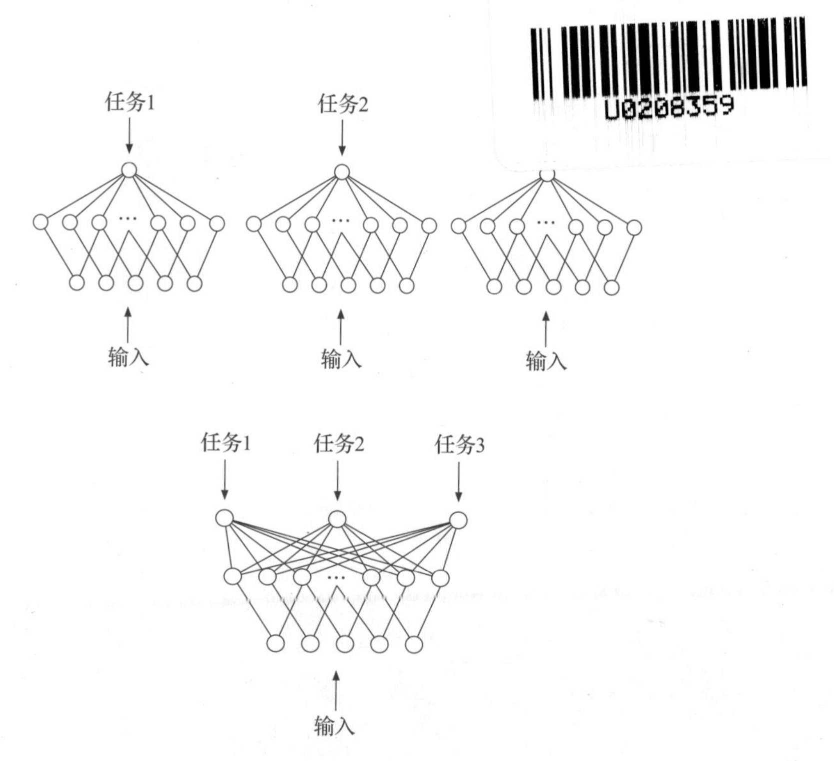

图 3.1　顶层的神经网络是为每个任务独立训练的，底层的神经网络是 MTL 网络［Caruana,1997］

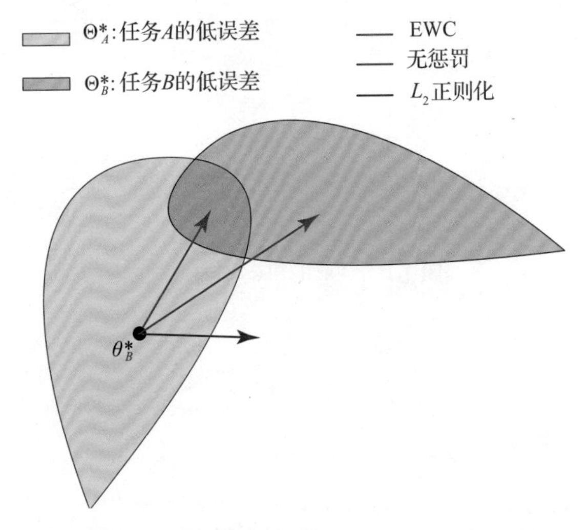

图 4.1　EWC 的说明示例。给定任务 B，常规神经网络学习一个点，该点对任务 B 产生一个低误差，而对任务 A（蓝色箭头）不一定是小误差。相反，L_2 正则化为任务 B 提供了次优模型（紫色箭头）。EWC 为任务 B 更新它的参数，同时缓慢更新对任务 A 重要的参数以保持在 A 的低误差区域（红色箭头）

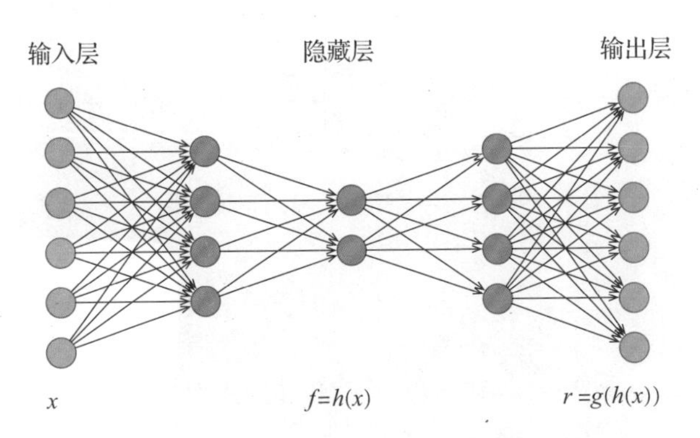

图 4.2　一个非完全自动编码器模型的例子

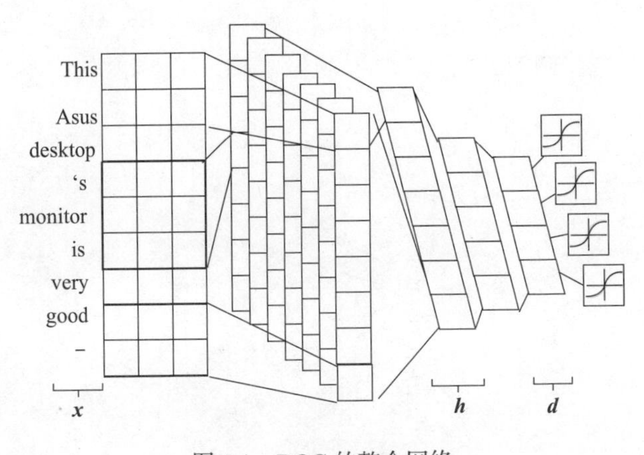

图 5.1　DOC 的整个网络

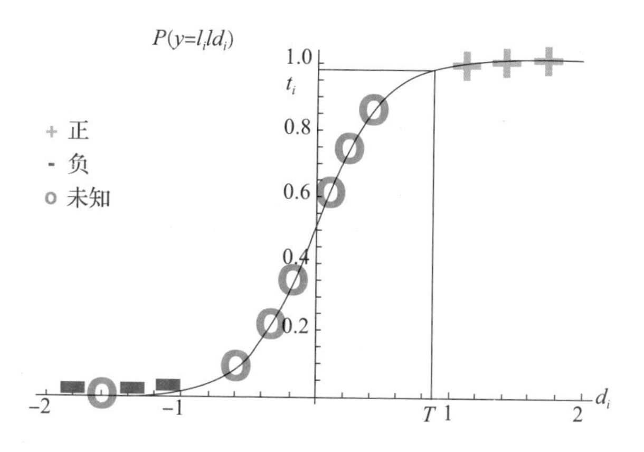

图 5.2 Sigmoid 函数的开放空间风险和期望决策边界 $d_i=T$ 及概率阈值 t_i

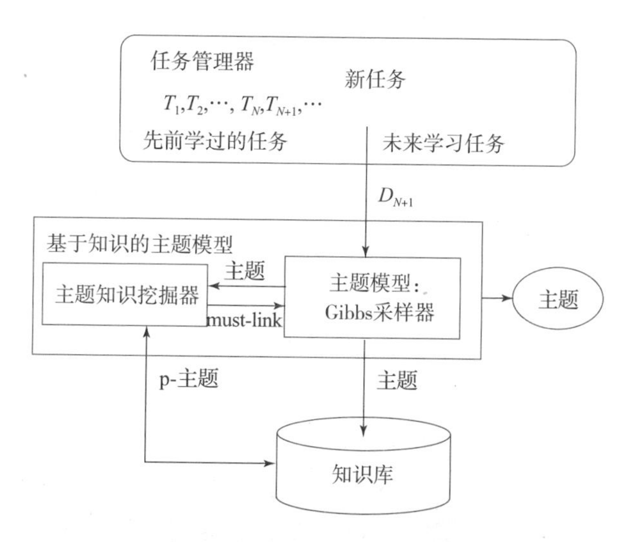

图 6.1 终身主题模型（LTM）的系统框架

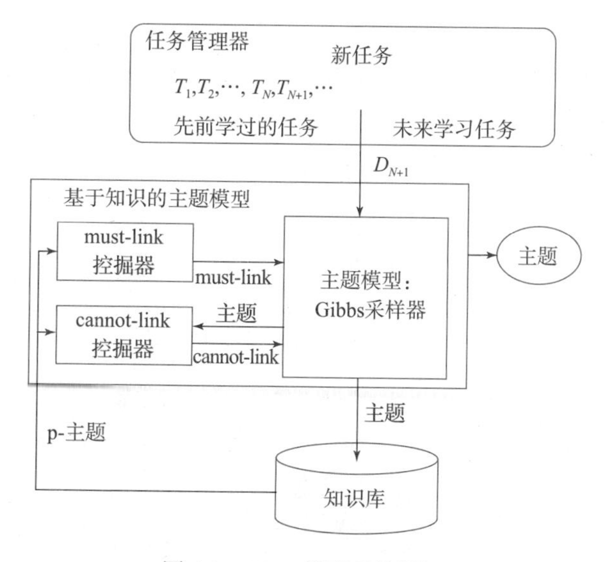

图 6.2 AMC 模型系统框架

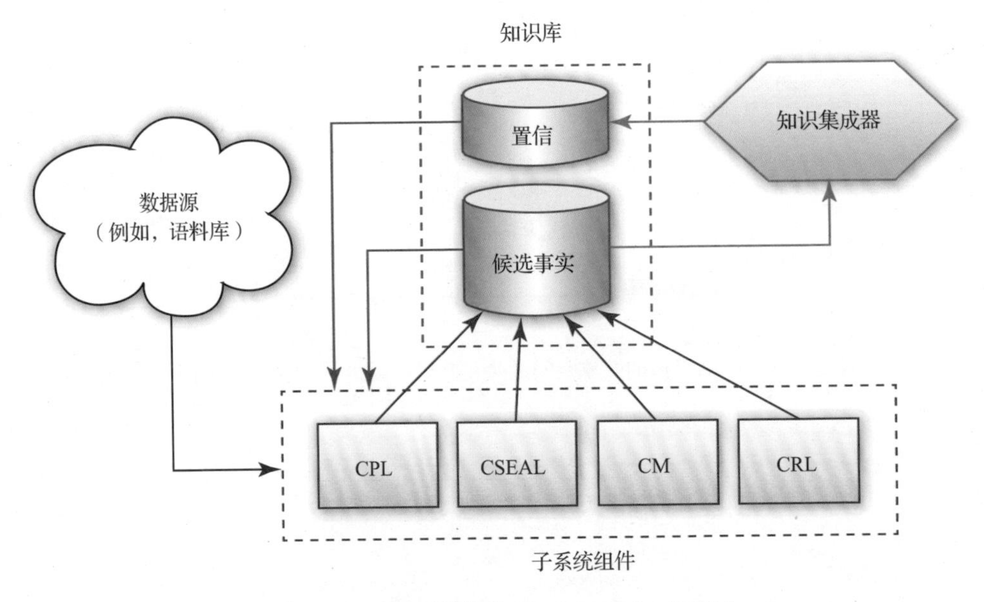

图 7.1　NELL 系统结构 [Carlson et al.，2010a]

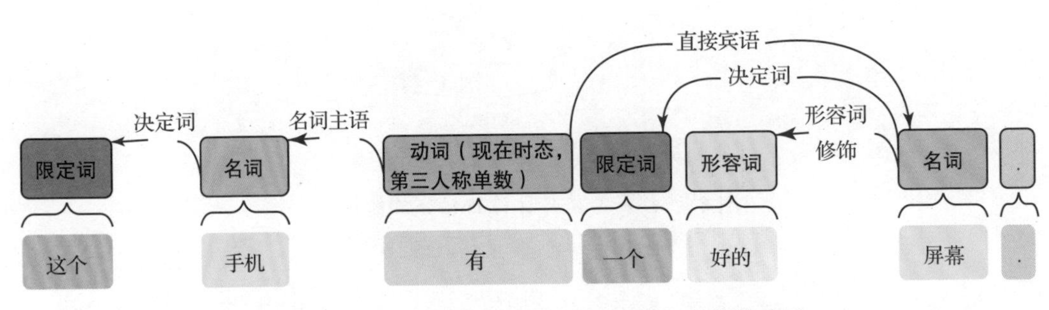

图 7.2　句子“这个手机有一个好的屏幕”的依赖关系

User:　(Obama, CitizenOf, USA)? “Is Obama a citizen of USA?” [Query]
LiLi:　I do not know what “**CitizenOf**” mean? Can you provide me an example? [*Ask for Clue*]
User:　(David Cameron, CitizenOf, UK). “David Cameron is a citizen of UK.” [SF1]
LiLi:　Got it. Can you tell me how “**Obama**” and “**Honolulu**” are related? [*CLQ*]
User:　(Obama, BornIn, Honolulu). “Obama was born in Honolulu.” [SF2]
LiLi:　Got it. Can you tell also me how “**Honolulu**” and “**Hawaii**” are related? [*MLQ*]
User:　(Honolulu, CapitalOfState, Hawaii). “Honolulu is the state capital of Hawaii.” [SF3]
LiLi:　(Obama, CitizenOf, USA) is correct. [Answer]

图 8.1　交互推理和学习的例子。请注意，LiLi 只针对三元组，假设上面每一个三元组都是由其后的句子提取得到

智能科学与技术丛书

Lifelong Machine Learning

Second Edition

终身机器学习

（原书第2版）

[美] 陈志源（Zhiyuan Chen）
刘兵（Bing Liu） ◎ 著

伊利诺伊大学芝加哥分校

陈健 ◎ 译

华南理工大学

机械工业出版社
China Machine Press

图书在版编目（CIP）数据

终身机器学习（原书第2版）/（美）陈志源，（美）刘兵著；陈健译．—北京：机械工业出版社，2019.8（2020.5 重印）
（智能科学与技术丛书）
书名原文：Lifelong Machine Learning, Second Edition

ISBN 978-7-111-63212-2

I. 终… II. ①陈… ②刘… ③陈… III. 机器学习 IV. TP181

中国版本图书馆 CIP 数据核字（2019）第 143109 号

本书版权登记号：图字 01-2018-8782

本书介绍高级机器学习范式——终身机器学习，这种范式通过积累过去的知识持续地学习，并将所学到的知识用于帮助未来的学习和解决问题。本书适用于对机器学习、数据挖掘、自然语言处理或模式识别感兴趣的学生、研究人员和从业人员。

出版发行：机械工业出版社（北京市西城区百万庄大街22号 邮政编码：100037）

责任编辑：王春华	责任校对：张惠兰
印　刷：三河市宏图印务有限公司	版　次：2020年5月第1版第2次印刷
开　本：185mm×260mm 1/16	印　张：12.5（含0.25印张彩插）
书　号：ISBN 978-7-111-63212-2	定　价：79.00元

客服电话：（010）88361066 88379833 68326294　　投稿热线：（010）88379604
华章网址：www.hzbook.com　　读者信箱：hzjsj@hzbook.com

译者序

终身学习是一种持续学习的机器学习范式，它能够利用已学到的知识来帮助未来的学习和解决问题。经典的机器学习范式是孤立地学习，不保留和积累以前学习过的知识，而终身学习的目标就是要克服现有机器学习的缺点，以便像人类一样持续学习。本书适用于对机器学习、数据挖掘、自然语言处理或模式识别感兴趣的学生、研究人员和从业人员。

本书根据终身学习的不同研究方向，全面地介绍了相关的重要研究成果和最新思想。首先简要介绍传统机器学习的概况、终身学习的定义、目前遇到的挑战以及机器学习的范式；然后介绍基于深度神经网络的监督终身学习、开放式学习和终身主题模型等主题；之后介绍聊天机器人的持续学习能力、终身强化学习的相关算法等。最后对本书进行总结，指明终身学习研究领域所面临的主要挑战和方向。

本书的两位作者都是活跃在终身机器学习研究领域的优秀学者。刘兵教授是伊利诺伊大学芝加哥分校计算机科学系的杰出教授，其研究方向包括终身机器学习、情感分析和观点挖掘、数据挖掘、机器学习和自然语言处理。陈志源在刘兵教授的指导下在伊利诺伊大学芝加哥分校以“终身机器学习的主题建模和分类”为题完成了他的博士论文，其研究方向包括机器学习、自然语言处理、文本挖掘、数据挖掘等。

华南理工大学软件学院研究生黄琰、韩超和陈雅文为本书做了大量的工作，在此特表感谢。

由于译者水平有限，译文中难免出现疏漏和错误，欢迎大家批评指正！

陈健

2019.7.19 于广州华南理工大学

前　言

编写第 2 版的目的是扩展终身学习的定义，更新部分章节的内容，并添加一个新的章节来介绍**深度神经网络中的持续学习**(continual learning in deep neural networks)，这部分内容在过去的两三年里一直被积极研究。另外，还重新组织了部分章节，使得内容更有条理。

编写本书的工作始于我们在 2015 年第 24 届国际人工智能联合会议(IJCAI)上关于**终身机器学习**(lifelong machine learning)的教程。当时，我们已经对终身机器学习这个主题做了一段时间的研究，并在 ICML、KDD 和 ACL 上发表了几篇文章。当 Morgan & Claypool 出版社联系我们要出版关于该主题的图书时，我们很兴奋。我们坚信终身机器学习(或简称终身学习)对未来的机器学习和人工智能(AI)至关重要。值得注意的是，终身学习有时在文献中也被称为**持续学习**(continual learning)或**连续学习**(continuous learning)。我们对该主题的最初研究兴趣源于几年前在一个初创公司所做的关于情感分析(SA)的工作中所积累的广泛应用经验。(典型的 SA 项目始于客户在社交媒体中对他们自己或竞争对手的产品或服务发表的消费者意见。)SA 系统包含两个主要的分析任务：(1)发现人们在评论文档(如在线评论)中谈到的实体(例如，iPhone)和实体属性/特征(例如，电池寿命)；(2)确定关于每个实体或实体属性的评论是正面的、负面的或中立的[Liu，2012，2015]。例如，从"iPhone 真的很酷，但它的电池寿命很糟糕"这句话中，SA 系统应该发现：(1)作者对 iPhone 的评论是正面的；(2)作者对 iPhone 的电池续航时间的评论是负面的。

在参与许多领域(产品或服务的类型)的许多项目之后，我们意识到跨领域和跨项目之间存在着大量可共享的信息。随着我们经历的项目越来越多，遇到的新事物却越来越少。很容易看出，情感词和短语(如好的、坏的、差的、糟糕的和昂贵的)是跨领域共享的，大量的实体和属性也是共享的。例如，每个产品都有**价格**属性，大量电子产品有**电池**，大多数还有**屏幕**。如果不使用这些可共享的信息来大幅度提高 SA 的准确度，而是单独处理每个项目及其数据，是比较愚蠢的做法。经典的机器学习范式完全孤立地学习。在这种范式下，给定一个数据集，学习算法在这个数据集上运行并生成模型，算法没有记忆，因此无法使用先前学习的知识。为了利用知识共享，SA系统必须保留和积累过去学到的知识，并将其用于未来的学习和问题的解决，这正是**终身学习**(lifelong learning)的目标。

不难想象，这种跨领域和跨任务的信息或知识共享在每个领域都是正确的。在自然语言处理中尤为明显，因为单词和短语的含义在不同领域和任务之间基本相同，句子语法也是如此。无论我们谈论什么主题，都使用相同的语言，尽管每个主题可能只使用一种语言中的一小部分单词和短语。如果情况并非如此，那么人类也不会形成自然语言。因此，终身学习可以广泛应用，而不仅仅局限于情感分析。

本书的目的是提出这种新兴的机器学习范式，并对该领域的重要研究成果和新想法进行全面的回顾。我们还想为该研究领域提出一个统一的框架。目前，机器学习中有几个与终身学习密切相关的研究课题，特别值得注意的是多任务学习和迁移学习，因为它们也采用了知识共享和知识迁移的思想。本书将集中介绍这些主题，并讨论它们之间的相同和差异。我们将终身学习视为这些相关范式的扩展。通过本书，我们还想激励研究人员开展终身学习的研究。我们相信终身学习代表了未来几年机器学习和人工智能的主要研究方向。如果不能保留和积累过去学到的知识，对知识进行推理，并利用已学到的知识帮助未来的学习和解决问题，那么实现**通用人工智能**(Artificial General Intelligence，AGI)是不可能的。

编写本书遵循了两个主要指导原则。首先，它应该包含开展终身学习研究的强大动机，以便鼓励研究生和研究人员致力于研究终身学习的问题。其次，它的内容对于具有机器学习和数据挖掘基础知识的从业者和高年级本科生应该是易于理解的。但是，对于计划攻读机器学习和数据挖掘领域博士学位的研究生来说，应该学习更加详尽的资料。

因此，本书适用于对机器学习、数据挖掘、自然语言处理或模式识别感兴趣的学生、研究人员和从业人员。

陈志源和刘兵

2018年8月

致　谢

感谢我们小组中那些已经毕业和还在学校的学生以及我们的合作伙伴：Geli Fei、Zhiqiang Gao、Estevam R. Hruschka Jr.、Wenpeng Hu、Minlie Huang、Yongbing Huang、Doo Soon Kim、Huayi Li、Jian Li、Lifeng Liu、Qian Liu、Guangyi Lv、Sahisnu Mazumder、Arjun Mukherjee、Nianzu Ma、Lei Shu、Tao Huang、William Underwood、Hao Wang、Shuai Wang、Hu Xu、Yueshen Xu、Tim Yin、Tim Yuan 和 Yuanlin Zhang。多年来，他们提供了大量的研究思路和有益的论点。还要特别感谢本书第 1 版的两位评论专家 Eric Eaton 和 Matthew E. Taylor。尽管他们的工作繁忙，但还是非常仔细地阅读了本书的初稿，并给我们提出了许多优秀的意见和建议。这些意见和建议不仅具有深刻的洞察力和全面性，还非常详细并具有建设性。德国的 I. Parisi 审阅了第 2 版的第 4 章，也给予我们很多宝贵的意见。他们的建议对本书的改进提供了极大的帮助。

对于本书的出版，我们要感谢人工智能和机器学习综合讲座的编辑 Ronald Brachman、William W. Cohen 和 Peter Stone，是他们发起了这个项目。我们也非常感谢 Morgan & Claypool 出版社的总裁兼首席执行官 Michael Morgan 及其工作人员 Christine Kiilerich 和 C. L. Tondo。他们对于我们随时提出的请求都能够迅速地提供帮助。

最需要感谢的是我们的家人。陈志源想要感谢妻子 Vena Li 和父母。刘兵想要感谢妻子 Yue、孩子 Shelley 和 Kate 以及父母。家人在很多方面都提供了支持和帮助。

本书的编写工作获得了美国国家科学基金会（NSF）的 IIS-1407927 和 IIS-1650900 两个项目的资助，以及 NCI 的 R01CA192240 项目的资助，还分别获得了华为公司和博世公司的研究资助。本书的内容完全由作者负责，并不一定代表 NSF、NCI、华为或博世的官方观点。伊利诺伊大学芝加哥分校的计算机科学系为这个项目提供了计算资源和极大的支持。在谷歌工作也为陈志源在机器学习领域提供了更广泛的视角。

陈志源和刘兵

2018 年 8 月

目 录

引　言

机器学习(ML)已经成为促进数据分析和人工智能(AI)发展的重要工具。最近深度学习取得的成功促使机器学习上升到了一个新的高度。机器学习算法已经应用于计算机科学、自然科学、工程学、社会科学以及其他学科的几乎所有领域，实际应用甚至更为广泛。如果没有有效的机器学习算法，许多行业不会存在，也不会得到快速发展，例如，电子商务和Web搜索。然而，目前的深度学习范式还存在缺陷。在这一章中，我们首先讨论传统的机器学习范式及其缺点，然后介绍**终身机器学习**(Lifelong Machine Learning，或简称终身学习(LL))，这是一个以建立像人类一样学习的机器为最终目标，能够克服目前机器学习缺点的新兴和极有潜力的方向。

1.1 传统机器学习范式

目前主流的机器学习范式是在一组给定的数据集上运行机器学习算法以生成一个模型，然后将这个模型应用到真实环境的任务中，监督学习和无监督学习都是如此。我们称这种学习范式为**孤立学习**(isolated learning)，因为这种范式不考虑其他相关的信息和以前学过的知识。这种孤立学习的主要问题在于，它不保留和积累以前学习的知识，无法在未来的学习中使用这些知识，这与人类的学习过程存在鲜明的对比。人类从来都不会孤立地或者从零开始学习，我们始终保留过去已经学到的知识，并将其用于帮助未来的学习和解决问题。如果不能积累和使用已学的知识，机器学习算法往往需要大量的训练样本才能进行有效的学习。这个学习环境通常是静态的和封闭的。对于监督学习而言，训练数据的标签通常需要手工完成，这是一项非常消耗精力和时间的工作。由于这个世界存在许许多多可能的任务，非常复杂，因此，为了让一个机器学习算法进行学习而为每一个可能的任务或应用标记大量的样本几乎是不太可能的事情。更为糟糕的是，我们身边的事物总是在不断变化，因此，标记工作也需要持续进行，这对我们来说是一项艰巨的任务。即使是无监督学习，在很多情况下收集大量的数据也是比较困难的事情。

相比而言，人类的学习方式完全不同。我们从过去的任务中积累并保留知识，并无缝地使用这些知识来学习新的任务和解决新的问题。这就是为什么每当遇到新的情况或问题时，我们可能发现它的很多方面都不是第一次出现，而是在过去的一些场合就已经碰到过。当面对一个新的问题或一个新的环境时，我们能够运用先前所学的知识来处理新的情况，并且从中总结经验和吸取教训。久而久之，我们学到的东西越来越多，变得越来越有知识，学习效率越来越高。**终身机器学习**的目标就是模拟人类学习过程和学习能力，这种类型的学习方式是相当自然的，因为我们周边的事物都是密切相关且相互连通的。了解某些学科的知识有助于我们理解和学习其他学科。例如，对于一部电影，我们不需要像机器学习算法一样在网上抓取1000条正面评论和1000条负面评论作为训练数据，才能建立一个准确的分类器来对这部电影的正面评论和负面评论进行分类。事实上，对于这项任务，我们甚至不需要一个单独的训练样本就可以完成分类。我们是怎么做到的呢？原因很简单，对于用来赞美或者批评事物的语言表达，我们过去已经积累了足够多的这方面的知识，就算这些赞美或批评并没有出现在评论语句中，我们也能正确地分类。有趣的是，如果我们没有这样的先验知识，人类可能无法在较短的时间内通过这1000条正面评论和1000条负面评论来建立一个好的分类器。例如，如果你不懂阿拉伯语，而别人给你提供2000条已标识的阿拉伯语评论，并要求你手动构建一个分类器，在没有翻译的情况下，你几乎是做不到的。

为了在更具一般性的意义下讨论这个问题，我们使用自然语言处理(NLP)作为例子。很容易看出终身学习对自然语言处理的重要性，这有以下几个原因：首先，单词和短语在所有领域和所有任务中几乎都具有相同的含义；其次，每一个领域中的语句都遵循相同的语法和句法；最后，几乎所有的自然语言处理问题都是彼此密切相关的，这意味着这些问题是内联的，并且在某种程度上相互影响。前两个原因保证了已学的知识可以跨领域和跨任务使用，因为这些知识具有相同的形式、含义和语法，这就是人们在进入一个新应用领域时不需要重新学习语言(或者学习一门新的语言)的原因。例如，假设我们从未研究过心理学，而我们现在想要研究它，那么除了心理学领域的一些新概念之外，我们并不需要学习心理学文本中使用的语言，因为关于语言本身的一切都与其他领域相同。第三个原因确保终身学习可以应用到不同类型的任务中。例如，命名实体识别(NER)系统已经识别出iPhone是一个产品或实体，并且数据挖掘系统已经发现每一个产品都有价格和形容词“昂贵”来描述实体的价格属性。然后，从句子“iPhone的图像质量很好，但它相当昂贵”中，我们可以安全地提取出“图像质量”作为 iPhone 的特征或属性，并且在先验知识的帮助下检测出“它”是指 iPhone 而不是指图像质量。习惯上，这些问题是孤立解决的，但是它们是相关的，而且可以互相帮助，因为一个问题的结果对于其他问题是有用的。这种情况对于所有的自然语言处理任务都是普遍的。请注意，我们把从未知到已知的任何事物都看作知识。这样，一个学习模型是知识，运用这个模型获得的结果同样也是知识，尽管这是两种不同类型的知识。例如，iPhone 作为一个实体以及图像质量作为 iPhone 的一个属性是两种不同类型的知识。

实现和能够利用跨领域的单词和词组的共有特性以及任务之间的内在关联还不够。为了有效地帮助新任务进行学习，通常还需要大量的知识储备，因为从过去的任务中获得的知识只是很少一部分，这部分知识甚至无法适用于新任务(除非两个任务非常相似)。因此，从大量不同的领域学习以积累各种知识是非常重要的。未来的任务可以从过去学过的知识中挑选合适的知识来帮助其学习。正因为这个世界随时都在变化，所以学习也是一个持续或者终身的过程，就像人类学习一样。

虽然我们使用自然语言处理作为例子，但这其中的一般道理对于任何其他领域都是适用的，因为世间万物都是彼此联系的。没有什么事物与任何其他事物毫不相关。因此，在某些领域已经学到的知识可以应用到另一些领域的相似场景当中。传统的独立学习范式无法达到终身学习的效果。如上所述，这样的范式只能适用于封闭环境中狭隘和受限的任务，这对于建立一个不断学习以接近人类智能水平的智能系统仍然是不够的，终身学习旨在这个方向上取得进展。随着机器人、智能个人助理、聊天机器人的普及，终身学习变得越来越重要，因为这些系统都必须与人或其他系统交互，在千变万化的环境里通过这些交互过程不断地学习，并存储已学知识，从而随着时间的推移学到更多知识，能够更好地运作。

1.2 案例

在上一节中，我们从人类学习和自然语言处理的角度阐述了终身学习的出现动机。在这一节中，我们将使用一些具体的例子(如情感分析、无人驾驶汽车和聊天机器人)来更进一步说明终身学习。我们研究终身学习的最初动机实际上源于几年前在一家初创公司中对情感分析(SA)的广泛应用。一个情感分析系统需要执行两个主要任务：第一个任务通常称为特征提取，目的是从类似在线评论的意见文档中发现实体(例如，iPhone)以及实体的属性或特征(例如，电池寿命)。这些实体和实体属性在情感分析中通常称为**特征**(aspect)。第二个任务是判断关于特征(实体或者实体属性)的意见是正面的、负面的还是中性的[Liu，2012，2015]。例如，从句子“iPhone真的很酷，但是它的电池寿命很糟糕”中，情感分析系统会发现作者对iPhone持肯定的态度，但是对电池寿命的态度却是负面的。

这样的应用场景主要有两类：第一类是分析关于某个特定产品或者服务(或者少量产品或服务)的消费者评价，例如，iPhone或者某个酒店。这类应用是高度集中的，通常也不困难。第二类是分析消费者对于大量产品或服务的评价，例如，关于Amazon或Best Buy网站上销售的所有产品的评价。虽然和第一类应用场景相比，第二类应用场景只是产品或服务数量上的变化，但实际上却引发了质变，因为应用于第一类应用场景的技术可能不适用于第二类应用场景。下面让我们看看监督学习和无监督学习方法是如何执行这些任务的。

首先，我们来分析监督学习方法。对于第一类应用场景而言，花费一些时间和精力来对大量数据进行标记以便完成特征提取和情感分类是合理的。值得注意的是，这些都是不同类型的任务，因此也需要不同类型的标签或注释。通过已标记的训练数据，我们可以在不同的机器学习模型上进行实验、调整参数和设计不同特征，从而为特征提取和分类建立一个良好的模型。因为我们只需处理一种产品或服务的意见，所以这种方式是比较合理的。对于无监督学习方法，常用的做法是使用人工编译的语法规则来提取特征。对于情感分类，常用的做法是使用一组情感词和短语(例如，好、坏、漂亮、劣质、恐怖和糟糕)以及句法分析来判断情感。虽然这些方法被称为无监督学习，但并不能完全脱离具体领域。在不同的领域里，因为人们表达意见的方式可能不同，所以提取规则也会不同。对于情感分类来说，一个单词在一个领域的特定语境中是正面的，但是在另一个领域中却有可能是负面的。例如，对于“安静”这个词，句子“这辆车很安静”在汽车行业中是一个正面的评价，但是句子“这个耳机很安静”在耳机行业里却是负面的评价。还有其他一些难题[Liu et al.，2015b]。如果只需处理一个或两个领域(产品或服务)，我们就可以花费时间手工制定规则，并识别那些特定领域的情感表达，以便建立准确的提取和分类系统。

然而，对于第二类应用场景，监督方法和无监督方法都存在问题，因为它们无法扩展。Amazon.com 上可能会销售数十万甚至更多不同种类的产品，为每一种产品标记大量的数据是一项艰巨的任务，更不用说随时都有可能推出新的产品。众所周知，一个领域中标记的训练数据不适用于另一个领域。虽然迁移学习对此有所帮助，但也不一定准确。更糟糕的是，迁移学习往往需要使用者提供相似的源领域和目标领域，否则可能导致负向迁移，并产生较差的结果。虽然众包也可用于标签，但是标签数据的质量难以保证。更重要的是，网上销售的大部分产品没有足够多的评论来构建准确的分类器或提取器。无监督学习方式也同样存在此类问题。每种类型的产品都不同，手工提取规则并通过特定于领域的情感极性来识别情感词也是一项几乎不可能完成的任务。

虽然传统机器学习方法很难应用于第二类应用场景，但这并不意味着没有解决方案。在为初创公司的客户开展过多个项目之后，我们发现跨领域(或不同类型的产品)的特征提取和情感分类有大量的知识共享。随着我们观察越来越多的产品评论，新的事物越来越少。很显然，各个领域具有相同的情感词组和表达(例如，好、坏、贫穷、糟糕和昂贵)，也有大量的共有特征(实体和属性)。例如，每一个产品都具有价格属性，大多数电子产品都有电池，很多还有电子屏幕。不采用这些共有特性来大幅度提高情感分析的准确度，而是单独处理每一类产品的评论，是不可取的做法。

这种经验和直觉促使我们试图找到一种系统的方法来利用过去学到的知识。终身学习正是这种自然而言的选择，因为它是一种持续学习、保留过去学到的知识，并利用积累的知识帮助未来学习和解决问题的范式。终身学习可以直接应用于情感分析的监督方法和无监督方法中，并使情感分析可以扩展到非常多的领域。在监督方法中，我们不再需要大量标记的训练样例。许多领域甚至已经不再需要训练数据，因为它们可能已经被其他过去的领域覆盖了，而且这些相似领域是自动发现的。在无监督方法中，借助知识的共享，系统将获得更准确的提取和情感分类，同时也有助于自动发现特定领域中单词的情感极性。我们将在本书介绍一些相关的技术。

有趣的是，终身学习的这种应用引发了两个关键问题，即知识的正确性和适用性。在对某个特定领域使用过去已学的知识之前，需要确保这些知识是正确的。如果这些知识是正确的，还必须保证它们适用于当前领域。如果这两个问题处理不好，在新领域中产生的结果可能会变得更糟糕。在本书后面的章节里，我们将讨论在监督和无监督学习的环境中解决这些问题的一些方法。

在无人驾驶汽车领域，也同样存在这类问题。学习驾驶有两种基本方法：基于规则的方法和基于学习的方法。在基于规则的方法中，很难制定出覆盖所有路面驾驶场景的规则，基于学习的方法也存在类似的问题，因为道路环境是动态变化而且非常复杂的。我们以感知系统为例，为了使感知系统能够检测和识别出道路上的各种事物，以便预测潜在的障碍和危险情况，仅仅使用经过标记的训练数据来训练系统是非常困难的。我们非常希望系统能够在驾驶期间进行持续学习，并且在该过程中识别从未见过的事物并学习识别它们，还可以通过运用过去的知识和周围环境的反馈来学习这些事物的行为以及对车辆的危险程度。例如，当汽车在道路上发现一个前所未见的黑色斑块时，它必须首先意识到这是一个从未见过的事物，然后逐渐学习识别它，并评估它的危险系数。如果其他汽车已经从这个黑色斑块上面开过去(环境反馈)，这意味着这个黑色斑块不存在危险。事实上，汽车可以从路上其他来往的车辆中学习到很多知识。这种学习过程是自我监督(没有外部手动标记数据)并且永远不会结束。随着时间的推移，汽车将越来越有知识，而且越来越智能。

最后，我们使用聊天机器人的发展来进一步说明终身学习的必要性。近年来，聊天机器人变得越来越受欢迎，它们被广泛应用在执行目标导向的任务(比如协助消费者购物、预订机票等)上，还可以通过开放式聊天为人们减压。目前已经上市了大量的聊天机器人，还有一些正在开发中，许多研究人员也在积极研究聊天机器人技术。但是，目前的聊天机器人仍然存在一些重要的缺陷，由此限制了其应用范围，其中一个严重的缺陷是它们无法在聊天的过程中学习新知识，即它们的知识是事先设定好的，无法在聊天过程中自动扩展或更新，这与人类的聊天对话截然不同。人类通过交谈可以学到很多知识，我们既可以从别人的言语中学习，也可以在自己不明白的时候通过向别人询问来进行学习。例如，每当我们在别人的问题或者谈话中听到未知的概念时，在回答这个问题或对此谈话做出反应之前，我们会尽力收集关于这个未知概念的信息，并通过长期记忆中的相关知识进行推理。为了收集信息，我们通常会对交谈者提问，因为通过与他人互动来获取新知识是人类的基本技能。新获取的信息或知识不仅有助于完成当前的推理任务，还对未来的推理任务有用。因此，我们的知识会逐渐增加。随着时间的推移，我们变得越来越博学，越来越善于学习和交流。自然地，聊天机器人也应该具备这种终身学习或持续学习的能力。在第8章中，我们将看到让聊天机器人在对话中学习的一个新尝试。

1.3 终身学习简史

终身学习(Lifelong Learning,LL)的概念是在 1995 年左右由 Thrun 和 Mitchell [1995]提出的。从那以后，终身学习就开始向几个不同的方向发展，我们将在下面对每一个研究方向进行简单介绍。

1. **终身监督学习**。Thrun[1996b]首先研究了终身概念学习，其中每一个先前任务或新任务都使用二元分类法来识别一个特定的概念或类，并在基于记忆学习和神经网络的范围内提出了一些终身学习技术。Silver 和 Mercer[1996，2002]以及 Silver 等人[2015]改进了神经网络方法。Ruvolo 和 Eaton [2013b]提出了**高效终身学习算法**(Efficient Lifelong Learning Algorithm,ELLA)来改进 Kumar 等人[2012]提出的**多任务学习**(Multi-Task Learning,MTL)方法，其中学习任务是彼此独立的。Ruvolo 和 Eaton [2013a]也在活动任务选择的环境中考虑了终身学习。Chen 等人[2015]在朴素贝叶斯(NB)分类的范畴内提出了终身学习技术。Pentina 和 Lampert [2014]在 PAC 学习框架下完成了终身学习的理论研究。Shu 等人[2017b]在模型应用或测试过程中提出了一个改进条件随机场(CRF)模型的方法，这有点类似于在工作中学习，在其他现有模型中是无法实现的。Mazumder 等人[2018]沿着人机对话的方向进行研究，使聊天机器人能在对话过程中持续学习新知识。

2. **深度神经网络中的持续学习**。在过去的几年里，随着深度学习的普及，许多研究人员都在研究在深度学习背景下持续学习一系列任务的问题[Parisi et al.，2018a]。值得注意的是，终身学习在深度学习社区中也被称为**持续学习** (continual learning)。对于深度学习中的持续学习来说，其主要动机是在学习一系列任务的过程中解决**灾难性遗忘**(catastrophic forgetting)的问题[McCloskey and Cohen，1989]。重点是在同一个神经网络中逐渐学习每一个新任务，而不会导致神经网络忘记已经在过去任务中学到的模型。关于如何利用过去已学到的知识帮助更好地学习新任务，人们也做了一些工作。而其他终身学习方法则强调利用过去已学知识来帮助进行新学习。

3. **开放学习**。传统的监督学习存在**封闭世界假设**(closed-world assumption)，即假设测试实例的分类一定在训练中见过[Bendale and Boult，2015；Fei and Liu，2016]。这种方法不适用于开放且动态环境下的学习，因为这种环境下总会出现新的事物。也就是说，在模型测试或应用中，可能会出现一些从未出现过的实例。开放学习正是用于解决这种情况的[Bendale and Boult，2015；Fei et al.，2016；Shu et al.，2017a]。也就是说，开放环境下的学习者必须能够建立这样的模型，能在测试或模型应用过程中检测出从未出现过的类别，并且还可以基于新类和旧模型持续地学习新的类别。

4. **终身无监督学习**。该领域的论文主要是关于终身主题建模和终身信息提取的。Chen 和 Liu [2014a，b] 以及 Wang 等人 [2016]提出了几种终身主题建模技术，可以从许多先前任务产生的主题中挖掘知识，并用这些知识来帮助新任务产生更好的主题。Liu 等人[2016]在观点挖掘的范围内为信息提取提出了一种基于推荐的终身学习方法。Shu 等人[2016]提出一种终身松弛标记法来解决无监督分类问题。这些技术都是基于元级别挖掘，即跨任务挖掘共享知识。

5. **终身半监督学习**。这方面的代表是 NELL(Never-Ending Language Learner)系统[Carlson et al.，2010a；Mitchell et al.，2015]，该系统自 2010 年 1 月以来一直从 Web 中提取信息，已经积累了数百万的实体和关系。

6. **终身强化学习**。Thrun 和 Mitchell [1995]首先提出了一些用于机器人学习的终身学习算法，这些算法试图获取每一个单独任务的固定知识。Tanaka 和 Yamamura [1997]将每一个环境视为终身学习的一个任务。Ring [1998]提出一种连续学习智能体，旨在通过学习简单任务来逐步解决复杂任务。Wilson 等人[2007]在**马尔可夫决策过程**(Markov Decision Process，MDP)的框架下提出了一种分层贝叶斯终身强化学习方法。Fernández 和 Veloso [2013]致力于多任务环境中的策略重用。Deisenroth 等人[2014]提出了一种跨任务泛化的非线性反馈策略。跟从 ELLA 思想[Ruvolo and Eaton，2013b]，Bou Ammar 等人 [2014]提出了一种高效策略梯度的终身学习算法，这项工作进一步促进了跨领域的终身强化学习[Bou Ammar et al.，2015a]和基于安全约束的终身强化学习[Bou Ammar et al.，2015c]。

终身学习在其他领域也有应用。Silver 等人[2013]在 AAAI 2013 春季研讨会上发表了早期终身学习研究报告。

正如我们看到的那样，虽然终身学习在 20 年前就已经被提出来，但是该领域的研究并不广泛。原因很多，其中一些原因如下。第一，在过去 20 多年里，机器学习研究一直专注于统计和算法。终身学习通常需要一种结合了多个组件和学习算法的系统方法，而系统的学习方法并不受欢迎。这可以在一定程度上解释虽然终身学习研究不流行，但与它紧密相关的迁移学习范式和多任务学习却已得到广泛的研究，因为它们可以通过统计和算法的方式完成。第二，过去的机器学习研究和应用大多都集中在使用结构化数据的监督学习上，这对于终身学习而言是比较困难的，因为多任务或领域之间的共有知识很少。例如，从贷款申请的监督学习系统中学到的知识很难在健康或教育之类的应用中使用，因为这些领域没有太多的共同点。此外，大多数监督学习算法只生成一个模型或分类器，不产生其他额外知识，这就使得即使在相似领域内也很难使用其他分类任务的先验知识。第三，许多有效的机器学习方法，如 SVM 和深度学习，都无法简单地使用先验知识，即使这些知识已经存在。这些分类器就像黑盒子，很难分解或解析。它们往往使用更多的训练数据来得到更准确的模型。第四，像迁移学习和多任务学习这类相关领域能够流行起来的原因是它们通常只需少数几个相似任务或者数据集，并不需要保留显性知识。另一方面，终身学习需要更多先前的任务和数据来学习和积累大量的显性知识，以便在新任务学习时能够挑选出合适的知识，这与人类的学习非常类似。如果一个人没有大量的知识储备，他就很难学到更多的知识。一个人拥有的知识越多，他就越容易学习。例如，小学生几乎不可能学习图模型，即使是成年人，如果他没有学过概率论，那么他也不可能学习图模型。

考虑到这些因素，我们认为终身学习的一个较有前景的领域是自然语言处理，正如我们前面讨论的那样，自然语言处理在领域和任务之间广泛地共享知识，任务内部的联系也比较紧密，可使用的文本数据也很充足。终身监督学习、无监督学习、半监督学习以及强化学习都可以应用于文本数据。

1.4　终身学习的定义

终身学习的早期定义[Thrun，1996b]如下：假设在任一时间点，系统已经学习了 N 个任务，在遇到第 $N+1$ 个任务时，系统能够利用前 N 个任务中学到的知识来帮助学习第 $N+1$ 个任务。我们通过给出更多的细节和附加特征扩展这个定义。第一，增加一个显性**知识库**(Knowledge Base，KB)用于保存从以前的任务中学到的知识。第二，系统应具备在模型应用过程中发现新学习任务的能力。第三，还应具备边工作边学习(即在工作中学习)的能力。

定义 1.1　**终身学习**(Lifelong Learning，LL)是一个持续学习的过程。在任一时间点，学习器已经执行了 N 个学习任务 $\mathcal{T}_1$，$\mathcal{T}_2$，…，$\mathcal{T}_N$，这些任务也被称为**先前任务**(previous task)，并且有各自对应的数据集 $\mathcal{D}_1$，$\mathcal{D}_2$，…，$\mathcal{D}_N$。这些任务可以是不同**类型**(type)，也可属于不同**领域**(domain)。当遇到第 $N+1$ 个任务 $\mathcal{T}_{N+1}$(被称为**新任务**或者**当前任务**)和其对应的数据集 $\mathcal{D}_{N+1}$ 时，学习器可以利用**知识库**中的**历史知识**来帮助学习 $\mathcal{T}_{N+1}$。这个任务可以是给定的，也可以是系统自身检测出来的(这将在后面进行介绍)。终身学习的目标通常是优化新任务 $\mathcal{T}_{N+1}$ 的性能，但是它可以通过将其余任务视为先前任务来优化任何任务。知识库维护先前学习到的知识，并通过学习先前任务来进行知识积累。当完成学习 $\mathcal{T}_{N+1}$ 后，根据从 $\mathcal{T}_{N+1}$ 中学习到的知识(例如，中间和最后的结果)对知识库进行更新。这种更新包括更高层次知识的一致性检查、推理和元挖掘。理想的情况下，一个终身学习器应该具有以下功能：

1. 在开放环境下学习和运作，不仅可以运用学到的模型和知识来解决问题，而且还能**发现要学习的新任务**。

2. 在应用和测试已学模型的过程中学会优化模型性能。这就像是职业培训之后，我们应会边做边学来**提升工作技能**。

可以看到，这个定义既不正式也不具体，因为我们对于终身学习这个新兴的领域的理解还是有限的。例如，研究界还无法正式定义知识。我们相信终身学习的定义保留在概念层面会更好，而不必将其固定或形式化。显然，这并不妨碍我们在解决特定的终身学习问题时给出一个形式定义。下面我们给出一些额外的附注。

1. 这个定义表明终身学习具有五个关键特性：

(a) 持续学习过程

(b) 知识库中的知识积累和保存

(c) 使用积累的已学知识帮助未来学习的能力

(d) 发现新任务的能力

(e) 边工作边学的能力

这些特性使得终身学习区别于其他相关的学习范式，如迁移学习[Jiang，2008；Pan and Yang，2010；Taylor and Stone，2009]和多任务学习[Caruana，1997；Chen et al.，2009；Lazaric and Ghavamzadeh，2010]，它们都不同时具备以上特性。我们将在第2章中详细介绍这些相关的学习范式以及它们与终身学习的不同之处。

如果不具备这些特性和能力，机器学习系统就无法在动态开放的环境下自学，也就无法真正实现智能化。所谓的**开放环境**，是指应用环境可能包含之前没有学习过的新事物和场景。例如，我们想要为酒店开发一个迎宾机器人。在机器人已经学会识别所有已入住酒店客人之后，当它看到一个已识别过的客人时，它应该能够叫出客人的名字并与客人聊天。并且，它还应能检测出之前未见过的新客人，在看到一个新客人时，它可以打招呼，询问客人的名字，给客人拍照并学会识别这个客人。当它再见到这个客人时，它就可以叫出客人的名字，并且像老朋友一样聊天。无人驾驶汽车的真实道路环境则是另一个比较典型的动态开放环境。

2. 既然在终身学习中知识是日渐积累并使用的，这个定义就促使我们思考先验知识及其在学习过程中所起的作用。因此，终身学习将人工智能的许多方面引入机器学习中，例如，知识的表示、获取、推理和存储。事实上，知识是一个核心规则，它不仅能帮助促进未来的学习，还能帮助收集和标记训练数据(自我监督学习)，并检测要学习的新任务以实现学习的主动性。数据驱动学习和知识驱动学习的结合很可能就是人类学习的全部。目前的机器学习几乎全部集中在数据驱动的优化学习上，这是我们人类不擅长的。相反，我们非常善于利用过去所学到的知识。众所周知，对于人类而言，懂的越多，学到的就越多，也更容易进一步学习。如果我们什么都不懂，那么学习其他东西就很困难。因此，对机器学习的研究应该更多地关注知识，并建立像人类一样学习的机器。㊀

3. 我们区分两种不同类型的任务：

(a) **独立任务**：每个任务 T_i 都与其他任务相互独立。这意味着每个任务是单独进行学习的，尽管任务之间可能是相似的，也可能共有一些潜在的知识结构，可以利用从先前任务中学到的知识来学习 T_i。

(b) **依赖任务**：每个任务 T_i 在一定程度上依赖于其他任务。例如，在开放学习中(第5章)[Fei et al.，2016]中，每个新的监督学习任务都为先前的分类问题添加一个新类，然后需要构建一个新的多类分类器来对所有先前和当前的数据进行分类。

4. 这些任务不一定来自相同的领域。值得注意的是，还没有一个文献对**领域**

㊀ 如果一个学习系统既能进行数据驱动优化，又能进行人类水平的知识学习，我们就可以说它已经达到了某种**超学习**(super learning)能力，这也可能意味着它已经达到了某种程度的**人工通用智能**(Artificial General Intelligence，AGI)，因为人类当然不能基于大规模的数据驱动优化进行学习，也不能像机器一样把非常大量的知识记在脑子里。

(domain)做出统一的定义，使之能够适用于所有领域。在大多数情况下，非正式地使用该术语时，是指一个具有固定特征空间的环境，其中可以存在相同类型或不同类型的多个任务(例如，信息提取、指代消解以及实体链接)。一些研究人员甚至交替使用“领域”和“任务”，因为在他们的研究中每个领域只有一个任务。基于此，我们在本书的很多地方也互换使用这两个概念，但在需要时会将其区分开来。

5. 向新任务的转变可以突然或逐渐发生，并且这些任务及其数据不必由外部系统或客户提供。理想状态下，终身学习器还应该能够在与人和环境交互时找到自己的学习任务和训练数据，或使用先前学到的知识来实现开放世界和自我监督的学习。

6. 这个定义表明终身学习是一个**系统方法**，需要结合多个学习算法和不同的知识表达方式。一个单独的学习算法是不太可能实现终身学习的目标的。事实上，终身学习代表一个庞大而丰富的问题空间，需要进行大量研究来设计算法以实现每一个性能和特征。

基于定义1.1，我们可以概述终身学习的一般过程及其系统架构，这与仅具有单个任务T和数据集D的**孤立学习**范式不同。图1.1展示了经典的孤立学习范式，其中，学习得到的模型在预期应用中使用。

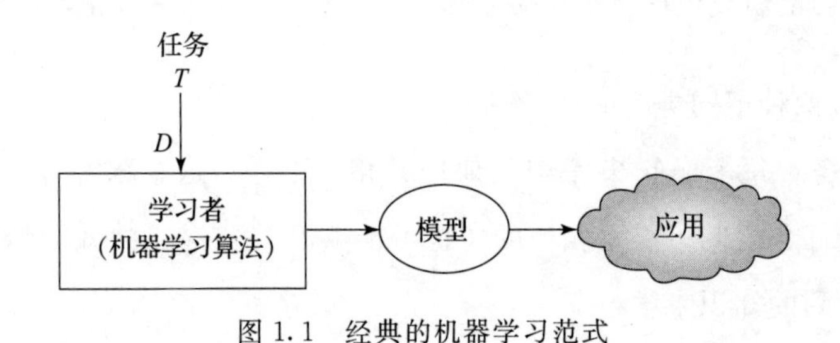

图1.1　经典的机器学习范式

图1.2是新的终身学习的系统架构。下面我们首先介绍该系统的关键组件，然后介绍终身学习的过程。需要注意的是，这种通用架构仅用于说明，并非所有的系统必须使用所有组件或子组件。事实上，大多数现有的系统相对简单。此外，目前还没有通用的终身学习系统可以在所有可能的领域为所有可能类型的任务执行终身学习算法。事实上，我们距离这个目标还非常遥远。对于许多机器学习算法(如SVM和深度学习)来说，只要数据符合这些算法所需要的特定格式要求，就可以应用在任何学习任务上。与之不同，当前的终身学习算法仍然只能针对特定类型的任务和数据。

1. **知识库**（KB）：主要用于存储以前学习的知识，它有一些子组件：

（a）**历史信息库**（Past Information Store，PIS）：用于存储之前的学习产生的信息，包括结果模型、模式或其他形式的输出。PIS 可能包括信息的子库，例如：（1）每个历史任务中使用的原始数据；（2）来自每个历史任务的中间结果；（3）每个历史任务学习的最终模型或模式。至于应该保留哪些新信息或知识，取决于学习任务和学习算法。对于特定系统，用户需要决定保留什么知识来帮助未来的学习。

（b）**元知识挖掘器**（Meta-Knowledge Miner，MKM）：在 PIS 和元知识库中执行知识的元挖掘。之所以称为**元挖掘**（meta-mining），是因为它能够从已保存的知识中挖掘更高层次的知识，由此生成的知识被存储在元知识库中。这里可以使用多种挖掘算法来产生不同类型的结果。

（c）**元知识库**（Meta-Knowledge Store，MKS）：存储从 PIS 和 MKS 本身挖掘或合并的知识。每种应用都需要一些合适的知识表示模式。

（d）**知识推理器**（Knowledge Reasoner，KR）：基于 MKS 和 PIS 中的知识进行推理以产生更多知识。目前大多数系统都没有这个子组件。然而，随着终身学习的发展，这个组件将变得越来越重要。

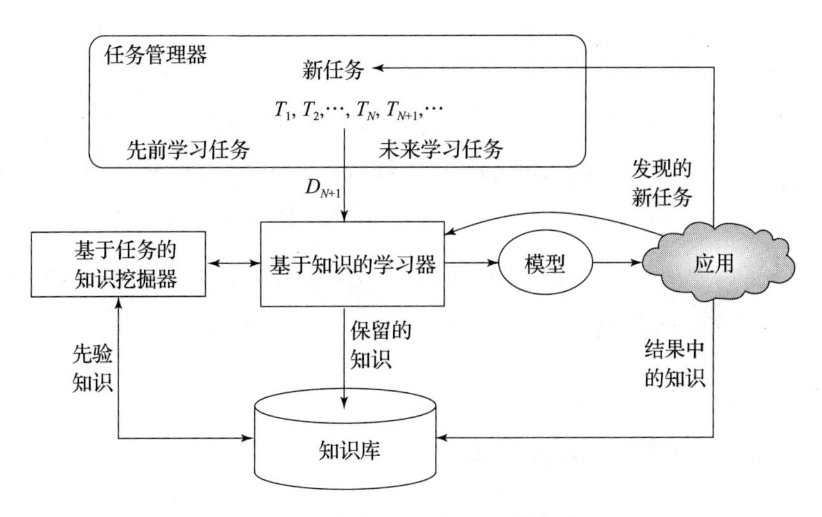

图 1.2　终身机器学习的系统架构

如前所述，目前的终身学习研究仍处于初期阶段，没有一个现有系统包含所有这些子组件。

2. **基于知识的学习器**（Knowledge-Based Learner，KBL）：对于终身学习而言，学习器必须能够在学习中使用先验知识，我们称之为**基于知识的学习器**，它可以利用知识库中的知识来学习新任务。该组件通常包含两个子组件：(1) **任务知识挖掘器**(Task Knowledge Miner，TKM)，利用知识库中未经加工的知识或信息来挖掘或识别适用于当前任务的知识，这是非常有必要的，因为在某些情况下KBL无法直接使用知识库中的原始知识，但是又需要从知识库中挖掘某些任务特定和通用的知识[Chen and Liu，2014a，b]；(2) 学习器，能够在学习中使用已挖掘的知识。

3. **基于任务的知识挖掘器**(Task-based Knowledge Miner，TKM)：这个组件专门为新任务挖掘知识库中的知识。

4. **模型**(Model)：这是一个学习模型，可以是监督学习中的预测模型或分类器，也可以是无监督学习中的聚类或主题、强化学习中的策略等。

5. **应用**(Application)：这是该模型的实际应用。重要的是在模型应用中，系统仍然可以学习新知识(即“结果中的知识”)，并且可能发现要学习的新任务。应用还可以向基于知识的学习器提供反馈以便进行模型优化。

6. **任务管理器**(Task Manager，TM)：接收和管理到达系统的任务，处理任务转变，并以终身方式向KBL呈现新的学习任务。

终身学习过程：典型的终身学习过程从任务管理器向KBL分配新任务开始(这个任务可以是给定的，也可以是自动识别的)。然后，KBL利用知识库(KB)中存储的知识为用户生成模型，并将需要保留的信息或知识发送给KB以供未来使用。在应用过程中，系统还可以发现新任务并在工作中学习。从应用中获取的一些知识还可以存储起来，以便帮助未来的学习任务。

1.5 知识类型和关键挑战

定义1.1没有给出任何关于知识库的知识及其表示形式的细节描述，这主要是因为我们对其了解有限。目前仍然没有广为接受的知识定义和通用的表示模式。在当前的终身学习研究中，过去的知识通常被用作新任务的某种先验信息(例如，先验模型参数或先验概率)。目前的每一篇论文都使用一种或两种特定形式的知识，仅适用于文中所提出的技术和预期的应用。例如，一些方法使用一组共享的潜在参数作为知识[Ruvolo and Eaton，2013b；Wilson et al.，2007]；一些方法则直接使用先前任务的模型参数作为知识[Chen et al.，2015；Shu et al.，2016]；一些方法使用过去模型的应用结果作为知识，比如主题建模中的主题[Chen and Liu，2014a；Chen et al.，2015]和从先前信息提取模型提取出来的特征词 [Liu et al.，2016；Shu et al.，2017b]；还有一些方法使用过去的相关数据作为知识来补充新任务的数据[Xu et al.，2018]。通常基于在各个算法中的使用方式来表示知识。目前仍然没有通用的知识表示模式适用于不同的算法或不同的任务类型，定义 1.1 也没有指定应如何存储或更新知识库。对于特定的终身学习算法和特定形式的共享知识而言，要根据算法和知识表示需求来设计知识库及其对应的存储和更新方法。

目前主要有两种类型的共享知识可用于学习新任务。

1. **全局知识**(global knowledge)。许多现有的终身学习方法都假设所有任务共享一个**全局潜在结构**(global latent structure) [Bou Ammar et al.，2014；Ruvolo and Eaton，2013b；Thrun，1996b；Wilson et al.，2007](3.2、3.4、9.1、9.2 和 9.3 节)。这个全局潜在结构可以在新任务中被学习和利用。基于全局知识迁移和共享的方法主要来源于多任务学习(即共同优化多个相似任务的学习)，或受到多任务学习的启发。这种知识更适用于同一领域中的相似任务，因为这些任务往往具有高度相关性，或具有非常相似的分布。

2. **局部知识**(local knowledge)。许多其他的方法并没有全局潜在结构假设[Chen and Liu；2014a，b；Chen et al.，2015；Fei et al.，2016；Liu et al.，2016；Shu et al.，2016；Tanaka and Yamamura，1997] (3.5、5.2、6.2、6.3、7.1、7.2、7.3 和 7.4 节)，相反，在学习新任务的过程中，这些方法根据当前任务的需要从先前任务学到的知识里挑选出一部分来使用。这意味着不同的任务可以使用从不同的先前任务中学到的不同知识，我们将这些知识称为**局部知识**，因为这些知识都是之前各自任务的本地知识，并且不被认为能形成一致的全局结构。局部知识可能更适用于来自不同领域的相关任务，因为来自任意两个领域的可共享知识可能很少。但是，可以被新任务利用的先验知识还是相当多的，因为先验知识可以来自很多过去的领域。

基于局部知识的终身学习方法通常侧重于借助过去的知识来优化当前的任务性能。通过将该任务视为新任务或当前任务，基于局部知识的终身学习方法还可以用于提高任何先前任务的性能。这些方法的主要优点是非常灵活，因为它们可以选择对新任务有用的任意已学到的知识。如果没有可用的知识，也可以不用。基于全局知识的终身学习方法所具有的主要优点是，它们通常逼近所有任务的最优解，包括先前和当前的任务。这是从多任务学习中继承来的特性，然而，当任务高度多样化或数量庞大的时候，这将很难实现。

由于涉及之前学到的知识，除了前面讨论的关于知识的典型问题(例如，保留什么知识，如何表示和使用知识，以及如何维护知识库)以外，在终身学习中，还有两个关于知识的基本挑战。我们将在稍后的章节中介绍一些能够处理这些挑战的现有技术。

1. **知识的正确性**：显然，使用错误的过去知识不利于新任务的学习。简言之，终身学习可以被视为一个连续的自举过程。先前任务的错误可以传播到后续的任务中，并且会产生更多的错误。人类似乎很清楚什么是正确的，什么是错误的，但是目前还没有一项令人满意的技术能够检测错误的知识。很多文献都没有涉及这个问题［Silver and Mercer，2002；Silver et al.，2015；Thrun，1996b］，或只是在某种程度上隐含地处理这类问题［Ruvolo and Eaton，2013b；Wilson et al.，2007］。也有一些文章明确处理这一问题［Chen and Liu，2014a，b；Chen et al.，2015；Liu et al.，2016；Mitchell et al.，2015；Shu et al.，2016］。例如，一个策略是找出许多先前任务或领域中那些共有的知识［Chen and Liu，2014a，b；Chen et al.，2015；Shu et al.，2016］。另一个策略是确保使用不同的技术从不同内容中发现知识［Mitchell et al.，2015］。尽管这些策略都有用，但是仍然存在两个令人不太满意的问题。首先，这些策略并非绝对正确，因为它们仍然会产生错误的知识；其次，这些策略具有较低的召回率，因为大部分的正确知识无法通过这些策略，继而无法在后续的学习中使用，这使终身学习无法产生更好的结果。我们将在后面的章节详细讨论这些策略。

2. **知识的适用性**：虽然一些知识在某些先前任务中可能是正确的，但是可能无法应用到当前的任务中。应用不恰当的知识同样会导致如上文所介绍的负面结果。同样，人类比较擅长识别知识应用的正确背景，但是，这对自动化系统却是非常困难的。很多文献都没有涉及知识适用性的问题，而部分文献对此进行了处理，如 Chen 和 Liu［2014a］、Chen 等人［2015］、Shu 等人［2016］以及 Xu 等人［2018］。我们将在后面引用这些文献时详细介绍。

显然，知识的正确性和适用性这两个挑战密切相关。看起来我们只需关注适用性这个挑战，而不必理会知识是否正确，因为如果一项知识不正确，它就不适用于新任务。但事实往往并非如此，因为在决定知识是否适用时，我们可能只能判断新任务或领域是否与过去某些旧的任务或领域内容相似。如果相似，我们就可以使用从先前任务获取的知识，这时就必须确保知识是正确的。

1.6　评估方法和大数据的角色

针对传统的孤立学习算法的评估方法是基于相同任务/领域的数据进行训练和测试，与此不同，终身学习由于涉及一系列的任务，并且期望在新任务的学习中得到提高，因此需要一种不同的评估方法。在目前的研究中，终身学习算法的实验性评估通常遵循以下步骤：

1. **在先前任务的数据上运行**：首先在一组先前任务的数据上运行算法，按指定的顺序每次运行一个，并将获得的知识保存到知识库。显然，用来做实验的算法可以有多种变体或版本(例如，使用不同类型的知识，以及或多或少的知识)。

2. **在新任务的数据上运行**：接下来利用知识库中的知识在新任务的数据上运行终身学习算法。

3. **运行基准算法**：为了进行比较，运行一些基准算法。通常有两种类型的基准算法：第一种是在不使用任何过去知识的情况下对新数据执行孤立学习的算法，第二种是现有的终身学习算法。

4. **分析结果**：比较步骤 2 和 3 的结果并加以分析、观察，以证明步骤 2 中终身学习算法的结果要优于步骤 3 中基准算法的结果。

在进行终身学习实验评估时，还有几个需要额外考虑的因素。

1. **大量任务**：评估终身学习算法需要大量的任务和数据集。这是因为从少量任务中获得的知识不可能大幅度提高新任务的学习，原因是每个任务可能只为新任务提供非常少量的有用知识(除非所有任务都非常相似)，而且新任务中的数据通常很少。

2. **任务顺序**：要学习的任务的顺序是非常重要的，这意味着不同的任务顺序会产生不同的结果。这是因为终身学习算法通常不保证所有先前任务的最优解。为了在实验中考虑顺序因素的影响，可以尝试使用几个随机的任务顺序并生成结果，然后汇总结果进行比较。目前的论文在其实验中大多仅使用一个随机序列。

3. **渐进式实验**：越多的先前任务会产生越多的知识，越多的知识会促进终身学习为新任务产生更好的结果，因此有必要知道随着先前任务的增加算法在新任务上的性能。

请注意，我们无意覆盖目前终身学习研究中所有可能的评估方法，目的只是介绍通用的评估方法。在评估特定算法时，必须考虑算法的特殊性(例如，其假设和参数设置)以及相关研究，以便设计一套全面的实验。

大数据在终身学习评估中的作用：众所周知，我们懂得越多，就学得越多，也学得越容易。如果我们什么都不懂，那就很难学到任何东西。这些都是很直观的，因为在我们每个人的生活中都有过这样的经历。计算机算法也是如此。因此，终身学习系统必须从大量不同的领域中学习，以便为系统提供广泛的词汇和知识，从而帮助它在不同未来领域中进行学习。此外，与迁移学习不同，终身学习需要自动识别它可以使用的过去知识，并非每一个过去任务/领域对当前任务都是有用的。因此，终身学习的实验和评估需要来自大量领域或任务的数据。幸运的是，在许多应用中大型数据集都是现成的，例如可用于评估终身学习的图像和文本。

1.7 本书大纲

本书介绍了终身学习这个重要的新兴领域。虽然文献体系不是特别大，但是相关的论文发表在大量的会议和期刊上。还有很多论文没有表现出终身学习的所有特征，但在某种程度上与之相关。涵盖该领域的所有重要工作很难而且也不太可能，因此，本书不应被视为该领域所有内容的详尽说明。

本书的组织框架如下：

在第2章中，讨论一些相关的机器学习范式来介绍其发展和背景。我们将看到这些现有范式与终身学习的差异，因为这些范式缺少终身学习的一个或多个关键特征。然而，所有这些范式都涉及某些形式的知识共享或跨任务迁移，甚至在某些情况下还可以持续进行。因此，我们认为终身学习是一种先进的机器学习范式，它是对现有机器学习范式的扩展，使其更智能，也更接近人类的学习过程。

在第3章中，我们重点讨论有关监督终身学习的现有研究状况，详细介绍一些早期和最近的监督终身学习方法。在第4章中，我们继续讨论在深度神经网络(DNN)背景下的监督终身学习，终身学习有时也称为**持续学习**，其主要目标是在学习多项任务时解决深度学习中的**灾难性遗忘**问题。第 5 章也与监督学习相关。但顾名思义，主要讨论开放环境下的学习类型，其中的测试数据可能包含未知类别的实例(即在训练中不存在的类别)。这与典型封闭环境下的学习形成鲜明对比，在封闭环境下的学习中，所有实例都来自训练。

在第 6 章中，我们讨论终身主题模型。这些模型对之前任务所发现的主题进行挖掘，以提取出可靠的知识供新模型推导使用，从而为新任务产生更好的主题。第 7 章讨论终身信息提取。信息提取对于终身学习来说是非常合适的，因为过去提取的信息对未来的信息提取通常很有帮助，这是因为存在跨任务和领域的知识共享。第 8 章切换主题，将讨论人机对话中终身交互知识学习的初步工作。这是一个崭新的方向，因为现有的聊天机器人在构建或部署后无法学习新知识。第 9 章介绍终身强化学习。第 10 章总结本书，并讨论终身学习研究所面临的主要挑战和未来方向。

相关学习范式

如上一章所述，**终身学习**(LL)有几个关键特征：持续的学习过程，明确的知识保留和积累，以及使用以前学习的知识来帮助学习新任务。此外，终身学习还应能够发现并逐步学习新任务，以及在实际应用中学习额外的知识并持续改进模型。有几种机器学习(ML)范式都具有相关的特征。本章重点讨论最相关的几种范式，例如迁移学习或领域适应、多任务学习(MTL)、在线学习、强化学习和元学习。前两种范式与LL关系更为密切，因为这两种范式都涉及跨领域或任务的知识迁移，但没有持续学习和明确保留或积累已学知识的过程。在线学习和强化学习有持续的学习过程，但它们只专注于一个时间维度内的单个学习任务。元学习也涉及多任务，但主要是关注一次或很少几次学习的过程。我们将介绍以上相关学习范式的代表性技术，这样可以更清晰地看到这些范式之间的区别。

2.1 迁移学习

迁移学习(transfer learning)是ML和数据挖掘研究中的一个热门话题。它在自然语言处理中通常也称为**领域自适应**(domain adaptation)。迁移学习通常涉及两个领域：**源域**(source domain)和**目标域**(target domain)。虽然可以有多个源域，但是现有的研究几乎都只使用一个源域。源域通常包含大量的标记训练数据，而目标域没有或只有很少的标记训练数据。迁移学习的目标是使用源域中的标记数据来帮助目标域中的学习(该领域内三篇较好的综述文章是[Jiang，2008；Pan and Yang，2010；Taylor and Stone，2009])。请注意，这些文献中的一些研究人员也使用术语“**源任务**(source task)”和“**目标任务**(target task)”，而不是“源域”和“目标域”，但到目前为止，后两个术语更常用，因为“源任务”和“目标任务”通常来自不同的领域或完全不同的分布[Pan and Yang，2010]。

有许多类型的知识都可以从源域迁移到目标域，以帮助在目标域中进行学习。例如，Bickel 等人[2007]、Dai 等人[2007b，c]、Jiang 和 Zhai [2007]、Liao 等人[2005]以及 Sugiyama 等人[2008] 都直接将源域中部分数据实例作为具有新权重的实例和重要性采样的知识，并将其迁移到目标域。Ando 和 Zhang[2005]、Blitzer 等人 [2006，2007]、Dai 等人[2007a]、Daume III [2007]以及 Wang 和 Mahadevan[2008] 使用源域中的特征为目标域生成新的特征表示。Bonilla 等人[2008]、Gao 等人[2008]、Lawrence 和 Platt [2004]以及 Schwaighofer 等人[2004] 将学习参数从源域迁移到目标域。为了说明迁移学习的特点，我们简要介绍一下现有的迁移学习方法。

2.1.1 结构对应学习

一个比较流行的迁移学习技术是 Blitzer 等人[2006，2007]提出的**结构对应学习**(Structural Correspondence Learning,SCL)。该方法主要用于文本分类。其工作原理如下：给定源域的标记数据，以及源域和目标域的未标记数据，SCL 尝试在两个域中找到一组具有相同特征或行为的**枢轴**(pivot)特征。如果非枢轴特征与不同域中的许多公共枢轴特征相关联，则此特征在不同域中的行为可能相似。例如，如果单词 w 与两个域中的同一组轴心词频繁地同时出现，那么 w 就有可能跨域表现相同(例如，保持相同的语义)。

为了实现上述想法，SCL 首先选择 m 个特征，这些特征在两个域中频繁出现，并且也能较好地预测源标签(在他们的论文中，这些特征与源标签具有最大互信息)。这些枢轴特征代表两个域的公共特征空间。然后，SCL 计算每个枢轴特征与两个域中其他非枢轴特征的相关性，从而构造相关矩阵 $\boldsymbol{W}$，其中行 i 是非枢轴特征与第 i 个枢轴特征的相关值向量。直观地说，正值表示那些非枢轴特征与源域或目标域中的第 i 个枢轴特征正相关，这将确定两个域之间的特征对应关系。之后，SCL 采用奇异值分解(SVD)来计算 $\boldsymbol{W}$ 的低维线性近似值 θ(转换后的前 k 个左奇异向量)。用于训练和测试的最后一组特征是特征 $\boldsymbol{x}$ 的原始特征集与 $\theta_{\boldsymbol{x}}$ 的并集，其中 $\theta_{\boldsymbol{x}}$ 产生 k 个实数值特征。使用源域中的合并特征和标记数据所构建的分类器应该在源域和目标域中都有效。

Pan 等人[2010] 提出了一种类似于 SCL 的高级方法。该算法适用于源域中仅有标记样例且目标域中仅有未标记样例的情况。它通过使用光谱特征对齐(SFA)算法，以独立于领域的单词为桥梁，将来自不同领域的特定于领域的单词进行聚类，从而减小领域间的差异性。独立于领域的单词就像上述的轴心词，选择方法也可类似。

2.1.2 朴素贝叶斯迁移分类器

在朴素贝叶斯分类中，已经出现了很多迁移学习方法[Chen et al.，2013a；Dai et al.，2007b；Do and Ng，2005；Rigutini et al.，2005]。这里我们简要介绍一下 Dai 等人[2007b]的研究工作来说明几种迁移学习方法。

Dai 等人[2007b]提出了一种称为**朴素贝叶斯迁移分类器**(Naïve Bayes Transfer Classifier，NBTC)的方法。假设将源域的标记数据记为是 $\mathfrak{D}_l$ 分布下的 $\mathcal{D}_l$，将目标域的未标记数据记为 $\mathfrak{D}_u$ 分布下的 $\mathcal{D}_u$。$\mathfrak{D}_l$ 分布可能与 $\mathfrak{D}_u$ 分布不同。在 NBTC 中遵循以下两个步骤：

1. 使用源域的 $\mathfrak{D}_l$ 分布下的标记数据 $\mathcal{D}_l$ 构建初始朴素贝叶斯分类器；
2. 运行期望最大化(EM)算法，结合目标未标记数据，在目标域 $\mathfrak{D}_u$ 分布下找到局部最优模型。

NBTC 的目标函数旨在找到 $\mathfrak{D}_u$ 分布下**最大后验**(MAP)假设的局部最优：

$$h_{\mathrm{MAP}} = \underset{h}{\operatorname{argmax}}\, P_{\mathfrak{D}_u}(h) \times P_{\mathfrak{D}_u}(\mathcal{D}_l, \mathcal{D}_u \mid h) \tag{2.1}$$

该等式考虑了假设 h 下源域标记数据和目标域未标记数据的概率。标记数据提供了监督分类信息，同时估计 $\mathfrak{D}_u$ 分布下未标记数据的概率，以确保模型符合 $\mathcal{D}_u$。根据贝叶斯定理，NBTC 最大化对数似然 $l(h \mid \mathcal{D}_l, \mathcal{D}_u) = \log P_{\mathfrak{D}_u}(h \mid \mathcal{D}_l, \mathcal{D}_u)$：

$$\begin{aligned} l(h \mid \mathcal{D}_l, \mathcal{D}_u) \propto & \log P_{\mathfrak{D}_u}(h) \\ & + \sum_{d \in \mathcal{D}_l} \log \sum_{c \in C} P_{\mathfrak{D}_u}(d \mid c, h) \times P_{\mathfrak{D}_u}(c \mid h) \\ & + \sum_{d \in \mathcal{D}_u} \log \sum_{c \in C} P_{\mathfrak{D}_u}(d \mid c, h) \times P_{\mathfrak{D}_u}(c \mid h) \end{aligned} \tag{2.2}$$

其中，C 是类的集合，$d \in \mathcal{D}_l$ 是 $\mathcal{D}_l$ 中的文档。为了对公式(2.2)进行优化，Dai 等人[2007b]运用以下 EM 算法：

- E-Step：

$$P_{\mathfrak{D}_u}(c \mid d) \propto P_{\mathfrak{D}_u}(c) \prod_{w \in d} P_{\mathfrak{D}_u}(w \mid c) \tag{2.3}$$

- M-Step：

$$P_{\mathfrak{D}_u}(c) \propto \sum_{i \in \{l,u\}} P_{\mathfrak{D}_u}(\mathcal{D}_i) \times P_{\mathfrak{D}_u}(c \mid \mathcal{D}_i) \tag{2.4}$$

$$P_{\mathfrak{D}_u}(w|c) \propto \sum_{i\in\{l,u\}} P_{\mathfrak{D}_u}(\mathcal{D}_i) \times P_{\mathfrak{D}_u}(c|\mathcal{D}_i) \times P_{\mathfrak{D}_u}(w|c,\mathcal{D}_i) \tag{2.5}$$

其中，$w \in d$ 表示文档 d 中的一个词。$P_{\mathfrak{D}_u}(c|\mathcal{D}_i)$和 $P_{\mathfrak{D}_u}(w|\mathrm{c}, \mathcal{D}_i)$可根据朴素贝叶斯分类公式进行重写(详情请见 Dai 等人[2007b])。上述 E-Step 和 M-Step 可重复执行，直至得到一个局部最优解。

Chen 等人[2013a] 提出了两种 EM 型算法，分别是 FS-EM(特征选择 EM)和 Co-Class(共同分类)。在每次 EM 迭代中，FS-EM 都使用特征选择将知识从源域迁移到目标域。Co-Class 进一步增加了共同训练的概念[Blum and Mitchell，1998]，用于处理公共正面和负面特征中的不平衡。EM 型算法构建两个 NB 分类器，一个基于标记数据，另一个基于带有预测标签的未标记数据。早期的跨语言文本分类研究也使用类似 NB 分类的思路[Rigutini et al.，2005]，将英语中的标记数据的知识迁移到意大利语中的未标记数据。

2.1.3 迁移学习中的深度学习

近年来，深度学习或深度神经网络(DNN)已成为一种主要的学习方法，并取得了非常可喜的成果[Bengio，2009]，而且已经在一些迁移学习的研究中得到使用。

例如，Glorot 等人[2011] 提出利用深度学习方法中学到的低维特征来帮助新领域中的预测，而不是使用传统的原始输入作为特征，因为原始输入可能无法在跨领域中很好地进行泛化。特别是 Glorot 等人 [2011]使用了由 Vincent 等人[2008]提出的栈式降噪自动编码器(stacked denoising auto-encoder)。在自动编码器中，通常有两个函数：编码器函数 $h()$和解码器函数 $g()$。输入 x 重构为$r(x)=g(h(x))$。为了训练自动编码器，目标函数要使重构误差损失 loss(x，$r(x)$)最小化。然后，可以训练自动编码器并将其叠加在一起作为分层网络。在该网络中，第 i 层的自动编码器将使用第 $i-1$ 层自动编码器的输出作为输入，第 0 层采用原始输入。在对自动编码器进行降噪操作时，输入向量 x 被随机地拆解为另一个向量 $\hat{x}$，目标函数要使降噪重构误差损失 loss(x,$r(\hat{x})$) 最小化 。在 Glorot 等人[2011]这篇文献中，该模型是通过使用随机梯度下降法以贪婪分层方式进行学习的。第一层使用 logistic sigmoid 来转换原始输入。对于上层，使用 softplus 激活函数 $\log(1+\exp(x))$ 。在学习自动编码器之后，使用源域的标记数据训练具有平方铰链损失(squared hinge loss)的线性 SVM，并在目标域上进行测试。

Yosinski等人[2014]研究了DNN各层特征的可迁移性，他们认为最低层或原始输入层是**通用的**，因为它独立于任务和网络。相比之下，最高层的特征取决于任务和成本函数，因此是**特定的**。例如，在监督学习任务中，每个输出单元对应于特定类。从最低层到最高层，都有从一般化到特殊化的迁移。为了试验DNN中每一层特征的可迁移性，他们从源域训练了一个神经网络，并将前n层复制到目标域的神经网络，目标神经网络中的其余层被随机初始化。他们的研究表明，源域的神经网络中的迁移特征确实有助于目标域的学习。同样在迁移学习环境中，Bengio [2012]专注于无监督的表征预训练，并讨论了迁移学习中深度学习存在的潜在挑战。

2.1.4 迁移学习与终身学习的区别

迁移学习在以下几个方面与终身学习存在区别。需要注意的是，由于迁移学习的文献非常广泛，这里描述的区别可能不适用于每一篇迁移学习文献。

1. 迁移学习不涉及持续学习或知识积累。它将信息或知识从源域迁移到目标域通常只执行一次，并且不会保留迁移的知识或信息以便在未来的学习过程中使用。相反，终身学习(LL)即是持续学习，知识保留和积累对于LL是必不可少的，因为它们不仅使系统变得越来越有知识，而且还使其在未来能更准确和更容易地学习其他知识。

2. 迁移学习是单向的。它仅仅是将知识从源域迁移到目标域，但是不能反向执行，因为目标域只有很少量或根本没有训练数据。在终身学习中，新领域或新任务的学习结果还可根据需要来改善先前领域或任务中的学习过程。

3. 迁移学习通常只涉及两个域，即源域和目标域(尽管在某些情况下存在多个源域)。它假设源域与目标域是非常相似的(否则无法执行迁移)，这两个相似的领域通常由用户来选择。相反，终身学习考虑了大量(甚至是无限)的任务/领域。在解决新问题时，由学习算法来决定哪些已有的知识适用于任务。LL没有迁移学习的假设。在LL中，如果过去的知识是有用的，那就使用这些知识来帮助学习。如果不存在有用的知识，那就使用当前领域的数据来学习。由于LL通常涉及大量过去的领域或任务，因此系统可以累积大量过去的知识，使得新的学习任务很有可能会找到一些有用的知识。

4. 迁移学习在模型应用过程中(模型建立之后)无法识别学习的新任务[Fei et al., 2016]，或者说，在工作中学习，即在工作或模型应用中学习[Shu et al., 2017b]。

2.2 多任务学习

多任务学习(MTL)同时学习多个相关任务，旨在通过使用多个任务共享的相关信息来获得更好的性能[Caruana，1997；Chen et al.，2009；Li et al.，2009]。其原理是通过利用任务相关性结构在所有任务的联合假设空间中引入归纳偏差。它还可以防止单个任务中的过度适应，从而具有更好的泛化能力。请注意，与迁移学习不同，我们在这里主要使用术语**多任务**(multiple task)而不是**多领域**(multiple domain)，因为该领域现有的大多数研究都是基于同一个应用领域的多个相似的任务。下面我们给出**多任务学习**(multi-task learning)的定义，这也称为**批量多任务学习**(batch multi-task learning)。

定义 2.1　**多任务学习**(MTL)是关于同时学习多个任务 $\mathcal{T}=\{1, 2, \cdots, N\}$ 的过程。每个任务 $t\in\mathcal{T}$ 有自己的训练数据 $\mathcal{D}^t$，其目标是使**所有**任务的性能最大化。

因为现有的关于 MTL 的研究工作都专注于监督学习，因此这里也只讨论多任务监督学习。假设每个任务 t 对应的训练数据 $\mathcal{D}^t=\{(\boldsymbol{x}_i^t, y_i^t,): i=1, \cdots, n_t\}$，其中 n_t 是 $\mathcal{D}^t$ 中训练实例的数量，$\mathcal{D}^t$ 是由实例空间 $\mathcal{X}^t\subseteq\mathbb{R}^d$ 到标签集 $\mathcal{Y}^t(y_i^t\in\mathcal{Y}^t)$(对于回归任务来说 $\mathcal{Y}^t=\mathbb{R}$)的隐藏(或潜在)映射 $\hat{f}^t(\boldsymbol{x})$ 来定义，d 是特征维度。我们的目标是为每个任务都学习一个映射函数 $f^t(\boldsymbol{x})$ 使得 $f^t(\boldsymbol{x})\approx\hat{f}^t(\boldsymbol{x})$。正式地说，给定损失函数 $\mathcal{L}$，多任务学习将最小化公式(2.6)的目标函数：

$$\sum_{t=1}^{N}\sum_{i=1}^{n_t}\mathcal{L}(f(\boldsymbol{x}_i^t), y_i^t) \tag{2.6}$$

与这种批量式的 MTL 相比，**在线多任务学习**(online multi-task learning)旨在按顺序学习任务并随着时间的推移积累知识，并利用这些知识来帮助后续学习(或改进以前的学习任务)。因此，在线 MTL 是终身学习。

2.2.1 多任务学习中的任务相关性

在 MTL 中假设各个任务之间是密切相关的，在任务相关性方面存在的不同假设导致了不同的建模方法。

Evgeniou 和 Pontil [2004] 假设各个任务的所有数据都来自同一个空间，而且所有任务模型都接近全局模型。在这种假设下，他们使用正则化的任务耦合参数来对任务之间的关系进行建模。Baxter [2000] 、Ben-David 和 Schuller [2003] 假设所有任务都基于相同的表示模型，也就是使用一组共同的已学习特征。其他一些使用概率方法的研究工作则假设参数具有相同的先验假设[Daumé Ⅲ，2009；Lee et al.，2007；Yu et al.，2005]。

任务参数也可以在低维子空间中由不同任务共享[Argyriou et al.，2008]。他们没有假设所有任务共享整个空间，而是假设只在原始空间的较低秩中进行共享。然而，低秩假设对任务不进行区分。当涉及一些不相关任务时，这种方法的性能会下降。为了解决这个问题，有一部分论文假设存在不相交的任务组，并应用聚类对任务进行分组[Jacob et al.，2009；Xue et al.，2007]。同一个簇中的任务被认为是彼此相似的。另一方面，Yu 等人[2007] 和 Chen 等人[2011]假设存在一组相关任务，而不相关的任务只是少量异常值。Gong 等人[2012] 假设相关任务共享一组共同特征，而异常任务则没有。Kang 等人[2011]使用正则化统一分组结构。但是，只有同一组中的任务会被一起建模，而不同组的任务之间可能的共享结构则被忽略了。

最近，Kumar 等人[2012] 假设每个任务的参数向量是有限数量的潜在基础任务或潜在组件的一个线性组合。他们没有使用不相交任务组的假设 [Jacob et al.，2009；Xue et al.，2007]，而是认为不同组中的任务可以在一个或多个基础上相互重叠。基于这个想法，他们提出了一个名为 GO-MTL 的 MTL 模型。我们将在下一小节中对 GO-MTL 模型进行详细介绍。Maurer 等人 [2013]提出了在多任务学习中使用稀疏编码和字典学习。Ruvolo 和 Eaton [2013b]提出了**高效终身学习算法**(Efficient Lifelong Learning Algorithm，ELLA)来扩展 GO-MTL，该算法可以显著提高效率，并使其成为在线 MTL 方法，从而满足 LL 定义，也因此被视为 LL 方法。我们将在 3.4 节介绍 ELLA。

2.2.2 GO-MTL：使用潜在基础任务的多任务学习

多任务学习中的分组和重叠(Grouping and Overlap in Multi-Task Learning，GO-MTL)[Kumar et al.，2012] 采用参数方法建立模型，即每个任务 t 的模型或预测函数 $f^t(\boldsymbol{x})=f^t(\boldsymbol{x};\boldsymbol{\theta}^t)$由任务特定的参数向量 $\boldsymbol{\theta}^t\in\mathbb{R}^d$ 决定，其中 d 是数据维度。给定 N 个

任务，GO-MTL 假设在多个任务的模型中存在 $k(<N)$个**潜在基础模型组件**。每个基础模型组件 $\boldsymbol{L}$ 由一个 d 维向量表示。k 个基础模型组件由 $d\times k$ 矩阵 $\boldsymbol{L}=\{\boldsymbol{L}_1, \cdots, \boldsymbol{L}_k\}$ 表示。假设每个任务 t 的模型的参数向量 $\boldsymbol{\theta}^t$ 是 k 个基础模型组件和权重向量 $\boldsymbol{s}^t$ 的线性组合，即 $\boldsymbol{\theta}^t=\boldsymbol{L}\boldsymbol{s}^t$，并且假设 $\boldsymbol{s}^t$ 是稀疏的。考虑到所有任务，我们有：

$$\underset{d\times N}{\boldsymbol{\Theta}} = \underset{d\times k}{\boldsymbol{L}} \times \underset{k\times N}{\boldsymbol{S}} \tag{2.7}$$

其中 $\boldsymbol{\Theta}=[\boldsymbol{\theta}^1, \boldsymbol{\theta}^2, \cdots, \boldsymbol{\theta}^N]$和 $\boldsymbol{S}=[\boldsymbol{s}^1, \boldsymbol{s}^2, \cdots, \boldsymbol{s}^N]$。

其基本思想是每个任务可以由一些基本模型组件表示。该机制同时考虑相关任务和不相关任务。两个相关任务将导致其线性权重向量的重叠，而两个不相关的任务可以通过它们之间小部分线性权重向量重叠来区分。因此，GO-MTL 没有使用 Jacob 等人[2009] 和 Xue 等人 [2007]所提出的不相交任务组假设。如上所述，不相交任务组的缺点是来自不同组的任务不会彼此相互影响。然而，尽管任务归属于不同的组，但这些任务有可能是负相关的，或者存在一些共享信息，这两种情况对于 MTL 来说可能是有意义的。因此，在 GO-MTL 中允许任务之间的部分重叠，这样就可以在没有强假设的情况下灵活处理复杂的任务相关性。

目标函数

给定每个任务 t 的训练数据 $\mathcal{D}^t$，目标函数是使所有任务的预测损失最小化，同时鼓励在任务之间共享结构，其定义如下：

$$\sum_{t=1}^{N}\sum_{i=1}^{n_t}\mathcal{L}(f(\boldsymbol{x}_i^t;\boldsymbol{L}\boldsymbol{s}^t),y_i^t)+\mu\|\boldsymbol{S}\|_1+\lambda\|\boldsymbol{L}\|_F^2 \tag{2.8}$$

其中 $\mathcal{L}$ 是经验损失函数，$(\boldsymbol{x}_i^t, y_i^t)$是任务 t 的训练数据中第 i 个标记实例。函数 f 为 $f(\boldsymbol{x}_i^t; \boldsymbol{L}\boldsymbol{s}^t)=\boldsymbol{\theta}^t\boldsymbol{x}_i^t=(\boldsymbol{L}\boldsymbol{s}^t)^{\mathrm{T}}\boldsymbol{x}_i^t$。$\|\cdot\|_1$ 是 L_1 范数(norm)，由 μ 控制，这是真矢量稀疏度的一个凸近似。$\|\boldsymbol{L}\|_F^2$是矩阵 $\boldsymbol{L}$ 的 Frobenius 范数，λ 是矩阵 $\boldsymbol{L}$ 的正则化系数。

交替优化

如果损失函数 $\mathcal{L}$ 是凸的，则公式(2.8)中的目标函数对于固定的 $\boldsymbol{S}$ 在 $\boldsymbol{L}$ 中是凸的，对于固定的 $\boldsymbol{L}$ 在 $\boldsymbol{S}$ 中是凸的，但它们不是共凸的。因此，采用交替优化策略来实现局部最小化。对于固定 $\boldsymbol{L}$，$\boldsymbol{s}^t$的优化函数变为：

$$\boldsymbol{s}^t=\underset{\boldsymbol{s}^t}{\operatorname{argmin}}\sum_{i=1}^{n_t}\mathcal{L}(f(\boldsymbol{x}_i^t;\boldsymbol{L}\boldsymbol{s}^t),y_i^t)+\mu\|\boldsymbol{s}^t\|_1 \tag{2.9}$$

对于固定的 $\boldsymbol{S}$，$\boldsymbol{L}$ 的优化函数为：

$$\underset{L}{\operatorname{argmin}} \sum_{t=1}^{N} \sum_{i=1}^{n_t} \mathcal{L}(f(\boldsymbol{x}_i^t;\boldsymbol{L}\boldsymbol{s}^t), y_i^t) + \lambda \| \boldsymbol{L} \|_F^2 \tag{2.10}$$

为了优化公式(2.9)，Kumar 等人[2012]采用了 Schmidt 等人[2007]、Gafni 和 Bertsekas [1984]提出的双度量投影法。公式(2.10)中对平方损失函数有闭合形式解，这种方法通常用于回归问题。对于分类问题，Kumar 等人[2012]则采用了 Logistic 损失和 Newton-Raphson 方法。

为了初始化 $\boldsymbol{L}$，首先需要使用每个任务的数据对其参数进行单独的学习，然后将这些参数作为矩阵元素按列排序形成一个权重矩阵，该权重矩阵的前 k 个左奇异向量用作初始的 $\boldsymbol{L}$。这是因为奇异向量可以获得任务参数的最大方差。

2.2.3 多任务学习中的深度学习

近年来，DNN 也被应用于 MTL。例如，Liu 等人[2015b]提出了一种多任务 DNN，用于学习跨任务的表示。他们考虑了两种类型的任务：查询分类和 Web 搜索排名。

- 对于查询分类，模型将判断一个查询是否属于某个特定领域。在这项工作中，作者考虑了四个特定领域（“餐厅”“酒店”“航班”和“夜生活”)。一个查询可以属于多个领域。这四个特定领域被构造为四个查询分类任务。查询分类的训练数据由“查询”和“标签”对($y_t=\{0, 1\}$，其中 t 表示特定任务或领域)组成。
- 对于 Web 搜索排名，在给定查询的情况下，模型会根据文档与查询的相关性对文档进行排名。假设在训练数据中，每个查询至少对应一个相关文档。

在他们提出的多任务 DNN 模型中，较低的神经网络层在多个任务之间共享，而顶层是与任务相关的。

输入层(l_1) 是单词哈希层，其中每个单词被散列为一个 n 元(n-gram)的词包。例如，单词“deep”就散列为一个三元词包{#-d-e，d-e-e，e-e-p，e-p-#}，其中#是边界。该方法可以将相同单词的变体散列到彼此接近的空间中，例如 politics 和 politician。

语义表示层(l_2)通过公式(2.11)将 l_1 映射为一个 300 维的向量：

$$l_2 = f(\boldsymbol{W}_1 \cdot l_1) \tag{2.11}$$

其中 $\boldsymbol{W}_1$ 是权重矩阵，f 的定义如下：

$$f(x) = \frac{1 - \mathrm{e}^{-2x}}{1 + \mathrm{e}^{-2x}} \tag{2.12}$$

这一层由多个任务共享。

每个任务的**特定任务层**(l_3)将 300 维的向量转换为一个与任务相关的 128 维向量，转换公式如下：

$$l_3 = f(\boldsymbol{W}_2^t \cdot l_2) \tag{2.13}$$

其中，t 是特定任务，$\boldsymbol{W}_2^t$ 是另一个权重矩阵。对于查询分类任务，使用 sigmoid 函数 $g(z)=\frac{1}{1+\mathrm{e}^{-z}}$ 从 l_3 获得一个查询属于某个领域的概率。对于 Web 搜索排序，则使用余弦相似性比较查询的 l_3 层和每个文档。为了学习神经网络，采用了基于小批量的随机梯度下降(SGD)迭代算法。在每次迭代中，首先随机选择一个任务 t，然后对来自 t 的标记实例进行采样，并且通过 SGD 更新神经网络。

在 Collobert 和 Weston [2008] 、Collobert 等人[2011]中，作者提出了一种统一的神经网络架构，用于执行多种自然语言处理任务，包括词性标注、卡盘、名称实体识别、语义角色标注、语言建模以及语义相关词(或同义词)发现。他们使用权重共享为所有任务建立 DNN。在该神经网络中，第一层对应每个单词的文本特征；第二层从句子中提取特征，将句子当成一个词组序列而不是词袋，并作为第二层的输入。句子中单词之间的长距离依赖性由**时间延迟神经网络**(Time-Delay Neural Network, TDNN)[Waibel et al.，1989]表示，它可以为超出固定窗口长度的不同单词建模。

典型的 TDNN 层将词组序列 $\boldsymbol{x}$ 转换为另一个词组序列 $\boldsymbol{o}$ 的过程如下：

$$\boldsymbol{o}^i = \sum_{j=1-i}^{n-i} \boldsymbol{L}_j \cdot \boldsymbol{x}_{i+j} \tag{2.14}$$

其中 i 表示在 TDNN 中看到句子中第 i 个单词的时间(即 $\boldsymbol{x}_i$)；n 是句子中的单词数或序列长度；$\boldsymbol{L}_j$ 是层参数。与 Liu 等人[2015b]类似，采用随机梯度下降来训练模型，通过重复选择任务及其训练样例来更新神经网络。

类似地，Huang 等人[2013a]将 DNN 应用于多语言数据。他们提出了一个名为**共享-隐藏-层多语言 DNN**(Shared-Hidden-Layer Multilingual DNN, SHL-MDNN)的模型，其

中隐藏层在多种语言中共享。此外，Zhang 等人[2014]通过对相关任务共同建模(例如，头部姿势估计和面部属性推断)，将深度 MTL 应用于人脸特征点检测问题。深度 MTL 模型还被应用于其他方面的检测，比如语音识别中的名称错误检测[Cheng et al.，2015]、多标签学习[Huang et al.，2013b]、音素识别[Seltzer and Droppo，2013]等。

2.2.4 多任务学习与终身学习的区别

(批量)MTL 与终身学习的相似之处在于这两种范式都使用任务之间的部分共享信息来帮助学习，区别在于，多任务学习仍然在传统范式中发挥作用，它不是优化单个任务，而是同时优化多个任务。如果我们将这几项任务视为一项更大的任务，那就简化为传统的优化问题，这实际上也正是 MTL 中的大多数优化问题。MTL 不会随着时间积累任何知识，也没有连续学习的概念，但这些恰好都是 LL 的关键特征。虽然可以说 MTL 可以在添加新任务时同时优化所有任务，但是由于任务的数量众多且多种多样，因此，想要在一个过程中同时优化世界上的所有任务是非常困难的。这就需要一些局部和分布式的优化方式。就时间和资源而言，全局优化也不是很有效。因此，最重要的还是保留知识，以便借助过去从先前任务中学到的知识来实现对多个任务的增量学习。这就是我们将**在线 MTL** 或**增量 MTL** 视为 LL 的原因。

2.3 在线学习

在线学习(online learning)是一种学习范式，其训练数据点按顺序到达。当新数据点到达时，现有的模型会快速更新，以便生成目前为止的最佳模型。因此，其目标与经典学习相同，即优化给定学习任务的性能。它通常用于不方便在整个数据集上进行计算，或实际应用等不到收集大量训练数据的情况。这与经典的批量学习形成对比，批量学习中所有的训练数据在开始时都可用于训练。

对于在线学习来说，如果每当新数据点到达时就立即使用所有的可用数据进行重新训练，开销将十分巨大。而且，在重新训练过程中，使用的模型已经过时。因此，由于现实世界场景的延迟要求，在线学习方法通常在内存和运行时间上都是高效的。

目前已有大量的在线学习算法。例如，Kivinen 等人[2004]提出了一些基于内核学习(如 SVM)的在线学习算法。通过扩展经典的随机梯度下降，他们开发了高效的在线学习算法，用于分类、回归和新颖性检测。相关的在线内核分类器在 Bordes 等人[2005]中也得到了研究。

相比于使用传统的表格数据，Herbster 等人[2005]研究了针对图表的在线学习。他们的目标是从一组标记的顶点中学习在图形上定义的函数。他们提出的一个应用是预测用户对社交网络中产品的偏好。Ma 等人[2009]在网络环境中通过使用基于词汇和主机的特征及 URL 来解决检测恶意网站的问题。Mairal 等人[2009，2010]提出了一些用于稀疏编码的在线字典学习方法，该方法将数据向量建模为一些基本元素的稀疏线性组合。Hoffman 等人[2010]还提出了一种用于主题建模的在线变分贝叶斯算法。

许多在线学习研究都集中在一个领域/任务上。Dredze 和 Crammer [2008]开发了一种多领域在线学习方法，该方法基于多个分类器的参数组合。在他们的方法中，模型接收新的实例/样例及其领域。

在线学习与终身学习的区别

尽管在线学习以流或序列的形式来处理新的数据，但其目标与 LL 非常不同。随着时间的推移，在线学习仍然执行相同的学习任务，其目标是通过递增的数据更有效地进行学习。另一方面，LL 旨在从一系列不同的任务中学习，它会保留迄今所学的知识，并利用这些知识来帮助未来的任务学习。在线学习则不涉及这些内容。

2.4 强化学习

强化学习(reinforcement learning)[Kaelbling et al.，1996；Sutton and Barto，1998]是**智能体**(agent)通过与动态环境的反复试验来学习操作(或称行为动作)的问题。在每个交互环节中，智能体接收包括当前环境状态在内的输入，它从一组可能的操作中选择一个操作，该操作会更改环境的状态。然后，智能体获得一个状态转换的值，该值可以是奖励或惩罚。该过程会一直重复执行，直到智能体学到一个可以优化目标的行为序列。强化学习的目标是学习一种最佳**策略**，该策略能够将状态映射到可实现长期奖励总额最大化的行为。有关各种类型的强化学习任务的详细信息可以在 Busoniu 等人[2010]、Szepesvári [2010]、Wiering 和 Van Otterlo [2012]中找到。

迁移学习和MTL也被应用于强化学习。例如，Banerjee和Stone [2007]证明了基于特征值函数的迁移学习比没有知识迁移的方法能更快地学习最优策略。Taylor等人[2008]提出了一种在基于模型的强化学习中将数据实例从源域迁移到目标域的方法，他们还为强化学习提出了一种规则迁移方法[Taylor and Stone，2007]。关于在强化学习中运用迁移学习的详细综述可在Taylor和Stone [2009]中找到。

Mehta等人[2008]致力于在多任务间共享相同的迁移动态，但使用不同的奖励函数。相比于完全可观测实验，Li等人 [2009]提出了一个无模型的多任务强化学习模型，用于多个部分可观察的随机环境。他们提出了一种非策略批处理算法来学习区域化策略表示中的参数。Lazaric和Ghavamzadeh [2010]假设：在多任务强化学习中，每个任务中的任意给定策略只能生成少量样本。他们使用类似的结构对任务进行分组，并联合学习。他们还假设任务通过值函数共享结构，而值函数通过一个共同的先验采样获得。

Sutton等人[2011]提出了一种在强化学习中获得知识的架构Horde。其知识由大量近似值函数表示。强化学习的智能体被分解为许多子智能体。值函数由状态和动作轨迹的预期回报近似表示。该轨迹是根据每个智能体的策略获得的。直觉告诉我们，每个子智能体负责学习与环境交互的一些部分信息。子智能体也可以使用彼此的结果来实现自己的目标。智能体的最终决定由所有子智能体共同完成。但是，Sutton等人[2011]只关注相同的环境，这与终身学习有关但也存在区别。沿袭Horde的思路，Modayil等人[2014]为强化学习中值函数的一般化形式进行了建模。

强化学习与终身学习的区别

强化学习的智能体通过与环境互动、反复试验和试错来进行学习，从而向智能体提供反馈或奖励。其学习仅限于一项任务和一种环境，并且不涉及积累知识来帮助未来的学习任务。与2.1.4节和2.2.4节中讨论的监督迁移学习和MTL一样，迁移学习和多任务强化学习范式与LL具有类似的差异。

2.5 元学习

元学习(meta-learning) [Thrun，1998；Vilalta and Drissi，2002]主要关注的是，利用已经在许多其他非常类似的任务上训练好的模型，仅使用少量训练样例来学习新任务。它通常用于解决一次性或少数几次的学习问题。元学习系统中通常有两个学习组件：基础学习器(或称快速学习器)和元学习器(或称慢学习器)。基础学习器在一个快速更新的任务中接受训练。元学习器在与任务无关的元空间中执行，其目标是跨任务传递知识。利用从元学习器学到的模型，可以使基础学习器只需很少的训练样例即可有效地学习。在许多情况下，两个学习器可以使用相同的学习算法。通过这种双层架构，元学习通常被描述为“学习如何学习”。但简而言之，元学习基本上将学习任务视为学习样本。Vilalta 和 Drissi [2002]对元学习的早期研究工作给出了很好的概述。下面，我们简要讨论该领域最近的一些论文，特别是在深度神经网络的背景下。

Santoro 等人[2016]建议考虑具有增强记忆能力的体系结构，例如神经图灵机，以承载短期和长期的记忆需求，并提出一种外部存储器访问模块，以便在学习少量训练样本后快速绑定之前从未见过的信息，从而提高元学习的能力。Andrychowicz 等人[2016]从元学习的角度将优化算法的设计看作一个学习问题。任务被定义为样本问题实例所描述的一类问题。该算法使用 LSTM[Hochreiter and Schmidhuber，1997]来实现。

Finn 等人 [2016]提出了一种模型无关的元学习方法，该方法适用于任何具有梯度下降训练的模型。其关键思想是训练模型的初始参数，使之适用于多个任务。它通过最大化新任务的损失函数对参数的敏感性来实现。高灵敏度意味着对参数的很小变动都会引起显著的损失改善。借助这些参数，只需少量的训练样例，就可以简单地调整模型，以便很好地执行新任务。Munkhdalai 和 Yu [2017]提出的元网络(meta network)可以在不同的时间尺度上更新权重。元级信息更新缓慢，而任务级权重可在每个任务的范围内进行更新。

它包含两种类型的损失函数：一种是用于创建广义嵌入的表示损失，另一种是用于特定任务的任务损失。其他一些最近的工作包括[Duan et al.，2017；Grant et al.，2018；Li et al.，2017c；Mishra et al.，2018；Ravi and Larochelle，2017；Wang et al.，2016；Zhou et al.，2018]。

元学习与终身学习的区别

元学习从大量任务中训练元模型，并且只需几个样例就可以快速适应新任务。大多数元学习技术的一个关键假设是训练任务和测试/新任务来自同一分布，这是元学习的主要缺陷，并限制了其应用范围。原因在于，在大多数现实生活中，我们更希望新任务具有一些与旧任务完全不同的内容。在元学习算法的评估中，通常人工创建的前序任务会与新/测试任务具有相同的分布。一般来说，终身学习没有这个假设。终身学习模型应该(明确地或隐含地)选择适用于新任务的先前知识。如果不适用，则不会使用先前的知识。但显然，元学习与终身学习密切相关，至少在利用许多任务来帮助学习新任务方面是很相似的。我们期望通过进一步研究，放宽甚至完全消除上述假设。在本书的下一版中，我们可以完全涵盖元学习的内容。

2.6 小结

在本章中，我们概述了与LL密切相关的主要ML范式，并描述了这些范式与LL的不同之处。总之，我们可以将LL视为这些范式的概括或扩展。LL的关键特征是持续学习过程、基于知识库的知识积累，以及利用过去的知识来帮助未来学习。更高级的功能还包括在工作中学习和发现应用程序中的新问题，并基于环境反馈和先前学到的知识以自我监督的方式学习它们，而无须手动标记。相关的ML范式没有涵盖所有这些特征。简而言之，LL基本上试图模仿人类的学习过程，以克服当前孤立学习范式的局限性。虽然我们仍然不完全了解人类的学习过程，但这并不妨碍我们在具有人类学习的某些特征的ML中取得进展。从下一章开始，我们将回顾各种现有LL的研究方向以及代表性算法和技术。

第 3 章

Lifelong Machine Learning, Second Edition

终身监督学习

本章介绍**终身监督学习**(Lifelong Supervised Learning,LSL)的现有技术。首先,我们使用一个例子说明为什么跨任务信息共享是有用的,以及这种信息共享如何用于LSL。这个例子涉及产品评论情感分类,其任务是构建一个分类器,以便对评论表达的是正面或负面意见进行分类。在传统的设置中,我们首先标记大量的正面意见评论和负面意见评论,然后使用分类算法(例如 SVM)构建分类器。在 LSL 设置中,我们假设已经从许多以前的任务中进行过学习(这些任务可能来自不同的领域)。现在有一个任务,它有一个特定产品(即**领域**,如相机、手机或汽车)的评论集。我们可以使用朴素贝叶斯(Naive Bayesian, NB)分类技术构建分类器。在朴素贝叶斯分类中,我们主要需要在给定每个类 y(正面或负面)时每个词 w 出现的条件概率 $P(w|y)$。当有一个来自新领域 D 的任务时,我们的问题是究竟是否需要领域 D 的训练数据。众所周知,在一个领域构建的分类器在另一个领域的分类效果并不好,因为不同领域使用的表达意见的词和语言结构可能是非常不同的[Liu, 2012]。更糟的情况是,同一个词在一个领域表达或暗示的可能是正面意见,而在另一个领域表达或暗示的可能是负面意见。因此在一些情况下该问题的答案为**否**,但在另一些情况下为**是**。

答案为**否**的原因是我们可以简单地添加所有以前领域的训练数据,然后构建一个分类器(可能这是最简单的 LL 方法),这个分类器可能在一些新领域的分类任务中表现得很好。与只用适量的新领域 D 的训练样本训练出来的分类器相比,它可以更好地分类,因为情感分类效果主要取决于表达正面或负面意见的词,称之为**情感词**。例如,**好**、**极好**和**漂亮**是正面情感词,**坏**、**不好**和**糟糕**是负面情感词。这些词是跨领域和跨任务共享的,但是在一个特定的领域只有少部分词会被用到。在见过大量领域的训练数据后,系统可以非常清晰地知道哪些词更倾向于表达正面或负面意见。这说明系统已经认识那些正面和负面情感词,即使不使用领域 D 的训练评论数据,也可以很好地进行分类。在某种程度上,这和人类的情况是相似的。我们不需要一个单独的正面或负面训练评论,就能够把评论分类为正面或负面,因为我们过去已经积累了许多人们用来赞美或者批评事物的语言表达知识。显然，对于LL，使用一两个过去的领域是不够的，因为在这些领域中使用的情感词可能是有限的，甚至可能对于新领域是无用的。许多非情感词可能会被错误地视为情感词。因此，数据的大规模和多样性是LL的关键。

当然，这种简单的方法不总是有效。这就是上述问题答案为**是**的原因(即需要一些领域内的训练数据)。原因是从过去的领域识别的情感词在一些领域中表达的情感可能是错的。例如，词“玩具”在评论中通常暗含负面意见，因为人们常常说“**这个相机是个玩具**”和“**这个笔记本是个玩具**”。但是，当我们对儿童玩具的评论进行分类时，词“玩具”不表示任何情感。因此我们需要使用一些领域D内的训练数据来检测这样的词，以重写关于这些词的过去认知。事实上，这是为了解决1.4节中的**知识适用性**问题。经过纠正后，终身学习器可以做得更好。我们在3.5节会讨论具体的技术细节。在这种情况下，LSL的**知识库**(Knowledge Base，KB)在每个以前的任务中都会存储计算条件概率$P(w|y)$所需的经验计数。

本章回顾LSL的代表性技术。大部分技术只需使用少量的训练样本就可以表现得很好。

3.1 定义和概述

我们首先根据第1章中**终身学习**(Lifelong Learning，LL)的一般定义给出**终身监督学习**(Lifelong Supervised Learning，LSL)的定义。然后简要概述现有的工作。

定义3.1 **终身监督学习**是一个连续的学习过程，其中学习器已经完成了一系列N个监督学习任务T_1，T_2，…，T_N，并将学习的知识存储在知识库中。当新任务T_{N+1}到达时，学习器使用知识库中过去的知识帮助从T_{N+1}的训练数据D_{N+1}中学习一个新的模型f_{N+1}。在学习T_{N+1}后，KB会使用从T_{N+1}中学习的知识进行更新。

LSL最初来自Thrun的论文[1996b]，在基于记忆的学习和神经网络的背景下，他提出了几个早期的终身学习方法，我们将在3.2节和3.3节对它们进行回顾。Silver和Mercer[1996，2002]以及Silver等人[2015]改进了神经网络方法。在这些论文中，每个新任务都聚焦于学习一个新概念或新类。LL的目标是借助过去的数据构建一个二元分类器来识别新类中的实例。Ruvolo和Eaton[2013b]提出了ELLA算法，它改进了多任务学习(MTL)方法 GO-MTL[Kumar et al.，2012]，并使之成为一个 LL 方法。Chen 等人[2015]进一步提出一个在朴素贝叶斯分类背景下的技术。Clingerman 和 Eaton[2017]提出 GP-ELLA 来支持 ELLA 中的高斯过程。Xu 等人[2018]根据元学习为词嵌入提出了一个 LL 方法。Pentina 和 Lampert[2014]在 PAC 学习框架下进行了理论研究。它为 LL 提供了一个 PAC-贝叶斯泛化边界，这个边界可以量化新任务的期望损失和现有任务的平均损失之间的关系。具体方法是把先验知识建模成一个随机变量，通过最小化新任务的期望损失获得其最优值。这种损失可以通过边界从现有任务的平均损失中进行转移。他们分别展示了在参数转移[Evgeniou and Pontil，2004]和低维度表示转移[Ruvolo and Eaton，2013b]上的两种边界的实现。在接下来的章节中，我们会介绍现有的主要 LSL 技术。

3.2 基于记忆的终身学习

Thrun[1996b]为两个基于记忆的学习方法(K-近邻法和 Shepard 方法)提出了 LSL 技术，下面我们讨论这两个方法。

3.2.1 两个基于记忆的学习方法

K-近邻法(K-Nearest Neighbor，KNN)[Altman，1992]是一个广泛使用的机器学习算法。给定一个测试实例 x，算法在训练数据 $\langle x_i, y_i\rangle \in \mathcal{D}$ 中找到 K 个样本，这些样本的特征向量 x_i 距离 x 最近，这里的距离是根据一些距离度量(例如欧几里得距离等)计算得到的。预测的输出是这些最近邻的平均值 $\frac{1}{K}\sum y_i$。

Shepard 方法[Shepard，1968]是另一个常用的基于记忆的学习方法。与 KNN 中只使用 K 个样本不同，这个方法使用领域 $\mathcal{D}$ 中的所有训练样本，并根据每个样本到测试实例 x 的反距离为其赋予权重，公式如下：

$$s(x)=\left(\sum_{\langle x_i, y_i\rangle \in \mathcal{D}} \frac{y_i}{\| x-x_i \| +\varepsilon}\right)\times\left(\sum_{\langle x_i, y_i\rangle \in \mathcal{D}} \frac{1}{\| x-x_i \| +\varepsilon}\right)^{-1} \tag{3.1}$$

其中，$\varepsilon>0$ 是一个较小的常数，用以避免分母为零。KNN 和 Shepard 方法都不能利用具有不同分布和不同类标的先前任务的数据来帮助分类。

3.2.2 终身学习的新表达

Thrun[1996b]提出为上述两种基于记忆的方法学习一个新的表达来缩小任务之间

的差距，从而实现终身学习，结果表明这种方法可以提高预测性能，尤其是在有标记的数据较少时。

这篇论文关注的是概念学习。它的目标是学习一个函数 $f: I \to \{0, 1\}$，其中 $f(x)=1$ 表示 $x \in I$ 属于一个目标概念(例如，**猫或狗**)；否则，x 不属于这个概念。例如，$f_{\mathrm{dog}}(x)=1$ 表示 x 是概念狗的一个实例。先将以前 N 个任务的数据定义为 $\mathcal{D}^p=\{\mathcal{D}_1, \mathcal{D}_2, \cdots, \mathcal{D}_N\}$。每个过去任务的数据 $\mathcal{D}_i \in \mathcal{D}^p$ 与一个未知的分类函数 f_i 相关。$\mathcal{D}^p$ 在 Thrun[1996b]中被称为**支持集**。目标是在支持集的帮助下为当前新任务数据 $\mathcal{D}_{N+1}$ 学习函数 f_{N+1}。

为了缩小不同任务之间的差距并能够使用过去数据(支持集)的共享信息，这篇论文提出学习一个新的数据表达方式，即学习一个**空间转换函数** $g: I \to I'$，将 I 中原始的输入特征向量映射到一个新空间 I'。然后，将新空间 I' 作为 KNN 或 Shepard 方法的输入空间。直觉上，同一个概念的正样本($y=1$)应该有相似的新表达，而同一个概念的正样本和负样本($y=1$ 和 $y=0$)应该有非常不同的表达。这个思想可以被公式化地表示为一个关于 g 的能量函数 E：

$$E=\sum_{\mathcal{D}_i \in \mathcal{D}^p} \sum_{\langle x, y=1\rangle \in \mathcal{D}_i}\left(\sum_{\langle x', y'=1\rangle \in \mathcal{D}_i}\|g(x)-g(x')\| - \sum_{\langle x', y'=0\rangle \in \mathcal{D}_i}\|g(x)-g(x')\|\right) \tag{3.2}$$

通过最小化能量函数 E 获得最优函数 g^*，这要求同一个概念的每对正样本($\langle x, y=1\rangle$和$\langle x', y'=1\rangle$)之间的距离要小，同一个概念的一个正样本($\langle x, y=1\rangle$)和一个负样本($\langle x', y'=0\rangle$)之间的距离要大。在 Thrun[1996b]的实现中，g 由一个神经网络实现，并使用支持集和反向传播方法进行训练。

给定映射函数 g^*，与其在原始空间$\langle x_i, y_i\rangle \in \mathcal{D}_{N+1}$完成基于记忆的学习，不如在使用 KNN 和 Shepard 方法之前，首先使用 g^* 将 x_i 转化到新空间$\langle g^*(x_i), y_i\rangle$。

由于这个方法不保存任何过去学习的知识，而只是积累过去的数据，因此，如果过去的任务很多，它是非常低效的，因为每当新任务到来时，它需要使用所有过去的数据(支持集)重新完成整个优化。Thrun[1996b]还为上述基于能量函数的方法提出了一种替代方法，它可以根据支持集学习一个距离函数，这个距离函数会在接下来的基于记忆的终身学习中被用到。这个方法有相似的缺点，即没有解决共享知识 g^* 的正确性和适用性问题(1.4 节)。

3.3 终身神经网络

这里我们介绍 LSL 的两个早期的神经网络方法。

3.3.1 MTL 网络

尽管 **MTL 网络**[Caruana，1997]在 Thrun[1996b]中被描述成一个 LL 方法，但它实际上是一个批量 MTL 方法。根据我们对 LL 的定义，它们是不同的学习范式。然而，由于历史原因，我们仍然在这里对它进行简单的讨论。

MTL 网络不是为每个单独的任务建立一个神经网络，而是为所有任务构建一个通用神经网络(见图 3.1)。在这个通用神经网络中，所有任务的输入都使用同一输入层，每个任务(即在当前情况下的类)使用一个输出单元。MTL 也有一个共享的隐藏层，它使用反向传播[Rumelhart et al.，1985]在所有任务上并行训练，以最小化所有任务的

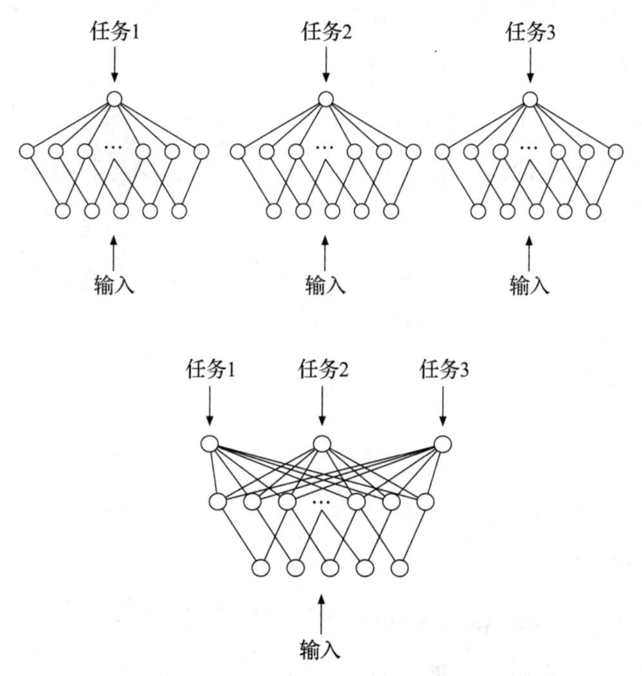

图 3.1 顶层的神经网络是为每个任务独立训练的，底层的神经网络是 MTL 网络[Caruana，1997]

误差。这个共享层允许为一个任务开发的特征被其他任务使用。所以一些开发的特征可以表示这些任务的共同特性。针对一个具体的任务，它会激活一些与它有关的隐藏单元，同时使得与它无关的隐藏单元的权重变小。本质上，与标准的批量 MTL 方法一样，这个系统会联合优化所有过去/以前和现在/新任务的分类。因此，根据本书的定义(见 2.2.4 节)它不被视为一种 LL 方法。Silver 和 Mercer[2002]以及 Silver 和 Poirier[2004，2007]对 MTL 网络进行了扩展，他们通过生成和使用虚拟的训练样本来解决所有以前任务对训练数据的需求，并以此增加上下文信息。

3.3.2 终身 EBNN

这种 LL 方法是在 EBNN(Explanation-Based Neural Network，基于解释的神经网络)[Thrun，1996a]背景下同样使用以前任务的数据(或支持集)来改进学习。正如 3.2.2 节所述，概念学习是这个工作的目标，即通过学习一个函数 f：$I\to\{0,1\}$来预测一个由特征向量 $x\in I$ 表示的对象是($y=1$)否($y=0$)属于一个概念。

在这个方法中，系统首先学习一个**一般距离函数** d：$I\times I\to[0,1]$，在此过程中考虑所有过去的数据(或支持集)，并使用这个距离函数将从过去任务学习到的知识共享或迁移到新任务 $\mathcal{T}_{N+1}$中。给定两个输入向量(如 x 和 x')，无论是什么概念，函数 d 都可以计算 x 和 x'属于同一概念(或类)的概率。Thrun[1996b]使用神经网络来学习 d，并使用反向传播训练神经网络。用于学习距离函数的训练数据按如下方式生成：对于每个过去任务的数据$\mathcal{D}_i\in\mathcal{D}^p$，概念的每对样本生成一个训练样本。一对样本$\langle x, y=1\rangle\in\mathcal{D}_i$ 和$\langle x', y'=1\rangle\in\mathcal{D}_i$ 可以生成一个正训练样本$\langle(x, x'), 1\rangle$。一对样本$\langle x, y=1\rangle\in\mathcal{D}_i$ 和$\langle x', y'=0\rangle\in\mathcal{D}_i$，或者$\langle x, y=0\rangle\in\mathcal{D}_i$ 和$\langle x', y'=1\rangle\in\mathcal{D}_i$，可以生成一个负训练样本$\langle(x, x'), 0\rangle$。

利用学习到的距离函数，EBNN 按如下方式工作：不像传统的神经网络，EBNN 在每个数据点 x 估算目标函数的**斜率**(正切)，并将它加入数据点的向量表达中。在新任务 $\mathcal{T}_{N+1}$中，一个训练样本的表示形式是$\langle x, f_{N+1}(x), \nabla_x f_{N+1}(x)\rangle$，其中，$f_{N+1}(x)$是 $x\in\mathcal{D}_{N+1}$(新任务的数据)的原始类标。这个系统使用正切传播(Tangent-Prop)算法[Simard et al.，1992]进行训练。$\nabla_x f_{N+1}(x)$是使用从神经网络获得的距离 d 的梯度估算的，即$\nabla_x f_{N+1}(x)\approx\frac{\partial d_{x'}(x)}{\partial x}$，其中，$\langle x', y'=1\rangle\in\mathcal{D}_{N+1}$，$d_{x'}(x)=d(x, x')$。这

里的基本原理是，x 与一个正训练样本 x'之间的距离是 x 为正样本的概率估算，近似于 $f_{N+1}(x)$。因此，通过$\nabla_x f_{N+1}(x)$和 d，所构建的 EBNN 既适用于当前的任务数据 $\mathcal{D}_{N+1}$，也适用于支持集。

与 3.2 节的终身 KNN 相似，在这种情况下，这个系统中学习距离函数(**共享知识**)和完成 EBNN 的部分是 1.4 节提到的**基于知识的学习器**。再次，**知识库**只存储过去的数据。同样，这种技术也没有解决共享知识 d 的正确性和适用性问题(参见 1.4 节)。

与终身 KNN 一样，由于终身 EBNN 也不存储在过去学习的任何知识，而只是积累过去的数据，所以当以前的任务很多时，它是非常低效的。因为每当一个新任务到达时，它都需要使用所有过去的数据(支持集)来重新训练距离函数 d。另外，由于学习距离函数 d 所用的一个训练样本由每个过去任务数据集的每对数据点组成，因此，用于学习 d 的训练数据可以非常多。

3.4　ELLA：高效终身学习算法

本节讨论由 Ruvolo 和 Eaton[2013a，b]提出的**终身监督学习**(Lifelong Supervised Learning，LSL)系统 ELLA(Efficient Lifelong Learning Algorithm，**高效终身学习算法**)。它为所有任务模型维持着一个稀疏共享基础(过去的知识)，然后将知识从基础迁移到新任务，并不断改善基础以最大化所有任务的性能。不像累积学习，ELLA 中的每个任务都独立于其他任务。ELLA 也遵循 MTL 的传统，目标是优化所有任务的性能。LL 的许多其他方法主要优化新任务的性能，尽管在有需要时，它们可以帮助优化任何以前的任务。为了方便参考，在下面的介绍中我们尽可能使用与原论文相同的符号。

3.4.1　问题设定

与在一般的 LL 问题中一样，ELLA 以终身方式接收一系列的监督学习任务 1，2，…，N。每个任务 t 有它的训练数据 $\mathcal{D}^t=\{(x_i^t,\ y_i^t):\ i=1,\ \cdots,\ n_t\}$，其中 n_t 是 $\mathcal{D}^t$ 中训练实例的数量，$\mathcal{D}^t$ 由一个从实例空间 $\mathcal{X}^t\subseteq\mathbb{R}^d$ 到标签集$\mathcal{Y}^t$(或对于回归问题来说 $y^t=\mathbb{R}$)的隐藏的(或潜在的)真实映射 $\hat{f}^t(x)$定义。d 表示特征维度。

ELLA 扩展批量 MTL 模型 GO-MTL[Kumar et al.，2012](也在 2.2.2 节)以使其更加高效并成为一种增量或在线 MTL 系统，它被看作是一种 LL 系统。与 Go-MTL 类似，ELLA 使用一种参数化方法建立模型，其中每个任务 t 的模型或预测函数 $f^t(x)=f^t(x;\boldsymbol{\theta}^t)$被一个特定任务的参数向量 $\boldsymbol{\theta}^t\in\mathbb{R}^d$ 控制。ELLA 的目标是建立任务模型 f^1，…，f^N，使得

1. 对每个任务，都有 $f^t\approx\hat{f}^t$；
2. 当新任务 t 的训练数据到达时，可以很快增加一个新模型 f^t；
3. 在增加新任务后，可以高效地更新每个过去的模型 f^t。

ELLA 假设任务的总数量、分布和顺序都是未知的[Ruvolo and Eaton，2013b]。它也假设任务的数量可能很多，而且每个任务可能有大量的数据点。因此，我们需要一种有效且高效的 LL 算法。

3.4.2 目标函数

ELLA 使用与 GO-MTL 模型[Kumar et al.，2012](见 2.2.2 节)同样的方式，对所有的任务模型保持 k 个稀疏共享的基础模型组件。$\boldsymbol{L}\subseteq\mathbb{R}^{d\times k}$ 表示 k 个基础模型组件。假定每个任务模型的参数向量 $\boldsymbol{\theta}^t$ 是权重向量 $s^t\in\mathbb{R}^k$ 和基础模型组件 $\boldsymbol{L}$ 的一个线性组合，我们可以得出下面的公式(与公式(2.7)相同)：

$$\underset{d\times N}{\boldsymbol{\Theta}}=\underset{d\times k}{\boldsymbol{L}}\times\underset{k\times N}{\boldsymbol{S}}\tag{3.3}$$

其中，$\boldsymbol{\Theta}=[\boldsymbol{\theta}^1,\boldsymbol{\theta}^2,\cdots,\boldsymbol{\theta}^N]$，$\boldsymbol{S}=[\boldsymbol{s}^1,\boldsymbol{s}^2,\cdots,\boldsymbol{s}^N]$。对每个任务 t，$\boldsymbol{\theta}^t=\boldsymbol{L}\boldsymbol{s}^t$。ELLA 的初始目标函数与 GO-MTL 中的公式(2.8)一样，只不过它优化的是所有任务训练数据的平均(而不是总和)损失，这对保证收敛性很重要：

$$\frac{1}{N}\sum_{t=1}^{N}\min_{s^t}\left\{\frac{1}{n_t}\sum_{i=1}^{n_t}\mathcal{L}(f(\boldsymbol{x}_i^t;\boldsymbol{L}\boldsymbol{s}^t),y_i^t)+\mu\|\boldsymbol{s}^t\|_1\right\}+\lambda\|\boldsymbol{L}\|_F^2\tag{3.4}$$

其中，$f(\boldsymbol{x}_i^t;\boldsymbol{L}\boldsymbol{s}^t)=\boldsymbol{\theta}^t\boldsymbol{x}_i^t=(\boldsymbol{L}\boldsymbol{s}^t)^T\boldsymbol{x}_i^t$。因为目标函数在 $\boldsymbol{L}$ 和 s^t 上不是共凸的，为了优化它，我们可以使用一种常见的方法计算局部最优值，即交替地进行固定 $\boldsymbol{L}$ 优化 s^t 和固定 s^t 优化 $\boldsymbol{L}$。但是，正如 Ruvolo 和 Eaton[2013b]指出的，上面的目标函数存在两个主要的低效问题(GO-MTL 中也存在)。

1. 对**所有**以前的训练数据的显式依赖(通过内在总和)。就是说，为了计算目标函

数，我们需要迭代所有任务的所有训练实例来计算损失函数值。如果任务的数量很大，或者每个任务的训练实例的数量很大，迭代的效率会很低。

2. 当在公式(3.4)中评估一个单一候选 $\boldsymbol{L}$ 时，为了重新计算每个 s^t 的值，必须解决优化问题。这意味着当 $\boldsymbol{L}$ 更新时，每个 s^t 都要更新。当任务越来越多时，代价会越来越高。

Ruvolo 和 Eaton[2013b]提出了一些近似技术来解决上面两个低效问题，我们会在下面进行详述。其基本思想是，以从过去任务中学到的模型组件为基础，使用单个任务的解作为一个估算点来近似地拟合新任务模型，然后更新该基础以吸收来自新任务中的新知识。

3.4.3 解决第一个低效问题

为了解决第一个问题，Ruvolo 和 Eaton[2013b]使用二阶泰勒展开式进行近似。在给出技术细节之前，我们先简单地回顾一些数学基础。

泰勒展开式

在单变量情况下，即当 $g(x)$是个一元函数时，在一个常数 a 附近的二阶泰勒展开式是：

$$g(x) \approx g(a) + g'(a)(x-a) + \frac{1}{2}g''(a)(x-a)^2 \tag{3.5}$$

其中 $g'()$和 $g''()$是函数 g 的一阶和二阶导数。

在多变量情况下，即当 $g(\boldsymbol{x})$是个多元函数时(假定 $\boldsymbol{x}$ 有 n 个值)，在一个 n(n 为常数)维向量 $\boldsymbol{a}$ 附近的二阶泰勒展开式是：

$$g(\boldsymbol{x}) \approx g(\boldsymbol{a}) + \nabla g(\boldsymbol{a})(\boldsymbol{x}-\boldsymbol{a}) + \frac{1}{2}\|(\boldsymbol{x}-\boldsymbol{a})\|_{\boldsymbol{H}(\boldsymbol{a})}^2 \tag{3.6}$$

其中 $\|\boldsymbol{v}\|_{\boldsymbol{A}}^2 = \boldsymbol{v}^T\boldsymbol{A}\boldsymbol{v}$，$\boldsymbol{H}(\boldsymbol{a})$称为函数 g 的**海森矩阵**。

无约束优化的优化条件

考虑最小化函数 $f:\mathbb{R}^n \to \mathbb{R}$ 问题，其中 f 在 $\mathbb{R}^n$ 上二次连续可微：

$$\min_{x \in \mathbb{R}^n} f(\boldsymbol{x}) \tag{3.7}$$

定理 3.2 求最优的一阶必要条件。使函数 $f:\mathbb{R}^n \to \mathbb{R}$ 在点 $\hat{\boldsymbol{x}} \in \mathbb{R}^n$ 处可微。**如果** $\hat{\boldsymbol{x}}$ **是**

局部最小点，那么$\nabla f(\hat{x})=0$。

证明　根据一阶泰勒展开式的定义，有：

$$f(\boldsymbol{x}) = f(\hat{\boldsymbol{x}}) + \nabla f(\hat{\boldsymbol{x}})^{\mathrm{T}}(\boldsymbol{x} - \hat{\boldsymbol{x}}) + o(\| \boldsymbol{x} - \hat{\boldsymbol{x}} \|) \tag{3.8}$$

也就是，

$$f(\boldsymbol{x}) - f(\hat{\boldsymbol{x}}) = \nabla f(\hat{\boldsymbol{x}})^{\mathrm{T}}(\boldsymbol{x} - \hat{\boldsymbol{x}}) + 0(\| \boldsymbol{x} - \hat{\boldsymbol{x}} \|) \tag{3.9}$$

其中$\lim\limits_{x\to\hat{x}}\frac{o(\| x-\hat{x} \|)}{\| x-\hat{x} \|}=0$。使$\boldsymbol{x}:=\hat{\boldsymbol{x}}-\alpha\nabla f(\hat{\boldsymbol{x}})$，其中$\alpha$是一个正常数。把它插入到公式(3.9)，那么：

$$\begin{aligned} 0 &\leqslant \frac{f(\hat{\boldsymbol{x}}-\alpha\nabla f(\hat{\boldsymbol{x}})) - f(\hat{\boldsymbol{x}})}{\alpha} \\ &= -\| \nabla f(\hat{\boldsymbol{x}}) \|^2 + \frac{o(\alpha \| \nabla f(\hat{\boldsymbol{x}}) \|)}{\alpha} \end{aligned} \tag{3.10}$$

取极限$a\downarrow 0$时，得到：

$$0 \leqslant -\| \nabla f(\hat{\boldsymbol{x}}) \|^2 \leqslant 0 \tag{3.11}$$

因此，$\nabla f(\hat{\boldsymbol{x}})=0$。

移除依赖

我们回到ELLA算法。为了移除对所有任务训练数据的显式依赖，它使用二阶泰勒展开式近似公式(3.4)中的目标函数。首先定义函数$g(\boldsymbol{\theta}^t)$如下：

$$g(\boldsymbol{\theta}^t) = \frac{1}{n_t}\sum_{i=1}^{n_t}\mathcal{L}(f(\boldsymbol{x}_i^t;\boldsymbol{\theta}^t), y_i^t) \tag{3.12}$$

其中$\boldsymbol{\theta}^t=\boldsymbol{L}\boldsymbol{s}^t$。那么公式(3.4)中的目标函数变为：

$$\frac{1}{N}\sum_{t=1}^{N}\min_{\boldsymbol{s}^t}\{g(\boldsymbol{\theta}^t) + \mu \| \boldsymbol{s}^t \|_1\} + \lambda \| \boldsymbol{L} \|_F^2 \tag{3.13}$$

假设函数g的最小解是$\hat{\boldsymbol{\theta}}^t$，即$\hat{\boldsymbol{\theta}}^t = \operatorname{argmin}_{\boldsymbol{\theta}^t}\frac{1}{n_t}\sum_{i=1}^{n_t}\mathcal{L}(f(\boldsymbol{x}_i^t;\boldsymbol{\theta}^t), y_i^t)$（它是一个仅在任务$t$的训练数据上学习得到的最优预测器）。那么，$\hat{\boldsymbol{\theta}}^t$附近的二阶泰勒展开式如下：

$$g(\boldsymbol{\theta}^t) \approx g(\hat{\boldsymbol{\theta}}^t) + \nabla g(\hat{\boldsymbol{\theta}}^t)(\boldsymbol{\theta}^t - \hat{\boldsymbol{\theta}}^t) + \frac{1}{2}\| \boldsymbol{\theta}^t - \hat{\boldsymbol{\theta}}^t \|_{\boldsymbol{H}^t}^2 \tag{3.14}$$

其中$\boldsymbol{H}^t=\boldsymbol{H}(\hat{\boldsymbol{\theta}}^t)$是函数$g$的海森矩阵。

鉴于公式(3.13)的外部最小化使用到了函数 g，那么公式(3.14)的第一个常数项可以被移除。根据一阶必要条件(定理 3.2)，由于$\hat{\boldsymbol{\theta}}^t$ 是函数 g 的局部最小解，所以$\nabla g(\hat{\boldsymbol{\theta}}^t)=0$，从而公式(3.14)的第二项也可以移除。因此，将函数 g 插入公式(3.13)后得到的新目标函数为：

$$\frac{1}{N}\sum_{t=1}^{N}\min_{s^t}\{\|\boldsymbol{\theta}^t-\hat{\boldsymbol{\theta}}^t\|_{\boldsymbol{H}^t}^2+\mu\|\boldsymbol{s}^t\|_1\}+\lambda\|\boldsymbol{L}\|_F^2 \tag{3.15}$$

由于 $\boldsymbol{\theta}^t=\boldsymbol{L}\boldsymbol{s}^t$，公式(3.15)可以重写为：

$$\frac{1}{N}\sum_{t=1}^{N}\min_{s^t}\{\|\hat{\boldsymbol{\theta}}^t-\boldsymbol{L}\boldsymbol{s}^t\|_{\boldsymbol{H}^t}^2+\mu\|\boldsymbol{s}^t\|_1\}+\lambda\|\boldsymbol{L}\|_{\boldsymbol{F}}^2 \tag{3.16}$$

$$\boldsymbol{H}^t=\frac{1}{2}\nabla_{\boldsymbol{\theta}^t,\boldsymbol{\theta}^t}^2\frac{1}{n_t}\sum_{i=1}^{n_t}\mathcal{L}(f(\boldsymbol{x}_i^t;\boldsymbol{\theta}^t),y_i^t)|_{\boldsymbol{\theta}^t=\hat{\boldsymbol{\theta}}^t}\text{，并且}$$

$$\hat{\boldsymbol{\theta}}^t=\underset{\boldsymbol{\theta}^t}{\operatorname{argmin}}\frac{l}{n_t}\sum_{i=1}^{n_t}\mathcal{L}(f(\boldsymbol{x}_i^t;\boldsymbol{\theta}^t),y_i^t)$$

注意，如果任务 t 的训练数据不改变，$\hat{\boldsymbol{\theta}}^t$ 和$\hat{\boldsymbol{H}}^t$ 会保持不变。因此，公式(3.16)中的新目标函数移除了要对所有以前任务的训练数据进行优化的依赖。

3.4.4 解决第二个低效问题

第二个低效问题是当计算单一候选 $\boldsymbol{L}$ 时，为了重新计算每个 $\boldsymbol{s}^t$ 的值，必须要解决一个优化问题。为了解决这个问题，Ruvolo 和 Eaton[2013b]采取了以下策略：当最近一次遇到任务 t 的训练数据时，只更新 $\boldsymbol{s}^t$，其他任务 t'的 $\boldsymbol{s}^{t'}$ 保持不变。也就是，当最近一次遇到任务 t 的训练数据时计算 $\boldsymbol{s}^t$，之后在其他任务上训练时不再更新 $\boldsymbol{s}^t$。尽管这看起来阻止了以前的任务对后面的任务产生影响，但它们会从基础潜在模型组件 $\boldsymbol{L}$ 的后续调整中获益。使用之前计算的 $\boldsymbol{s}^t$ 的值，执行下面的优化过程：

$$\boldsymbol{s}^t\leftarrow\underset{s^t}{\operatorname{argmin}}\|\hat{\boldsymbol{\theta}}^t-\boldsymbol{L}_m\boldsymbol{s}^t\|_{\boldsymbol{H}^t}^2+\mu\|\boldsymbol{s}^t\|_1,\boldsymbol{L}_m\text{ 固定}$$

$$\boldsymbol{L}_{m+1}\leftarrow\underset{\boldsymbol{L}}{\operatorname{argmin}}\frac{1}{N}\sum_{t=1}^{N}(\|\hat{\boldsymbol{\theta}}^t-\boldsymbol{L}\boldsymbol{s}^t\|_{\boldsymbol{H}^t}^2+\mu\|\boldsymbol{s}^t\|_1)+\lambda\|\boldsymbol{L}\|_F^2,\boldsymbol{s}^t\text{ 固定}$$

其中符号 $\boldsymbol{L}_m$ 指的是在第 m 次迭代时潜在组件的值，假定 t 是刚到达的训练数据所对应的任务。注意，若 t 是已有的任务，新训练数据会被合并到 t 的已有的训练数据。

有关先前公式中更新执行的具体步骤，请参考原论文。它们取决于使用的模型和损失函数的类型。论文介绍了两种情况：线性回归和逻辑回归。

3.4.5　主动的任务选择

在上面的问题设定(3.4.1节)中，LL是一个被动的过程，即系统无法控制学习任务出现的顺序。Ruvolo和Eaton[2013a]考虑在主动任务选择的设定中使用ELLA。假设有一个候选任务池，Ruvolo和Eaton[2013a]不像ELLA中随机选择一个任务，他们以一定的顺序选择任务，其目的是使用尽可能少的任务来最大化未来的学习性能。这是个实际的问题，因为每个学习任务可能需要大量的时间进行手工标记或者每个学习任务可能需要系统运行很长时间。在这种情况下，按照一定顺序选择一些任务的高效学习方式在实际的LL问题上更具有扩展性。

主动任务选择设置

LL中的主动任务选择设置定义如下：与在常规的LL中对任务t的训练数据建模不同，这个系统可以从一个候选池$\mathcal{T}_{\text{pool}}$中选择任务，候选池由未学习的候选任务组成。对每个候选任务$t \in \mathcal{T}_{\text{pool}}$，仅训练实例中的一个子集是有标记的，它被表示为$\mathcal{D}_c^t=(\boldsymbol{X}_c^t, \boldsymbol{Y}_c^t)$。基于这些小子集，选择要学习的下一个任务$t_{\text{next}} \in \mathcal{T}_{\text{pool}}$。之后，$t_{\text{next}}$的所有训练数据会显示出来，被表示为$\mathcal{D}^t_{\text{next}}=(\boldsymbol{X}^{(t_{\text{next}})}, \boldsymbol{Y}^{(t_{\text{next}})})$。注意，对每个任务$t$，$\mathcal{D}_c^t \subseteq \mathcal{D}^t$。候选池的规模可以是固定的，也可以在学习中动态地增加/减少。

多样化方法

这里我们介绍Ruvolo和Eaton[2013a]为主动任务选择提出的**多样化**方法，他们表明，与论文中使用的其他方法相比，该方法的性能是最好的。在ELLA的背景下，为了最大化在未来任务中的性能，模型应该有一组灵活且鲁棒的潜在组件，即$\boldsymbol{L}$。换句话说，$\boldsymbol{L}$应该适用于各种各样的任务。如果$\boldsymbol{L}$不能很好地适用于新任务t，这表示t中的信息在当前的$\boldsymbol{L}$中没有被很好地表示。因此，为了使能解决的任务范围最广，下一个任务应该是当前基础$\boldsymbol{L}$执行得最差的一个，即在标记数据子集上的损失是最大的。这种启发式方法的描述如下：

$$t_{\text{next}} = \underset{t \in \mathcal{T}_{\text{pool}}}{\operatorname{argmax}} \min_{\boldsymbol{s}^t} \| \hat{\boldsymbol{\theta}}^t - \boldsymbol{L}\boldsymbol{s}^t \|_{\boldsymbol{H}^t}^2 + \mu \| \boldsymbol{s}^t \|_1 \tag{3.17}$$

其中，$\hat{\boldsymbol{\theta}}^t$和$\boldsymbol{H}^t$是从有标记的数据$\mathcal{D}_c^t$的子集中得到的。由于公式(3.17)倾向于选择对当前基础$\boldsymbol{L}$编码较差的任务，因此被选择的任务可能与现有的任务非常不同，由此该方法可以促使任务多样化。

另一种方法(称为 Diversity++)不简单地选择有最大损失值的任务，而是先用任务 t 的最小损失值的平方来估算选择任务 t 的概率，如下所示：

$$p(t_{\text{next}} = t) \propto (\min_{s^t} \| \hat{\boldsymbol{\theta}}^t - \boldsymbol{L}\boldsymbol{s}^t \|_{\boldsymbol{H}^t}^2 + \mu \| \boldsymbol{s}^t \|_1)^2 \tag{3.18}$$

然后每次根据概率 $p(t_{\text{next}})$ 采样一个任务，因此，这是上述差异化方法的一个随机变体。

3.5 终身朴素贝叶斯分类

本节介绍 Chen 等人[2015]提出的**终身 NB 分类**(lifelong NB classification)技术。它被应用于情感分析任务，可以对一个产品评论表达的内容是正面或负面意见进行分类。这个系统称为 LSC(lifelong sentiment classification，**终身情感分类**)。下面我们首先简单介绍 NB 分类公式，然后介绍它在情感分类中的终身扩展形式。为方便参考，我们遵循原论文中使用的符号。

3.5.1 朴素贝叶斯文本分类

用于文本分类的 NB 是一个生成模型，它由混合多项分布构成。每个多项分布(称为一个混合组件)是单类文档的生成器。训练一个 NB 模型就是寻找每个多项分布的参数和混合权重。对于文本分类来说，上面的思想可以解释为：给定训练文档集 $\mathcal{D}=\{d_1, d_2, \cdots, d_{|\mathcal{D}|}\}$、词汇集 V($\mathcal{D}$ 中不同单词或词语的集合)和与 $\mathcal{D}$ 相关的类集 $\mathcal{C}=\{c_1, c_2, \cdots, c_{|\mathcal{C}|}\}$，NB 通过计算给定每个类 c_j 时每个单词 $w \in V$ 出现的条件概率，即 $P(w|c_j)$(类 c_j 的模型参数)，和每个类的先验概率，即 $P(c_j)$(混合权重)，来训练分类器[McCallum and Nigam，1998]。

根据经验词计数，按如下方式估算 $P(w|c_j)$：

$$P(w|c_j) = \frac{\lambda + N_{c_j,w}}{\lambda |V| + \sum_{v=1}^{|V|} N_{c_j,v}} \tag{3.19}$$

其中，N_{c_j} 是单词 w 在 c_j 类文档中出现的次数。$\lambda(0 \leqslant \lambda \leqslant 1)$ 用于平滑处理，当$\lambda=1$时，是众所周知的**拉普拉斯平滑**。每个类的先验概率 $P(c_j)$按如下方式估算：

$$P(c_j) = \frac{\sum_{i=1}^{|\mathcal{D}|} P(c_j \mid d_i)}{|\mathcal{D}|} \tag{3.20}$$

其中，如果 c_j 是训练文档 d_i 的标签，则 $P(c_j \mid d_i)=1$，否则为0。

在测试时，给定一个测试文档 d，NB对每个类 c_j 计算后验概率 $P(c_j \mid d)$，然后选择概率 $P(c_j \mid d)$最大的类作为分类结果：

$$P(c_j \mid d) = \frac{P(c_j)P(d \mid c_j)}{P(d)} \tag{3.21}$$

$$= \frac{P(c_j)\prod_{w \in d} P(w \mid c_j)^{n_{w,d}}}{\sum_{r=1}^{|C|} P(c_r)\prod_{w \in d} P(w \mid c_r)^{n_{w,d}}} \tag{3.22}$$

其中，$n_{w,d}$是单词 w 在 d 中出现的次数。

NB是对LL自然的契合，因为过去的知识可以很容易地充当新任务概率的先验。LSC利用了这个思想。我们首先回答情感分类背景下两个具体的问题。第一个问题是既然当前任务已经有已标记的训练数据，为什么过去的学习依然能为新/当前任务的分类做出贡献。回答是，由于存在**样本选择偏差**[Heckman，1979；Shimodaira，2000；Zadrozny，2004]和/或训练数据规模较小，训练数据可能不能完全代表测试数据，正如Chen等人[2015]论文中的情况。例如，在情感分类应用中，测试数据可能包含一些在当前训练数据中没有，但是在一些以前任务的评论数据中出现过的情感词。因此，过去的知识可以为当前的新任务提供先验的情感极性信息。注意，对于情感分类，情感词比如**好**、**非常好**、**糟糕**和**不好**是有用的。同时应注意Chen等人[2015]论文中的每个任务实际上来自不同的领域(或产品)。因此，从现在开始我们交替地使用**任务**和**领域**这两个词。

第二个问题是为什么即使过去的领域非常不相同，并且与当前的领域也非常不相似，但过去的知识依然有用。主要原因是在情感分类中，情感词和表达在很大程度上是独立于领域的。也就是说，它们的极性(正面或负面)通常是跨领域共享的。因此，系统在学习了大量以前/过去的领域后，已经学到了很多正面和负面的情感词。同时值得重点关注的一点是，只有一个或两个过去的领域是不够的，因为在有限的领域中情感词的覆盖率较低。

3.5.2 LSC 的基本思想

本小节介绍 LSC 技术的基本思想。我们首先讨论 LSC 知识库中存储的内容。

知识库

对于每个单词 $w \in V^p$(其中 V^p 是所有以前任务的词汇)，知识库 KB 存储两种类型的信息：**文档级知识**和**领域级知识**。

1. **文档级知识** $N_{+,w}^{KB}$(和 $N_{-,w}^{KB}$)：在之前任务的正(和负)类文档中 w 出现的次数。
2. **领域级知识** $M_{+,w}^{KB}$(和 $M_{-,w}^{KB}$)：满足 $P(w|+)>P(w|-)$(和 $P(w|+)<P(w|-)$)的领域的数量。在每个之前的任务中，使用公式(3.19)计算 $P(w|+)$ 和 $P(w|-)$。这里 + 和 − 分别代表正面和负面评价类。

领域级知识和文档级知识是互补的，因为 w 可能极端频繁地出现在某一领域，而很少出现在其他领域，这会导致该领域在文档级别对 w 产生多余的影响。

使用知识的一种朴素方法

我们从 3.5.1 节可以看出影响 NB 分类结果的关键参数是 $P(w|c_j)$，它是用经验计数 $N_{c_j,w}$ 和该类文档中词汇总数计算的。在二元分类中，$P(w|c_j)$ 是用 $N_{+,w}$ 和 $N_{-,w}$ 计算的。这表示我们可以适当地修改这些计数以提升分类效果。给定新任务数据 $\mathcal{D}^t$，我们用词 w 在 $\mathcal{D}^t$ 的正(和负)类文档中的出现次数表示经验词计数 $N_{+,w}^t$(和 $N_{-,w}^t$)。这里，我们显式地使用上标 t 来区分它与以前的任务，这样，任务就变成如何有效地使用 KB 中的知识来更新词计数，从而构建一个更好的 NB 分类器。

给定过去学习任务的知识库 KB，构建分类器的一个简单的方法是将 KB 中的计数(作为先验)和 $\mathcal{D}^t$ 中的经验计数 $N_{+,w}^t$ 及 $N_{-,w}^t$ 相加，即 $X_{+,w}=N_{+,w}^t+N_{+,w}^{KB}$ 和 $X_{-,w}=N_{-,w}^t+N_{-,w}^{KB}$。这里称 $X_{+,w}$ 和 $X_{-,w}$ 为**虚拟计数**，我们将使用下一小节讨论的优化方法更新它们。在构建分类器时，分别用 $X_{+,w}$ 和 $X_{-,w}$ 替换公式(3.19)中的 $N_{+,w}$ 和 $N_{-,w}$(即 $N_{cj,w}$)。这种简单方法在许多情况下都表现得非常好，但是它有两个缺点：

1. 过去领域包含的数据通常远多于当前的领域，这表示 $N_{+,w}^{KB}$(和 $N_{-,w}^{KB}$)可能远大于 $N_{+,w}^t$(和 $N_{-,w}^t$)。因此，过去领域的 KB 中的计数可能会主导合并后的结果。
2. 它不考虑依赖领域的词极性。一个词在当前的领域可能是正面的，但是在过去的领域可能是负面的。例如，由于过去有很多像“这个产品是个玩具”的语句，词“玩具”在过去的领域中可能是负面的。但是，在玩具领域，这个词并不表示情感。

LSC 系统使用优化方法解决这两个问题。

3.5.3 LSC 技术

LSC 使用**随机梯度下降**(Stochastic Gradient Descent，SGD)通过调整 $X_{+,w}$ 和 $X_{-,w}$(虚拟计数)来最小化训练误差，$X_{+,w}$ 和 $X_{-,w}$ 分别表示词 w 出现在正类和负类中的次数。

为了正确地分类，理想情况下，每个正类(+)文档 d_i 应该有后验概率 $P(+\mid d_i)=1$，每个负类(−)文档 d_i 应该有 $P(-\mid d_i)=1$。在随机梯度下降中，我们优化每个 $d_i \in \mathcal{D}^t$ 的分类。Chen 等人[2015]对每个正类文档 d_i 使用如下的目标函数(也可以为每个负类文档构造出类似的目标函数)：

$$F_{+,i} = P(+\mid d_i) - P(-\mid d_i) \tag{3.23}$$

我们省略推导步骤，只在下面给出最后的公式。为了简化公式，我们定义一个与 $\boldsymbol{X}$ 有关的函数 $g(\boldsymbol{X})$，其中 $\boldsymbol{X}$ 是由每个词 w 的 $X_{+,w}$ 和 $X_{-,w}$ 组成的向量：

$$g(\boldsymbol{X}) = \beta^{|d_i|} = \left(\frac{\lambda|V| + \sum_{v=1}^{|V|} X_{+,v}}{\lambda|V| + \sum_{v=1}^{|V|} X_{-,v}}\right)^{|d_i|} \tag{3.24}$$

$$\frac{\partial F_{+,i}}{\partial X_{+,u}} = \frac{\dfrac{n_{u,d_i}}{\lambda + X_{+,u}} + \dfrac{P(-)}{P(+)} \prod_{w \in d_i} \left(\dfrac{\lambda + X_{-,w}}{\lambda + X_{+,w}}\right)^{n_{w,d_i}} \times \dfrac{\partial g}{\partial X_{+,u}}}{1 + \dfrac{P(-)}{P(+)} \prod_{w \in d_i} \left(\dfrac{\lambda + X_{-,w}}{\lambda + X_{+,w}}\right)^{n_{w,d_i}} \times g(\boldsymbol{X})} - \frac{n_{u,d_i}}{\lambda + X_{+,u}} \tag{3.25}$$

$$\frac{\partial F_{+,i}}{\partial X_{-,u}} = \frac{\dfrac{n_{u,d_i}}{\lambda + X_{-,u}} \times g(\boldsymbol{X}) + \dfrac{\partial g}{\partial X_{-,u}}}{\dfrac{P(+)}{P(-)} \prod_{w \in d_i} \left(\dfrac{\lambda + X_{+,w}}{\lambda + X_{-w}}\right)^{n_{w,d_i}} + g(\boldsymbol{X})} \tag{3.26}$$

在随机梯度下降中，我们使用如下公式为正类文档 d_i 迭代地更新变量 $X_{+,u}$ 和 $X_{-,u}$：

$$X_{+,u}^{l} = X_{+,u}^{l-1} - \gamma \frac{\partial F_{+,i}}{\partial X_{+,u}} \text{ 和}$$

$$X_{-,u}^{l}=X_{-,u}^{l-1}-\gamma\frac{\partial F_{+,i}}{\partial X_{-,u}},$$

其中，u 表示 d_i 中的每个词。γ 是学习速率，l 表示每次迭代。针对每个负类文档 d_i，也可推导出相似的更新规则。$X_{+,u}^{0}=N_{+,u}^{t}+N_{+,u}^{KB}$ 和 $X_{-,u}^{0}=N_{-,u}^{t}+N_{-,u}^{KB}$ 作为初始点。当计数收敛时迭代更新过程停止。

通过惩罚项利用知识

上面的优化方法可以更新虚拟计数来实现在当前领域更好的分类。但是，它没有解决领域依赖的情感词问题，即一些词可能在不同的领域中改变它们的极性。并且它也没有使用知识库 KB 中的领域级知识(3.5.2 节)。因此，我们提出在优化中加入惩罚项来实现这些内容。

这个思想是，如果在当前领域的训练数据中一个词 w 可以很好地区分类，那么我们应该更依赖当前领域的训练数据。因此，我们定义一个当前领域中的区分词的集合 V_T。如果在当前的领域中 $P(w|+)$ 远大于或远小于 $P(w|-)$，即 $\frac{P(w|+)}{P(w|-)}\geqslant\sigma$ 或 $\frac{P(w|-)}{P(w|+)}\geqslant\sigma$，其中 σ 是一个参数，那么词 w 属于 V_T。这些词在当前领域的分类中已经很有效了，所以优化中的虚拟计数应该遵循当前的任务/领域的经验计数($N_{+,w}^{t}$ 和 $N_{-,w}^{t}$)，这些内容反应在如下的 L2 正则化惩罚项(α 是正则化系数)中：

$$\frac{1}{2}\alpha\sum_{w\in V_T}((X_{+,w}-N_{+,w}^{t})^2+(X_{-,w}-N_{-,w}^{t})^2)\tag{3.27}$$

为了使用领域级知识(3.5.2 小节中 KB 存储的第二种知识类型)，我们只想使用知识中那些可靠的部分。这里的基本原理是，如果一个词只出现在一个或两个过去的领域，那么与它相关的知识可能是不可靠的，或者它是那些领域特有的。根据这个思想，我们用域频次来定义领域级知识的可靠性。对于 w，如果 $M_{+,w}^{KB}\geqslant\tau$ 或 $M_{-,w}^{KB}\geqslant\tau$($\tau$ 是一个参数)，那么认为它出现在合理数量的领域内，它的知识是可靠的。我们用 V_S 表示这样的词的集合，那么，第二个惩罚项是：

$$\frac{1}{2}\alpha\sum_{w\in V_S}(X_{+,w}-R_w\times X_{+,w}^{0})^2+\frac{1}{2}\alpha\sum_{w\in V_S}(X_{-,w}-(1-R_w)\times X_{-,w}^{0})^2\tag{3.28}$$

其中，比率 R_w 被定义为 $M_{+,w}^{KB}/(M_{+,w}^{KB}+M_{-,w}^{KB})$，$X_{+,w}^{0}$ 和 $X_{-,w}^{0}$ 是 SGD 的初始点。最

后，通过加入公式(3.27)和(3.28)中对应的偏导数，对公式(3.24)、(3.25)和(3.26)中的偏导数进行修正。

3.5.4 讨论

这里我们要讨论对LSC的可能的改进和一个与之相关的基于投票的终身情感分类的工作。

LSC的可能改进

目前为止，我们已经讨论了如何使用从过去任务学习的先验概率知识来改进未来任务的学习。这里有一个问题是，我们是否也可以使用未来学习的结果反过来帮助过去的学习。这是有可能的，因为通过把有待改进的过去的任务看作未来任务，并把所有其余的任务看作过去的任务，我们可以应用同样的LSC技术。这个方法的缺点是我们需要过去任务的训练数据。但是，如果过去任务的训练数据被遗忘(像在人类学习中)，会发生什么？这是一个有趣的研究问题，我相信这是可能的。

基于投票的终身情感分类

Xia等人[2017]通过对各个任务分类器投票为情感分类提出了两个LL方法。第一个方法为每个任务分类器分配同等的权重并进行投票，使用这个方法可以帮助过去的任务。第二个方法使用权重投票，但是，与LSC一样，它需要过去任务的训练数据来改进它的模型。此外，它们的任务实际上来自相同的领域，因为它们把同一个数据集划分为多个子集，并把每个子集看作一个任务。而LSC中的任务来自于不同的领域(不同类型的产品)。

3.6 基于元学习的领域词嵌入

LL也可以通过元学习实现。本节描述这样一个方法，它的目标是在没有大型语料库的情况下改进领域的词嵌入。近年来，词嵌入学习[Mikolov et al., 2013a, b; Mnih and Hinton, 2007; Pennington et al., 2014; Turian et al., 2010]获得了极大的关注，因为它成功地应用在很多**自然语言处理**(Natural Language Processing, NLP)问题中。词嵌入成功的“秘方”是使用由大规模的语料库转变而成的数量巨大(例如，百万级别)的训练样本来学习词的“语义含义”，它可以用于执行许多下游的NLP任务。

词嵌入在下游任务中的有效性通常基于两个隐式假设：(1)词嵌入的训练语料库是可用的，而且规模远大于下游任务的训练数据，(2)词嵌入语料库的主题(领域)和下游NLP任务的主题是紧密联系的。但是，许多实际应用不同时满足这两个假设。

在很多情况下，领域内语料库的规模有限，不足以训练出好的词嵌入。在这样的应用中，研究者和实践者通常只使用一些通用的词嵌入，这些词嵌入是用几乎覆盖了所有可能主题的非常大量的通用语料库(这满足第一个假设)训练得到的，例如，使用覆盖了互联网上几乎所有主题或领域的8400亿符号训练得到的著名的GloVe嵌入[Pennington et al.，2014]。在许多特定领域的任务中，这样的词嵌入被证明可以工作得很好。这并不令人意外，因为一个词的含义在很大程度上是跨领域和任务共享的。但是，这种解决方案违反了第二个假设，这通常会导致在特定领域的任务[Xu et al.，2018]中得到次优结果。一种显而易见的解释是，通用的词嵌入确实为该领域任务的许多词提供了一些有用的信息，但是在该领域中词嵌入的表达并不理想，而且在一些情况下它们甚至可能和该任务领域的一些词的含义存在冲突，因为词通常有多种意义和含义。例如，有一个编程领域的任务，它有一个词“Java”。一个大规模的通用语料库更可能包含的是关于咖啡商店、超市、印度尼西亚的爪哇岛等的文本，很容易挤压表达“Java”上下文的词的空间，比如，编程领域的“函数”“变量”和“Python”。这会导致词“Java”在编程领域任务中有一个较差的表达。

为了解决这个问题以及领域内语料库规模有限的问题，[Bollegala et al.，2015，2017；Yang et al.，2017]研究了基于迁移学习的跨领域嵌入。这些方法允许一些域内词使用通用的嵌入，希望在通用嵌入中这些词的含义和这些词在域内的含义不会相差太多。因此这些词的嵌入可以得到改进。但是，这些方法不能改进许多其他具有特定领域含义的词(例如，“Java”)的嵌入。此外，一些通用嵌入中的词可能具有与任务领域中的词不同的含义。

Xu等人[2018]提出通过扩展领域内语料库改进基于LL的领域嵌入。问题陈述如下：假设学习系统在过去已经看过N个领域的语料库：$D_{1:N}=\{D_1, \cdots, D_N\}$，当带有领域语料库$D_{N+1}$的新任务到达时，系统通过使用过去$N$个领域中的一些有用的信息或知识，自动地为第$(N+1)$个领域生成词嵌入。

这个问题的主要挑战有两个：(1)不依赖人工的帮助，如何自动地从过去的N个领域识别相关的信息/知识，(2)如何把相关的信息整合到第$(N+1)$个新领域的语料库中。Xu等人[2018]提出基于元学习的算法L-DEM(Lifelong Domain Embedding via Meta-learning，L-DEM)来解决这些挑战。

为了解决第一个挑战，对新领域的一个词，L-DEM会在过去的领域中学习识别这个词的相似上下文。这里，领域中一个词的上下文指的是在这个领域语料库中该词周围的词，称为这个词的**领域上下文**。为此，他们介绍了一个多领域元学习器，该元学习器使用多个领域的数据(语料库)学习一个元预测器，这个元预测器被称为基础预测器。当一个新领域和它的语料库到达时，系统首先调整基础预测器使它适合新领域。得到的特定领域的元预测器用于为新领域的每个词在每个过去的领域中识别相似的(或相关的)领域上下文。用于元学习和领域适应的训练数据是自动生成的。为解决第二个挑战，L-DEM利用元预测器从过去的领域语料库中生成的相关领域上下文(知识)来扩充新领域的语料库，并使用合并的数据为新领域训练词嵌入。例如，对于编程领域(新领域)的词“Java”，元预测器可能从一些以前的领域(例如，编程语言、软件工程、操作系统等)产生相似的领域上下文。这些领域上下文会和新领域的语料库合并在一起，为“Java”训练新的域嵌入。详细的技术很复杂，有兴趣的读者请参考Xu等人[2018]。

3.7　小结和评估数据集

终身学习尽管始于20多年前的监督学习，但现有的工作在多样性和深度上仍然具有一定的局限性。目前仍然没有通用的机制或算法可以像诸如SVM、朴素贝叶斯或深度学习等现有的机器学习算法一样应用于任意的任务序列，而这些机器学习算法可以应用在几乎任何监督学习任务中。造成这种情况的原因有很多。最重要的原因可能是研究社群对于知识的一般含义、如何表达知识和如何在学习中有效地利用知识还没有很好的认识。因此，我们迫切需要一套统一的关于知识及其相关问题的理论。另一个原因是监督学习的知识很难跨领域地使用，因为针对特定的任务进行了高度优化的模型在某种程度上使得优化成为重用或迁移的障碍。我们很难选择一些从以前任务或领域学习到的知识碎片并将其应用到新的任务中，因为模型通常是不可分解的。例如，我们很难重用SVM模型中的任何知识或将其应用在不同但相似的任务中。更简单的模型通常更容易重用。例如，我们不难从基于规则的分类器中选择一些规则去帮助学习一个新任务。这可能是人类学习不被优化的原因，因为人类大脑不善于优化，而且人类的智慧需要灵活性。

评估数据集：为了帮助该领域的研究人员，我们总结了本章涉及的论文中所使用到的评估数据集。对那些公开可用的数据集，我们将提供它们的链接。

Thrun[1996b]在评估中使用了一个包含不同物体(例如瓶子、锤子和书)的彩色图片的数据集。Caruana[1997]使用了道路跟踪领域的数据集 1D-ALVINN[Pomerleau，2012]。他们也创建了目标识别领域的数据集 1D-DOORS[Caruana，1997]。另外，一个医学决策应用也在 Caruana[1997]中被测试。Ruvolo 和 Eaton[2013b]在它们的评估中使用了三个数据集。第一个是来自 Xue 等人[2007]的地雷数据集，它根据雷达图片探测一片区域是否存在地雷。第二个是 Valstar 等人[2011]中的面部表情识别挑战数据集[一]。第三个是伦敦学校数据集[二]。Chen 等人[2015]使用来自 20 个不同产品领域的亚马逊评论进行评估，它是 Chen 和 Liu[2014b]中的数据集的子集[三]。Xu 等人[2018]使用来自 He 和 McAuley[2016]的亚马逊评论数据集，它是一个组织在多个层次上的多领域语料库的集合。这篇论文把每个第二层的类属(第一层是部门)看作一个领域，将每个类下面的所有评论合并为一个领域语料库，最终得到一个领域非常多样化的集合。

[一] http://gemep-db.sspnet.eu

[二] https://github.com/tjanez/PyMTL/tree/master/data/school

[三] https://www.cs.uic.edu/~zchen/downloads/KDD2014-Chen-Dataset.zip

持续学习与灾难性遗忘

近年来，**终身学习**(LL)在深度学习社区中引起极大的关注，它通常称为**持续学习**(continual learning)。众所周知，虽然深度神经网络(DNN)在很多机器学习(ML)任务中获得了最佳性能，但标准的多层感知器(MLP)架构和 DNN 仍然面临**灾难性遗忘**(catastrophic forgetting)[McCloskey and Cohen，1989]，使得这些方法很难应用到持续学习。问题在于，当神经网络用于学习一个任务序列时，在学习后续的任务时可能会使得先前任务学到的模型的性能下降。然而，我们人类的大脑似乎在这方面拥有非凡能力，在学习大量不同任务时彼此之间不会受到消极干扰。持续学习算法试图在神经网络中实现相同的能力，并解决灾难性遗忘问题。因此，持续学习实质上对新任务进行渐进式学习。与许多其他 LL 技术不同，目前持续学习算法的重点不是如何利用先前任务中所学到的知识帮助更好地学习新任务。本章首先概述灾难性遗忘(4.1 节)和解决这一问题所提出的持续学习技术(4.2 节)，然后详细介绍几种最近提出的持续学习方法(4.3～4.8 节)，在 4.9 节中介绍两篇评估文章，它们评估一些现有的持续学习算法的性能，最后对本章进行总结并给出一些相关的评估数据集。

4.1 灾难性遗忘

McCloskey 和 Cohen[1989]首次意识到了**灾难性遗忘**(Catastrophic forgetting)或**灾难性干扰**(catastrophic interference)问题。他们发现，在对新任务或新类别进行训练时，神经网络通常会忘记在之前训练任务中所学到的信息。这通常意味着新任务的权值很可能会覆盖先前任务的权重，从而降低先前任务的模型的性能。如果不解决这个问题，单个神经网络将无法适应 LL 的场景，因为它在学习新事物时会**忘记**已有的信息/知识。这在 Abraham 和 Robins[2005]中称为**稳定-可塑性困境**(stability-plasticity dilemma)。一方面，如果一个模型太稳定，它将无法消化未来的训练数据中的新信息。另一方面，一个具有足够可塑性的模型可以接受较大的权重变化并忘记以前学到的表示。应该注意到，传统的多层感知器以及 DNN 都存在灾难性遗忘的问题。阴影单层模型(例如，自组织特征图)已经被证明同样存在灾难性干扰[Richardson and Thomas，2008]。

灾难性遗忘的一个具体例子是使用深度神经网络的迁移学习。在传统的迁移学习环境中，源域具有大量的已标记数据且目标域几乎没有已标记数据，在DNN中广泛使用的微调(fine-tuning)[Dauphin et al.，2012]可以使得源域的模型适应于目标域。在微调之前，使用源域的已标记数据来预训练神经网络，然后，使用给定的目标域的数据重新训练该神经网络的输出层。基于反向传播的微调被用于使源域模型适应目标域。然而，这种方法会受到灾难性遗忘的影响，因为，对目标域的适应通常会破坏从源域学习的权重，从而导致源域中的推断变差。

Li和Hoiem[2016]很好地概述了处理灾难性遗忘问题的传统方法，他们在一种经典的方法中描述了三组参数：

- θ_s：所有任务共享的一组参数；
- θ_o：专门为先前任务学习的一组参数；
- θ_n：为新任务随机初始化的特定于任务的参数。

Li和Hoiem[2016]给出了一个图像分类的例子，其中θ_s由AlexNet架构中的五个卷积层和两个完全连接层组成[Krizhevsky et al.，2012]。θ_o是用于分类的输出层[Russakovsky et al.，2015]及其相应的权重。θ_n是新任务的输出层，例如，场景分类器。

下面给出三种传统的使用从θ_s迁移的知识学习θ_n的方法。

- **特征提取**(Feature Extraction)(例如，Donahue等人[2014])：θ_s和θ_o都保持不变，而某些层的输出用作新任务训练θ_n的特征。
- **微调**(Fine-tuning)(例如，Dauphin等人[2012])：θ_s和θ_n为新任务进行优化和更新，而θ_o保持不变。为防止θ_s出现大的变动，通常使用低学习速率。此外，出于相似的目的，可以为每个新任务**复制和微调**网络，导致N个任务有N个网络。另一种变体是微调θ_s的组成部分，例如，顶层。这种方法可被看作一种微调和特征提取的折中。
- **联合训练**(Joint Training)(例如，Caruana[1997])：所有参数θ_s、θ_o、θ_n跨所有任务进行联合优化。这需要存储所有任务的所有训练数据，多任务学习(MTL)

通常采用这种方法。

表4.1总结了这些方法的优缺点。基于这些优缺点，Li和Hoiem[2016]提出了一种称为**无遗忘学习**(Learning without Forgetting)的算法，该算法清晰地解决了这些方法的缺点；详见第4.3节。

表4.1 解决灾难性遗忘问题的传统方法的总结(改编自Li和Hoiem[2016])

种类	特征提取	微调	复制和微调	联合训练
新任务性能	一般	好	好	好
旧任务性能	好	差	好	好
训练效率	快	快	快	慢
测试效率	快	快	慢	快
存储需求	一般	一般	大	大
需要先前任务数据	否	否	否	是

4.2 神经网络中的持续学习

最近，许多持续学习的方法被提出来以减轻灾难性遗忘问题。本节将概述这些方法最近的发展。Parisi等人[2018A]也对这一主题进行了全面的调查。

现有的大部分工作关注**监督学习**(supervised learning)[Parisi et al.，2018a]。受到微调的启发，Rusu等人[2016]提出了一种渐进式神经网络，它保留了大量预训练模型，并学习这些模型之间的横向连接。Kirkpatrick等人[2017]提出了一种称为**弹性权重合并**(Elastic Weight Consolidation，EWC)的模型，该模型量化了权重对先前任务的重要性，并有选择地调整权重的可塑性。Rebuffi等人[2017]通过保留一个最接近先前任务的范例集来解决LL问题。Aljundi等人[2016]提出了一个专家网络，用于衡量处理灾难性遗忘的任务相关性。Rannen Ep Triki等人[2017]使用自动编码器的思想扩展"无遗忘学习(Learning without Forgetting)"[Li and Hoiem，2016]中的方法。Shin等人[2017]依照**生成式对抗式网络**(Generative Adversarial Networks，GAN)框架[Goodfellow，2016]为先前任务保留了一组生成器，然后学习那些能够适应新任务的真实数据和先前任务的重放数据二者的混合集合的参数。这些工作将在后面几个小节详细介绍。

与在无遗忘学习(LwF)模型中使用知识蒸馏(knowledge distillation)[Li and Hoiem，2016]不同，Jung等人[2016]提出了一种较少发生遗忘的学习技术，它可以正则化最后的隐藏激活函数。Rosenfeld 和 Tsotsos[2017]提出的控制器模块通过从先前任务学习的表示来优化新任务的损失，他们发现只需微调大约 22%的参数就可以获得令人满意的性能。Ans 等人[2004]设计了一种双网络架构，它可以生成伪项以自动更新先前的任务。Jin 和 Sendhoff[2006]把灾难性遗忘问题建模为一个多目标学习问题，并提出了一种多目标伪训练框架，在优化过程中把新模式插入基本模式。Nguyen 等人[2017]通过在神经网络中将在线变分推断(variational inference，VI 组合起来)和蒙特卡罗 VI 组合起来，提出了变分持续学习。受 EWC[Kirk-patrick et al.，2017]启发，Zenke 等人[2017]以在线方式衡量突触巩固强度，并把它用作神经网络中的正则化。Seff 等人[2017]通过结合 GAN[Goodfellow，2016]和 EWC[Kirkpatrick et al.，2017]的思想解决持续生成建模问题。

除了上面提到的基于正则化的方法(例如，LwF[Li 和 Hoiem，2016]，EWC[Kirkpatrick et al.，2017])，人们还提出了用于 LL 的基于双记忆的学习系统，其灵感来自互补学习系统(CLS)理论[Ku-maran et al.，2016；McClelland et al.，1995]，其中记忆巩固和检索与哺乳动物海马体(短期记忆)和新皮质(长期记忆)的相互作用有关。Gepperth 和 Karaoguz[2016]提出使用修正自组织映射(SOM)作为长期记忆。作为补充，增加了短期记忆(STM)存储新样本。在睡眠阶段，STM 的全部内容被重放到系统中。这个过程是熟知的内在重放(intrinsic replay)或伪训练[Robins，1995]，它使用新数据(例如，来自 STM)训练网络中的所有节点，并在已训练的网络中重放先前已知类或分布的样本。样本重放防止网络发生遗忘。Kemker 和 Kanan[2018]提出了一种类似的双记忆方法，称为 FearNet。它将一个海马网络用于 STM，一个内侧前额叶皮层(mPFC)网络用于长期记忆，并用第三个神经网络决定用哪个记忆进行预测。这个方向的更多最新进展包括深度生成重放[Shin et al.，2017]、DGDMN[Kamra et al.，2017]和双记忆重现自组织[Parisi et al.，2018b]。

其他一些相关的工作包括 Learn++[Polikar et al.，2001]、**梯度事件记忆**(Gradient Episodic Memory)[Lopez-Paz et al.，2017]、Pathnet[Fernando et al.，2017]、**记忆意识突触**(Memory Aware Synapses)[Aljundi et al.，2017]、One Big Net for Everything[Schmidhuber，2018]、**幻影抽样**(Phantom Sampling)[Venkatesan et al.，2017]、**激活长期记忆网络**(Active Long Term Memory Networks)[Furlanello et al.，2016]、Conceptor-Aided Backprop[He and Jaeger，2018]、**控制网络**(Gating Networks)[Masse et al. , 2018, Serràetal. , 2018]、**PackNet**[Mallya and Lazebnik, 2017]、**基于传播的神经调节**(Diffusion-based Neuromodulation)[Velez and Clune, 2017]、**增量瞬间匹配**(Incremental Moment Matching)[Lee et al. , 2017b]、**动态可扩展网络**(Dynamucally Expandable Networks)[Lee et al. , 2017a]和**增量正则化最小平方**(Incremental Ruleularized Least Squares)[Camoriano et al. , 2017]。

还有一些**无监督学习**(unsupervised learning)工作。Goodrich 和 Arel[2014]研究了神经网络中的无监督在线聚类在帮助减轻灾难性遗忘方面的表现。他们提出通过神经网络建立一条路径以便在反馈过程中选择神经元。除了正常权重，每个神经元还被分配一个聚类质心。在新任务中，当一个样本到达时，只选择那些聚类质心点接近样本的神经元。这可以被视为一种特殊的丢弃训练[Hintonet al. , 2012]。Parisi 等人[2017]通过学习无监督的可视化表示来解决 LL 的行为表示，这些表示根据行为标签的出现频率增量地与之关联，所提出的模型比使用预定义数量的行为类别所训练的模型获得更好的性能。

在**强化学习**(reinforcement learning)应用[Ring, 1994]中，除了上面提到的工作(例如，Kirkpatrick 等人[2017], Rusu 等人[2016])，Mankowitz 等人[2018]提出了一种持续学习代理架构，名为 Unicorn，Unicorn 代理旨在能够同时学习包括新任务在内的多个任务。该代理可以重复使用它积累的知识有效地解决相关的任务。最后，该架构旨在帮助代理处理具有深度依赖的任务，其核心思想是脱离策略学习多个任务，即当一个任务打开策略执行时，它可以使用这种经验更新相关任务的策略。Kaplanis 等人[2018]从生物突触中获得灵感，并结合不同时间表的可塑性来减轻多个时间表的灾难性遗忘。它的突触巩固的思想与 EWC 一致[Kirk-patrick et al. , 2017]。Lipton 等人[2016]提出了一种新的激励修正函数，以学习即将到来的灾难的可能性，他们将其命名为**内在恐惧**(intrinsic fear)，用于惩罚 Q-学习目标函数。

针对灾难性遗忘，人们还提出了**评估框架**(evaluation framework)。Goodfellow 等人[2013a]评估了传统方法，包括丢弃训练[Hin-ton et al. , 2012]和各种激励函数。Kemker 等人[2018]对更多最近的持续学习模型进行了评估。Kemker 等人[2018]使用大规模数据集，并在 LL 设定下评估了新任务和旧任务的模型准确性。有关更多详细信息，请看第 4.9 节。在接下来的几个小节中，我们将讨论一些有代表性的持续学习方法。

4.3 无遗忘学习

本节介绍 Li 和 Hoiem[2016]中提出的**无遗忘学习**(Learning without Forgetting)方法。根据 4.1 节中的符号，它在 θ_s(所有任务的共享参数)和 θ_o(旧任务的参数)的帮助下学习 θ_n(新任务的参数)，并且不会大幅度地降低旧任务的性能。其思想是在 θ_s 和 θ_o 对新任务样本的预测影响不大的前提条件下为新任务优化 θ_s 和 θ_n。该约束条件确保模型仍然能够“记住”它的旧参数，以便保持在先前任务中满意的性能。

算法 4.1 描述了无遗忘学习算法。第 2 行记录了使用 θ_s 和 θ_o 新任务样本 X_n 的预测 Y_o，该预测将用于目标函数(第 7 行)。对于每个新任务，在输出层添加节点，使其与下一层完全连接。这些新节点首先用随机权重 θ_n(第 3 行)初始化。第 7 行的目标函数分为三个部分。

算法 4.1 无遗忘学习

输入：共享参数 θ_s，旧任务的特定任务参数 θ_o，训练数据 X_n，新任务的预测 Y_n。
输出：更新参数 θ_s^*，θ_o^*，θ_n^*。

1: // 初始化阶段。
2: $Y_o \leftarrow \text{CNN}(X_n, \theta_s, \theta_o)$
3: $\theta_n \leftarrow \text{RANDINIT}(|\theta_n|)$
4: // 训练阶段。
5: Define $\hat{Y}_n \equiv \text{CNN}(X_n, \hat{\theta}_s, \hat{\theta}_n)$
6: Define $\hat{Y}_o \equiv \text{CNN}(X_n, \hat{\theta}_s, \hat{\theta}_o)$
7: $\theta_s^*, \theta_o^*, \theta_n^* \leftarrow \text{argmin}_{\hat{\theta}_s,\hat{\theta}_o,\hat{\theta}_n}\left(\mathcal{L}_{new}(\hat{Y}_n, Y_n) + \lambda_o\mathcal{L}_{old}(\hat{Y}_o, Y_o) + \mathcal{R}(\theta_s, \theta_o, \theta_n)\right)$

- $\mathcal{L}_{new}(\hat{Y}_n, Y_n)$：最小化预测值 $\hat{Y}_n$ 和真实值 Y_n 之间的差异。$\hat{Y}_n$ 是使用当前参数 $\hat{\theta}_s$ 和 $\hat{\theta}_n$(第 5 行)得到的预测值。在 Li 和 Hoiem[2016]中，使用多项逻辑损失：

$$\mathcal{L}_{new}(\hat{Y}_n, Y_n) = -Y_n \cdot \log \hat{Y}_n$$

- $\mathcal{L}_{old}(\hat{Y}_o, Y_o)$：最小化预测值 $\hat{Y}_o$ 和记录值 Y_o(第 2 行)之间的差异，其中，$\hat{Y}_o$ 是使用当前参数 $\hat{\theta}_s$ 和 $\hat{\theta}_n$(第 6 行)得到的预测值。Li 和 Hoiem[2016]使用知识蒸馏损失[Hinton et al.，2015]使一个网络的输出接近另一个网络的输出。蒸馏损失定义为修正交叉熵损失：

$$\mathcal{L}_{old}(\hat{Y}_o, Y_o) = -H(\hat{Y}_o', Y_o') = -\sum_{i=1}^{l} y_o'^{(i)} \log \hat{y}_o'^{(i)}$$

其中，l是标签的数目。$y_o'^{(i)}$和$\hat{y}_o'^{(i)}$是修正概率，其定义如下：

$$y_o'^{(i)} = \frac{(y_o^{(i)})^{1/T}}{\sum_j (y_o^{(j)})^{1/T}}, \quad \hat{y}_o'^{(i)} = \frac{(\hat{y}_o^{(i)})^{1/T}}{\sum_j (\hat{y}_o^{(j)})^{1/T}}$$

T在Li和Hoiem[2016]中取值为2，用来增加较小分对数值的权重。在目标函数中(第7行)，λ_o用于平衡新任务和旧/过去任务。Li和Hoiem[2016]在实验中测试了λ_o的各种值。

$\mathcal{R}(\theta_s, \theta_o, \theta_n)$：用于避免过拟合的正则化项。

4.4　渐进式神经网络

Rusu等人[2016]提出了渐进式神经网络用于明确地处理LL的灾难性遗忘问题。其思想是保留大量的预训练模型作为知识，并使用它们之间的横向连接来适应新任务。该模型最初是为强化学习提出的，但模型架构对于其他ML范式(如监督学习)有足够的适用性。假设有N个现有/过去的任务$\mathcal{T}_1$，$\mathcal{T}_2$，…，$\mathcal{T}_N$，则渐进式神经网络保留N个神经网络(或N列)。当新任务$\mathcal{T}_{N+1}$被创建时，则为其创建一个新的神经网络(或新列)，并学习与所有先前任务之间的横向连接。下面介绍数学公式。

在渐进式神经网络中，每个任务$\mathcal{T}_n$与一个神经网络相关联，假设这个神经网络有L层，在第$i \leqslant L$层的单元有隐藏激励函数$h_i^{(n)}$。任务$\mathcal{T}_n$的神经网络中的参数集用$\Theta^{(n)}$表示。当一个新任务$\mathcal{T}_{N+1}$到达时，参数$\Theta^{(1)}$，$\Theta^{(2)}$，…，$\Theta^{(N)}$保持不变，而$\mathcal{T}_{N+1}$的神经网络中的每层$h_i^{(N+1)}$把所有先前任务的神经网络的第$(i-1)$层作为输入，即：

$$h_i^{(N+1)} = \max(0, W_i^{(N+1)} h_{i-1}^{(N+1)} + \sum_{n<N+1} U_i^{(n:N+1)} h_{i-1}^{(n)}) \tag{4.1}$$

其中，$W_i^{(N+1)}$表示神经网络$N+1$中第i层的权重矩阵。通过$U_i^{(n:N+1)}$学习横向连接，来表示任务n的第$(i-1)$层对任务$(N+1)$的第i层的影响强度。h_o是神经网络的输入。

与预训练和微调不同，渐进式神经网络不假设任务之间存在任何关系，这对于实际应用更加真实。可以为相关、正交甚至对抗的任务学习横向连接。为避免灾难性遗忘，现有任务 $\mathcal{T}_n$ 的参数 $\Theta^{(n)}$（其中 $n \leqslant N$）的设置是“冻结的”，而新参数集 $\Theta^{(N+1)}$ 会被学习并使之适用于新任务 $\mathcal{T}_{N+1}$。因此，现有任务的性能不会下降。

对于强化学习中的应用，每个任务的神经网络都被训练去为一个特定的马尔可夫决策过程（MDP）学习一个策略函数。策略函数隐含了给定状态下所有动作的概率。通过一个隐藏的感知器层学习非线性横向连接，以减少同层级 $|\Theta^{(1)}|$ 的横向连接的参数数目。更多细节请参考 Rusu 等人[2016]。

考虑到各种任务关系的灵活性，渐进式神经网络存在一个问题：随着任务数量的增加，参数的数量会爆炸式增长，因为它要为新任务学习一个新的神经网络，以及它与所有现有网络的横向连接。Rusu 等人[2016]认为修剪[LeCun et al.，1990]或在线压缩[Rusu et al.，2015]可能是解决方法。

4.5 弹性权重合并

Kirkpatrick 等人[2017]提出了一种称为**弹性权重合并**（Elastic Weight Consolidation，EWC）的模型来减轻神经网络中的灾难性遗忘。受人类大脑的启发，突触合并通过减少与先前学习的任务相关的突触的可塑性来实现持续学习。如第 4.1 节所述，可塑性是造成灾难性遗忘的主要原因，因为先前任务学到的权重很容易在新任务中被修改。更确切地说，与先前任务密切相关的权重的可塑性比与先前任务松散连接的权重的可塑性更容易发生灾难性遗忘。[Kirkpatrick et al.，2017]量化了权重的重要性对先前任务性能的影响，并选择性地降低那些重要权重对先前任务的可塑性。

Kirkpatrick 等人[2017]使用一个由两个任务 A 和 B 组成的示例介绍了他们的想法，其中 A 是先前任务，B 是新任务。该示例只有两个任务是为了方便理解，但是 EWC 模型以 LL 方式处理按序列进入的任务。任务 A 和 B 的参数（权重和偏差）分别表示为 θ_A 和 θ_B。为任务 A 和 B 减少误差的参数集分别表示为 Θ_A^* 和 Θ_B^*。过度参数化导致有可能找到一个解 $\theta_B^* \in \Theta_B^*$ 和 $\theta_B^* \in \Theta_A^*$，即，为任务 B 学习的解同时在任务 A 中也应该保持低误差。EWC 实现这一目标所用的方法是约束参数以保持在 A 的低误差区域。图4.1展示了该示例。

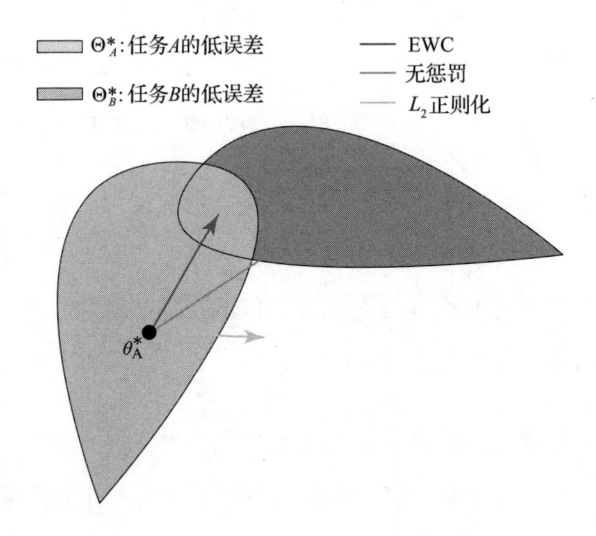

图4.1　EWC的说明示例。给定任务B，常规神经网络学习一个点，该点对任务B产生一个低误差，而对任务A(蓝色箭头)不一定是小误差。相反，L_2正则化为任务B提供了次优模型(紫色箭头)。EWC为任务B更新它的参数，同时缓慢更新对任务A重要的参数以保持在A的低误差区域(红色箭头)

贝叶斯方法用于衡量EWC中任务的参数的重要性。具体地，参数的重要性建模为后验分布$p(\theta|\mathcal{D})$，这是给定一个任务的训练数据$\mathcal{D}$的参数θ的概率。使用贝叶斯规则，后验概率的对数值如下：

$$\log p(\theta \mid \mathcal{D}) = \log p(\mathcal{D} \mid \theta) + \log p(\theta) - \log p(\mathcal{D}) \tag{4.2}$$

假设数据由两个独立的部分组成：任务A的$\mathcal{D}_A$和任务B的$\mathcal{D}_B$。公式(4.2)可以写成：

$$\log p(\theta \mid \mathcal{D}) = \log p(\mathcal{D}_B|\theta) + \log p(\theta|\mathcal{D}_A) - \log p(\mathcal{D}_B) \tag{4.3}$$

公式(4.3)的左侧仍然是给定的整个**数据集**的后验分布，而右侧仅取决于任务B的损失函数，即$\log p(\mathcal{D}_B|\theta)$。与任务$A$相关的所有信息都嵌入项$\log p(\theta|\mathcal{D}_A)$中。EWC想要从$\log p(\theta|\mathcal{D}_A)$抽取权重重要性的信息。不幸的是，$\log p(\theta|\mathcal{D}_A)$很难获得。因此，EWC通过参数$\theta_A^*$和Fisher信息矩阵$\boldsymbol{F}$的对角线的对角精度的均值使其近似于高斯分布。这样，EWC中的新损失函数如下：

$$\mathcal{L}(\theta) = \mathcal{L}_B(\theta) + \sum_i \frac{\lambda}{2}\boldsymbol{F}_i(\theta_i - \theta_{A,i}^*)^2 \tag{4.4}$$

其中，$\mathcal{L}_B(\theta)$只是任务 B 的损失。λ 控制在什么强度下约束不应该离任务 A 的低误差区域太远。i 表示权重向量中的每个索引。

回想一下，如果 θ 是 n 维的，θ_1，θ_2，…，θ_n，Fisher 信息矩阵 $\boldsymbol{F}$ 是一个 $n \times n$ 矩阵，每个元素为：

$$I(\theta)_{ij} = E_X\left[\left(\frac{\partial}{\partial\theta_i}\log p(\mathcal{D}|\theta)\right)\left(\frac{\partial}{\partial\theta_j}\log p(\mathcal{D}|\theta)\right)\Big|\theta\right] \tag{4.5}$$

那么，对角项为：

$$F_i = I(\theta)_{ii} = E_X\left[\left(\frac{\partial}{\partial\theta_i}\log p(\mathcal{D}|\theta)\right)^2\Big|\theta\right] \tag{4.6}$$

当任务 C 到来时，EWC 通过惩罚项更新公式(4.4)使得参数 θ 接近 $\theta^*_{A,B}$，其中，$\theta^*_{A,B}$是从任务 A 和任务 B 中学到的参数。

为了评估 EWC，Kirkpatrick 等人[2017]使用 MNIST 数据集[LeCun et al.，1998]。新任务通过一个随机序列获得，并且所有图像的输入像素根据序列进行调整。因此，每个任务是唯一的，并且与原始的 MNIST 问题具有同等难度。结果表明，EWC 的性能优于那些有灾难性遗忘问题的模型。更多有关评估以及 EWC 在强化学习中应用的详细信息，请参阅 Kirkpatrick 等人[2017]的原文。

4.6 iCaRL：增量分类器与表示学习

Rebuffi 等人[2017]为**类增量学习**(class-incremental learning)提出了一种新的模型。类增量学习要求分类系统逐步学习先前未见过的新类并对其进行分类。这与第 5 章中介绍的**开放式学习**(open-world-learning)(或**累积学习**，cumulative learning)[Fei et al.，2016]类似，但是缺少开放式学习的拒绝能力。类增量学习假定不同类别的样本可能出现在不同的时间，这种情况下系统应该在每个观察的类别上保持令人满意的分类性能。Rebuffi 等人[2017]还强调随着越来越多类的出现，计算资源应该是有限的或缓慢增加。

为了达到这些标准，一种名为 iCaRL 的**增量分类器与表示学习**(incremental Classifer and Representation Learning)的新模型被设计出来，用于在类增量设定下同时学习分类器和特征表示。在高层次上，iCaRL 为每个观察的类维护一个范例样本集。对于每个类，范例集是该类所有样本的一个子集，目的是包含该类的最具代表性的信息。新样本的分类是通过选择一个与之最相似的范例集所在的类来完成的。当一个新类出现时，iCaRL 为这个新类创建一个范例集，同时修剪现有/以前类的范例集。

形式上，在任何时间，iCaRL 在类增量学习设定下使用一系列类的训练样本集 X^s，X^{s+1}，…，X^t(其中，X^y 是类 y 的一组样本)来学习这些类。y 可以是观察的/过去的类或者新类。为避免记忆流失，iCaRL 整体上持有的范例数量(K)是固定。对于 C 个类，范例集表示为 $\mathcal{P}=\{P_1，\cdots，P_C\}$，其中每个类的范例集 P_i 保持 K/C 个范例。Rebuffi 等人[2017]使用的原始样本和范例都是图像，但提出的方法对于非图像数据集足够适用。

4.6.1 增量训练

算法 4.2 给出 iCaRL 中的增量训练算法，其中类 s，…，t 的新的训练样本集 X^s，…，X^t 按顺序出现。第 1 行使用新训练样本更新模型参数 Θ(在算法 4.3 中定义)。第 2 行计算每个类中范例的数量。对于每个现有的类，我们将每个类的范例数减少到 m 个。由于是根据重要性顺序创建范例的(参见算法 4.4)，我们只保留每个类的前 m 个范例(第 3～5 行)。第 6～8 行为每个新类构建范例集(参见算法 4.4)。

算法 4.2 iCaRL 增量训练

输入：新类 s，…，t 的新训练样本 X^s，…，X^t，当前模型参数 Θ，当前范例集 $\mathcal{P}=\{P_1，\cdots，P_{s-1}\}$，记忆容量 K。
输出：更新的模型参数 Θ，更新的范例集 $\mathcal{P}$。

1: $\Theta \leftarrow$ UpdateReresentation($X^s, \ldots, X^t; \mathcal{P}, \Theta$)
2: $m \leftarrow K/t$
3: **for** $y = 1$ **to** $s-1$ **do**
4: $\quad P_y \leftarrow P_y[1:m]$
5: **end for**
6: **for** $y = s$ **to** t **do**
7: $\quad P_y \leftarrow$ ConstructExemplarSet(X^y, m, Θ)
8: **end for**
9: $\mathcal{P} \leftarrow \{P_1, \ldots, P_t\}$

4.6.2 更新特征表示

算法 4.3 给出更新特征表示的详细步骤。它先创建两个数据集(第 1 行和第 2 行)：一个数据集包含所有现有的范例样本，另一个数据集包含新类的新样本。需要注意的是，范例样本具有原始特征空间，没有已学的表示方式。第3～5行存储使用当前模型预测的每个范例样本的输出。Rebuffi 等人[2017]中的学习使用一个卷积神经网络(CNN)[LeCun et al.，1998]，它被解释为一个可训练的特征提取器：φ：$\mathcal{X}\rightarrow\mathbb{R}^d$。在单个分类层中加入与目前观察到的类的同等数量的 sigmoid 输出节点。类 $y\in\{1,\cdots,t\}$的输出得分的计算公式如下：

$$g_y(x)=\frac{1}{1+\exp(-a_y(x))}\quad 其中\quad a_y(x)=w_y^{\mathrm{T}}\varphi(x) \tag{4.7}$$

需要注意的是，卷积神经网络只用于特征表示学习，而不用于实际分类。实际分类将在第 4.6.4 节中介绍。算法 4.3 的最后一步运行具有损失函数的反向传播：(1) 最小化新类 $\mathcal{D}^{new}$的新样本的损失(分类损失)，(2)使用先前的网络重现存储的分数(蒸馏损失[Hinton et al.，2015])。该算法希望使用新类的新样本更新神经网络，同时不会忘记现有的类。

算法 4.3 iCaRL 更新表示

输入：新类 s，…，t 的新训练样本 X^s，…，X^t，当前模型参数 Θ，当前范例集 $\mathcal{P}=\{P_1,\cdots,P_{s-1}\}$，记忆容量 K。
输出：更新的模型参数 Θ。

1: $\mathcal{D}^{exemplar}\leftarrow\bigcup_{y=1,\ldots,s-1}\{(x,y):x\in P_y\}$
2: $\mathcal{D}^{new}\leftarrow\bigcup_{y=s,\ldots,t}\{(x,y):x\in X^y\}$
3: **for** $y=1$ **to** $s-1$ **do**
4: $\quad q_i^y\leftarrow g_y(x_i)$ for all $(x_i,\cdot)\in\mathcal{D}^{exemplar}$
5: **end for**
6: $\mathcal{D}^{train}\leftarrow\mathcal{D}^{exemplar}\cup\mathcal{D}^{new}$
7: 使用包含“分类”和“蒸馏”词条的损失函数，运行网络训练(例如反向传播)：

$$\mathcal{L}(\Theta)=-\sum_{(x_i,y_i)}\in D^{train}\Big[\sum_{y=s}^{t}\delta_{y=y_i}\log g_y(x_i)+\delta_{y\neq y_i}\log(1-g_y(x_i))$$
$$+\sum_{y=1}^{s-1}q_i^y\log g_y(x_i)+(1-q_i^y)\log(1-g_y(x_i))\Big]$$

4.6.3 为新类构建范例集

当新类 t 的样本出现时，iCaRL 将平衡每个类中范例的数量，即减少每个现有类的范例数量并为新类创建范例集。如果由于内存限制总共允许 K 个范例，则每个类收到 $m=K/t$ 个范例配额。对于每个现有类，保留前 m 个范例(算法 4.2 中的第 3～5 行)。对于新类 t，算法 4.4 为其选择 m 个范例。下面介绍如何选择范例的直观思路：所有范例的平均特征向量应该接近于类的所有样本的平均特征向量。因此，当大多数样本被移除(即只保留范例)时，类中所有样本的一般属性并没有减少。此外，为了确保范例容易修剪，范例按顺序存储，最重要的首先存储，因此得到的是一个有优先级的列表。

在算法 4.4 中，先计算类 t 的所有训练样本的平均特征向量 μ(第 1 行)。然后通过选择每个范例 p_k 的顺序来选择 m 个范例，与添加任何其他非范例样本相比，平均特征向量最接近 μ(第 2～4 行)。因此，得到的范例集 $P\leftarrow(p_1, \cdots, p_m)$ 应该很接近类平均向量。需要注意的是，在训练完类 t 后，所有非范例样本会被丢弃。因此，根据重要性给出范例的有序列表是 LL 的关键，因为很容易在保留最重要的过去信息的同时，为添加未来新类缩减范例集的大小。

算法 4.4 iCaRL 构造范例集

输入：类 t 的样本 $X=\{x_1, \cdots, x_n\}$，范例的目标数量 m，当前特征函数 φ：$\mathcal{X}\rightarrow\mathbb{R}^d$。
输入：类 y 的样例集 P。

1: $\mu \leftarrow \frac{1}{n}\sum\limits_{x\in X}\varphi(x)$
2: **for** $k=1$ **to** m **do**
3: $\quad p_k \leftarrow \mathrm{argmin}_{x\in X \mathrm{and} x\notin\{p_1,\ldots,p_{k-1}\}}\left\|\mu-\frac{1}{k}[\varphi(x)+\sum\limits_{j=1}^{k-1}\varphi(p_j)]\right\|$
4: **end for**
5: $P\leftarrow(p_1,\ldots,p_m)$

4.6.4 在 iCaRL 中完成分类

上面介绍的所有训练算法均使用范例集 $\mathcal{P}=\{P_1, \cdots, P_t\}$进行分类。原理很简单：给定一个测试样本 x，选择一个其范例集的平均特征向量最接近 x 的类 y^* 作为 x 的类标(参见算法 4.5)。

算法 4.5 iCaRL 中的 iCaRL 分类

输入：待分类的测试样本 x，范例集 $\mathcal{P}=\{P_1, \cdots, P_t\}$，当前特征函数 φ：$\mathcal{X}\to\mathbb{R}^d$。
输出：x 的预测类标 y^*。

1: **for** $y=1$ **to** t **do**
2: 　$\mu_y \leftarrow \frac{1}{|P_y|}\sum_{p\in P_y}\varphi(p)$
3: **end for**
4: $y^* \leftarrow \underset{y=1,\dots,t}{\operatorname{argmin}} \|\varphi(x)-\mu_y\|$

4.7 专家网关

Aljundi 等人[2016]提出了一个**专家网络**(Network of Experts)，其中每个专家是一个针对特定任务训练的模型。因为一个专家只在一个任务上训练，所以该专家擅长这个特定的任务，而不擅长其他的任务。因此，在 LL 背景下，需要一个专家网络处理一系列任务。

Aljundi 等人[2016]强调的一个令人信服的观点是**记忆效率**(memory efficiency)的重要性，特别是在大数据时代。众所周知，GPU 因其快速处理能力被广泛用于训练深度学习模型。但是，与 CPU 相比，GPU 的内存有限。随着深度学习模型变得越来越复杂，GPU 一次只能加载少量模型。在大量任务(例如在 LL 中)的情况下，则要求系统在对测试样本进行预测时知道要加载哪些模型。

考虑到这一需求，Aljundi 等人[2016]提出了一种**专家网关**(Expert Gate)算法来确定任务的相关性，并且在预测期间只将最相关的任务加载到内存中。现有任务表示为 $\mathcal{T}_1$，$\mathcal{T}_2$，…，$\mathcal{T}_N$，为每个现有任务 $\mathcal{T}_k$ 构建非完全自动编码器模型 A_k 和专家模型 E_k，其中 $k\in\{1, \cdots, N\}$。当一个新任务 $\mathcal{T}_{N+1}$ 及其训练数据 $\mathcal{D}_{N+1}$ 到达时，将针对每个自动编码器 A_k 评估 $\mathcal{D}_{N+1}$ 以便找到最相关的任务。然后用这些最相关任务的专家模型进行微调或无遗忘学习(LwF)(第 4.3 节)，以建立专家模型 E_{N+1}。同时，从 $\mathcal{D}_{N+1}$ 中学习 A_{N+1}。当对测试样本 x_t 进行预测时，专家模型对应的自动编码器能最好地描述 x_t，并将其加载到内存用于预测。

4.7.1 自动编码网关

一个自动编码器[Bourlard and Kamp，1988]模型是一个神经网络，能够在无监督方式下通过学习恢复输出层中的输入。模型中有编码器和解码器。编码器$f=h(x)$将输入x投影到嵌入空间$h(x)$中，而解码器$r=g(h(x))$将嵌入空间映射到原始输入空间。有两种类型的自动编码器模型：非完全自动编码器和过完备自动编码器。非完全自动编码器学习一个低维表示，过度完备自动编码器学习一个正则化的高维表示。图4.2给出了一个非完全自动编码器的例子。

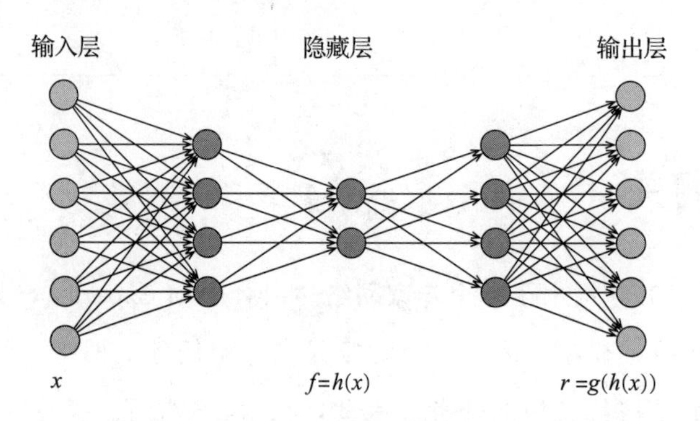

图4.2　一个非完全自动编码器模型的例子

在专家网关中使用自动编码器的动机是，作为一种无监督方法，非完全自动编码器可以学习一个低维特征表示以最紧凑的方式最好地描述数据。一个任务的自动编码器应该在重建该任务的数据时表现良好，即一个自动编码器模型是一个任务的恰当表示。如果来自两个任务的两个自动编码器模型彼此相似，那么这两个任务也可能是相似的。

Aljundi等人[2016]中使用的自动编码器是简单的：它在编码层和解码层之间有一个ReLU层[Zeiler et al.，2013]。ReLU激活单元快速且易于优化，这也引入了稀疏性以避免过度拟合。

4.7.2　测量训练的任务相关性

给定一个新任务$\mathcal{T}_{N+1}$，它的训练数据为$\mathcal{D}_{N+1}$，专家网关首先从$\mathcal{D}_{N+1}$中学习一个自动编码器A_{N+1}。为便于训练专家模型E_{N+1}，专家网关寻找最相关的现有任务，并使用它的专家模型。具体来说，我们将使用自动编码器A_k时$\mathcal{D}$的重构误差定义如下：

$$Er_k=\frac{\sum_{x\in\mathcal{D}}er_x^k}{|\mathcal{D}|}\tag{4.8}$$

其中，er_x^k是将x应用于自动编码器A_k的重构误差。因为丢弃了现有任务的数据，

所以只使用 $\mathcal{D}_{N+1}$ 来评估相关性。给定一个现有任务 $\mathcal{T}_k$，使用 $\mathcal{D}_{N+1}$ 来计算两个重构误差：自动编码器 A_{N+1} 的 Er_{N+1} 和自动编码器 A_k 的 E_k。因此，任务相关性定义如下：

$$Relatedness(\mathcal{T}_{N+1}, \mathcal{T}_k) = 1 - \frac{Er_{N+1} - Er_k}{Er_k} \tag{4.9}$$

需要注意的是，这个相关性定义是不对称的。选择最相关的任务后，根据它与新任务的相关程度，应使用微调(参见 4.1 节)或无遗忘学习(LwF)(4.3 节)。如果两个任务充分相关，则应用 LwF；否则使用微调。在 LwF 中，一个共享模型用于所有任务，而每个任务有它自己的分类层。一个新任务会引入一个新的分类层。应针对新任务的数据对模型进行微调，同时尝试在新数据上保留对先前任务的预测。

4.7.3 为测试选择最相关的专家

如果一个测试样例 x_t 在应用自动编码器(例如 A_k)时产生非常小的重构误差，则 x_t 应该与用于训练 A_k 的数据相似。因此，应该使用特定模型(专家)E_k 对 x_t 进行预测。x_t 与专家 E_k 相关的概率 p_k 的定义如下：

$$p_k = \frac{exp(-er_{x_t}^k/\tau)}{\sum_j exp(-er_{x_t}^j/\tau)} \tag{4.10}$$

其中，$er_{x_t}^k$ 是将 x_t 应用于自动编码器 A_k 的重构误差，τ 是温度，其取值为 2，会导致软概率值。Aljundi 等人[2016]选择了专家 $E_{k'}$ 在 x_t 上进行预测，它的 $p_{k'}$ 是所有现有任务中最大的。该方法还可以通过简单地选择其相关分数高于阈值的专家来相应加载多个专家。

4.7.4 基于编码器的终身学习

最后，我们注意到 Rannen Ep Triki 等人[2017]也使用自动编码器的思想来扩展 LwF(第 4.3 节)。Rannen Ep Triki 等人[2017]认为当新任务的数据分布与先前任务的数据分布完全不同时，LwF 对损失函数的定义是较差的。为了解决这个问题，提出了一种基于自动编码器的方法，仅保留对先前任务最重要的特征，同时允许其他特征更快地适应新任务。这是通过自动编码器学习一个低维副本(manifold)并约束重构之间的距离来实现的。注意，这与 EWC(第 4.5 节)相似，EWC 试图保留最重要的权重，Rannen Ep Triki 等人[2017]的目的是保存特征。有关更多细节，请参见 Rannen Ep Triki 等人[2017]。

4.8　生成式重放的持续学习

Shin 等人[2017]提出了一种持续学习方法，该方法使用来自生成式模型的重放样本，不参考过去任务的实际数据。该方法是受到海马体比重放缓冲能够更好地与生成式模型并行的建议所启发：[Ramirez et al.，2013；Stickgold 和 Walker，2007]。如第4.2节所述，这代表了一系列使用双内存进行知识合并的终身学习系统。我们选择 Shin 等人[2017]的工作来介绍该模型。在 Shin 等人[2017]提出的深度生成式重放框架中，保留一个生成式模型向系统提供伪数据作为先前任务的知识。为了训练这样的生成式模型，使用生成式对抗网络(Generative Adversarial Networks，GAN)[Goodfellow et al.，2014]框架。给定一个任务序列，学习并保留一个**学者**(scholar)模型，其中包含一个生成器和一个求解器。这样的学者模型保存代表先前任务的知识，从而防止系统忘记先前的任务。

4.8.1　生成式对抗网络

生成式对抗网络(Generative Adversarial Networks，GAN)框架不仅使用在 Shin 等人[2017]中，也广泛采用在深度学习社区中(例如，Radford 等人[2015])。在本小节中，基于 Goodfellow[2016]简要介绍 GAN。

GAN 包含两个部分：一个**生成器**(generator)和一个**判别器**(discriminator)。一方面，生成器生成模拟训练数据的样本，即从与训练数据相似(理想情况是相同)的分布中抽取样本。另一方面，判别器对样本进行分类，以判断它们是真实样本(来自真实训练数据)还是假样本(来自生成器创建的样本)。判别器所面临的问题是典型的二元分类问题。按照 Goodfellow[2016]给出的例子，生成器就像一个货币伪造者试图制造假币，判别器就像一个警察想要允许合法货币流通并截获伪造货币。为了赢得游戏，货币伪造者(生成器)必须学习如何生成看起来和真实钱币一样的货币，而警察(判别器)要学会如何无误差地辨别货币真实性。

形式上，GAN 是一个带有潜在变量 $\boldsymbol{z}$ 和观测变量 $\boldsymbol{x}$ 的结构化概率模型。判别器有一个以 $\boldsymbol{x}$ 为输入的函数 D。生成器被定义为以 $\boldsymbol{z}$ 为输入的函数 G。这两个函数可以通过其输入和参数进行区分。判别器的成本函数如下：

$$J = -\frac{1}{2}\mathbb{E}_{\boldsymbol{x}\sim pdata(\boldsymbol{x})}[\log D(\boldsymbol{x})] - \frac{1}{2}\mathbb{E}_{z\sim p_z(z)}[\log(1-D(G(z)))] \tag{4.11}$$

通过将双人游戏视为**零和游戏**(zero-sum game)(或极小极大游戏，minimax game)，解决方案包含在外循环中最小化和在内循环中最大化，从而产生判别器 D 和生成器 G 的目标函数：

$$\begin{aligned}\mathcal{L}(D,G) &= \min_G \max_D V(D,G)\\ &= \min_G \max_D - J\\ &= \min_G \max_D \mathbb{E}_{\boldsymbol{x}\sim pdata(\boldsymbol{x})}[\log D(\boldsymbol{x})] + \mathbb{E}_{z\sim p_z(z)}[\log(1-D(G(z)))]\end{aligned} \tag{4.12}$$

4.8.2 生成式重放

在 Shin 等人[2017]中，**学者**(scholar)模型 H 以 LL 方式学习和维护。学者模型包含一个生成器 G 和一个带参数 θ 的求解器 S。这里的求解器类似于 4.8.1 节中的判别器。将先前的 N 个任务表示为 $\mathcal{T}_N=(\mathcal{T}_1, \mathcal{T}_2, \cdots, \mathcal{T}_N)$，先前 N 个任务的学者模型为 $H_N=\langle G_N, S_N\rangle$，系统的目的是给定新任务 T_{N+1} 的训练数据 $\mathcal{D}_{N+1}$，学习一个新学者模型 $H_{N+1}=\langle G_{N+1}, S_{N+1}\rangle$。

为了获得给定训练数据 $\mathcal{D}_{N+1}=(\boldsymbol{x}, \boldsymbol{y})$ 的模型 $H_{N+1}=\langle G_{N+1}, S_{N+1}\rangle$，有两个步骤：

1. 使用新任务的输入 $\boldsymbol{x}$ 和从 G_N 创建的重放输入 $\boldsymbol{x}'$ 来更新 G_{N+1}。根据新任务与先前任务的重要性，按一定比例混合实际样本和重放样本。回想一下，这一步是熟知的内在重放或伪彩排[Robins，1995]，其中混合了新数据和旧数据的重放样本以防止灾难性遗忘。

2. 通过以下损失函数训练 S_{N+1}，以便使得从真实数据和重放数据的相同混合体中提取的输入和目标实现耦合：

$$\begin{aligned}\mathcal{L}_{train}(\theta_{N+1}) = & r\mathbb{E}_{(\boldsymbol{x},\boldsymbol{y})\sim D_{N+1}}[L(S(\boldsymbol{x};\theta_{N+1}),\boldsymbol{y})]\\ & +(1-r)\mathbb{E}_{\boldsymbol{x}'\sim G_N}[L(S(\boldsymbol{x}';\theta_{N+1}),S(\boldsymbol{x}';\theta_N))]\end{aligned} \tag{4.13}$$

其中，θ_N 表示求解器 S_N 的参数，r 表示混合实际数据的比例。如果在先前任务上测试 S_N，测试损失函数变为：

$$\mathcal{L}_{test}(\theta_{N+1}) = r\mathbb{E}_{(\boldsymbol{x},\boldsymbol{y})\sim \mathcal{D}_{N+1}}[L(S(\boldsymbol{x};\theta_{N+1}),\boldsymbol{y})]$$

$$+(1-r)\mathbb{E}_{(x,y)\sim\mathcal{D}_{past}}[L(S(\boldsymbol{x};\theta_{N+1}),\boldsymbol{y})] \tag{4.14}$$

其中，$\mathcal{D}_{past}$是先前任务数据的累积分布。

所提出的框架独立于任何特定的生成模型或求解器。深度生成模型的选择可以是一个变分自动编码器[Kingma and Welling，2013]或一个 GAN[Goodfellow et al.，2014]。

4.9 评估灾难性遗忘

文献中有两篇主要论文[Goodfellow et al.，2013a；Kemker et al.，2018]用于评估旨在解决神经网络中的灾难性遗忘问题的思想。

Goodfellow 等人[2013a]评估了一些试图减少灾难性遗忘的传统方法。他们评估了丢弃训练[Hinton et al.，2012]以及各种激活函数，包括：

- logistic sigmoid
- 调整线性函数[Jarrett et al.，2009]
- 艰难局部赢家通吃(LWTA)[Srivastava et al.，2013]
- Maxout[Goodfellow et al.，2013b]

他们还使用随机超参搜索[Bergstra and Bengio，2012]来自动地选择超参数。在实验方面，Goodfellow 等人[2013a]只考虑两个任务，其中一个是“旧任务”，另一个是“新任务”。这些任务是 MNIST 分类[LeCun et al.，1998]和亚马逊评论的情感分类[Blitzer et al.，2007]。他们的实验表明，丢弃训练对防止遗忘非常有用。他们还发现，训练算法的选择比激活函数的选择更重要。

Kemker 等人[2018]使用更大的数据集评估了几个最近的持续学习算法。这些算法包括：

- 弹性权重合并(Elastic Weight Consolidation，EWC)[Kirkpatrick et al.，2017]：当适应新任务时，它会降低相应的先前任务的重要权重的弹性(参见第4.5节)。
- PathNet[Fernando et al.，2017]：它为每个任务创建一个独立的输出层以保留先前的任务。还会在学习特定任务时寻找最佳训练路径，就像一个丢弃网络一样。

- GeppNet[Gepperth and Karaoguz，2016]：它保留先前任务的一组训练样本数据，这些数据在训练新任务时被作为短期记忆重放。
- 固定扩展层(Fixed expansion layer，FEL)[Coop et al.，2013]：它在表示中使用稀疏性来减轻灾难性遗忘。

他们为测量灾难性遗忘提出三个基准实验：

1. **数据排序实验**：特征向量中的元素是随机排列的。在同一任务中，排列顺序是相同的，而不同任务会有不同的排列顺序。这类似于 Kirkpatrick 等人[2017]中设置的实验。

2. **增量类学习**：在学习基本任务集之后，每个新任务仅包含一个需要增量学习的类。

3. **多模态学习**：任务包含不同的数据集，例如，学习图像分类和音频分类。

实验中使用了三个数据集：MNIST[LeCun et al.，1998]、CUB200[Welinder et al.，2010]和 AudioSet[Gemmeke et al.，2017]。Kemker 等人[2018]评估了在 LL 中新任务和旧任务的准确性，即任务按顺序到达。他们发现 PathNet 在数据排列方面表现最佳，GreppNet 在增量类学习中获得最好准确度，而 EWC 在多模态学习中获得最优结果。

4.10 小结和评估数据集

本章回顾了灾难性遗忘问题和针对该问题的现有持续学习算法。大多数现有工作都属于一些正则化的变体，或为新任务增加/分配额外参数。结果表明这方法在某些简单的 LL 环境下是有效的。考虑到近年来深度学习取得的巨大成功，持续/终身深度学习仍然是嵌入式 LL 实现真正智能的最有前景的方法之一。尽管如此，灾难性遗忘仍然是一个长期的挑战。我们期待有一天机器人可以在无人干预且不相互干扰的情况下学习执行各种任务，并持续无缝地解决各种问题。

想要实现这一理想，还存在许多障碍和差距。我们认为一个主要的问题是如何能够像人类大脑一样，在单个网络甚至多个网络中无缝地发现、整合、组织和解决不同层面的细节差异相似的问题或任务，而彼此干扰最小。例如，一些任务在详细的操作级别上不同，但在更高或更抽象的级别上可能相似。如何自动地识别和利用相似性和差异性，以便在没有大量训练数据的情况下以增量和终身的方式快速和更好地学习，是一个非常具有挑战性和有趣的研究问题。

另一个问题是，对于如何设计能够真正通过记忆解决实际问题的系统，还缺乏研究。由于灾难性遗忘，这一点与DNN特别相关。一个想法是鼓励系统拍摄其状态和参数的快照，并继续针对一个黄金数据集进行验证。保留所有训练数据是不切实际的，但是，为了防止系统移动到空间中的某个极端参数点，保留一小部分可以覆盖之前看到的大多数模式/类的训练数据样本集是有用的。

简而言之，灾难性遗忘是DNN实现LL的关键挑战。希望本章能够阐明该领域的一些亮点，并吸引更多注意力来解决这一挑战。

关于评估数据集，其图像数据是用于评估持续学习的最常用的数据集，因为它们具有广泛的可用性。一些常见数据集如下：

- MNIST[LeCun et al.，1998][一]可能是最常用的数据集(本章所介绍的研究工作一半以上使用了这个数据集)。它由已标记的手写数字样本组成，包含10个数字类。为多任务生成数据集的一种方法是通过随机排列输入特征向量的元素来创建数据的表示[Goodfellow et al.，2013a；Kemker et al.，2018；Kirkpatrick et al.，2017]。这种范式确保任务重叠并具有相同的复杂性。
- CUB-200(Caltech-UCSD Birds 200)[Welinder et al.，2010][二]是LL评估的另一个常用数据集。它是一个包含200种鸟类照片的图像数据集。它已被用于Aljundi等人[2016，2017]、Kemker等人[2018]、Li和Hoiem[2016]、Rannen Ep Triki等人[2017]以及Rosenfeld和Tsotsos[2017]。
- CIFAR-10和CIFAR-100[Krizhevsky和Hinton，2009][三]也被广泛使用。它们分别包含10个类和100个类的图像。它们已用于Fernando等人[2017]、Jung

---

[一] http://yann.lecun.com/exdb/mnist/

[二] http://www.vision.caltech.edu/visipedia/CUB-200.html

[三] https://www.cs.toronto.edu/~kriz/cifar.html

等人[2016]、Lopez-Paz 等人[2017]、Rebu ffi 等人[2017]、Venkatesan 等人[2017]、Zenke 等人[2017]以及 Rosenfeld 和 Tsotsos[2017]。

SVHN(谷歌街景房号)[Netzer et al., 2011][一]类似于 MNIST，但包含多出一个数量级的已标记数据。这些图像来自现实世界的问题，并且很难解决。它还有 10 个数字类。它被用于 Aljundi 等人[2016, 2017]、Fernando 等人[2017]、Jung 等人[2016]、Rosenfeld 和 Tsotsos[2017]、Shin 等人[2017]、Venkatesan 等人[2017]和 Seff 等人[2017]。

其他图像数据集包括 Caltech-256[Griffin et al., 2007][二]、GTSR[Stallkamp et al., 2012][三]、Human Sketch 数据集[Eitz et al., 2012][四]、Daimler(DPed)[Munder and Gavrila[2006][五]、MIT Scenes[Quattoni and Torralba, 2009][六]、Flower[Nilsback and Zisserman, 2008][七]、FGVC-Aircraft[Maji et al., 2013][八]、ImageNet ILSVRC2012[Russakovsky et al., 2015][九]和字母(Chars74K)[de Campos et al., 2009][十]。

最近，Lomonaco 和 Maltoni[2017]提出了一个名为 CORe50[十一]的数据集。它包含 50 个对象，这些对象是从有不同背景和照明的 11 个不同会话(8 个室内和 3 个室外)中收集的。这个数据集专门为连续对象识别而设计。与许多流行的数据集(如 MNIST 和 SVHN)不同，CORe50 的同一对象的多个视图来自不同会话，因此可以实现更丰富、更实用的 LL。使用 CORe50，Lomonaco 和 Maltoni[2017]考虑了评估设置，其中新数据可以包含(1)现有类的新模式，(2)新类，以及(3)新模式和新类。这种真实的评估方案对于推进 LL 研究非常有用。Parisi 等人[2018b]使用 CORe50 来评估他们自己的方法以及其他一些方法，例如 LwF[Li and Hoiem, 2016]，EWC[Kirkpatrick et al., 2017]和 iCaRL[Rebuffi et al., 2017]。

[一][二] http://ufldl.stanford.edu/housenumbers/

[三] http://benchmark.ini.rub.de/

[四] http://cybertron.cg.tu-berlin.de/eitz/projects/classifysketch/

[五] http://www.gavrila.net/Datasets/Daimler_Pedestrian_Benchmark_D/daimler_pedestrian_benchmark_d.html

[六] http://web.mit.edu/torralba/www/indoor.html

[七] http://www.robots.ox.ac.uk/~vgg/data/flowers/

[八] http://www.robots.ox.ac.uk/~vgg/data/fgvc-aircraft/

[九] http://www.image-net.org/challenges/LSVRC/

[十] http://www.ee.surrey.ac.uk/CVSSP/demos/chars74k/

[十一] https://vlomonaco.github.io/core50/benchmarks.html

除了图像数据集之外，还使用了一些其他类型的数据。AudioSet[Gemmeke et al.，2017][1]是从YouTube视频库中抽样的大量人类标记的10秒声音片段集。它被用于Kemker等人[2018]。

在强化学习的持续学习过程中，需要使用不同的环境进行评估。Atari games [Mnih et al.，2013]是最受欢迎的环境，它被用于Kirkpatrick等人[2017]、Rusu等人[2016]和Lipton等人[2016]。其他一些环境包括Adventure Seeker[Lipton et al.，2016]、OpenAI健身房[Brockman et al.，2016]和Treasure World[Mankowitz et al，2018]。

[1] https://research.google.com/audioset/dataset/index.html

开放式学习

传统的监督学习有一个**封闭环境假设**(closed-world assumption)，意味着所有测试类在训练中已知[Bendale and Boult，2015；Fei and Liu，2016；Fei et al.，2016]。虽然这个假设在很多应用中成立，但是在许多其他应用中是不成立的，特别是在动态和开放环境下，未知类的实例可能会出现在测试或应用中。也就是说，测试/应用数据可能包含在训练过程中未出现过的类的实例。为了能够在这类环境下学习，我们需要**开放式学习**(open-world learning)(开放式分类或简称开放分类)，它必须在测试或模型应用过程中检测出未见过的类的实例，并且逐渐学习这个新类以便更新现有的模型，而不需要重新训练整个模型。这种学习形式在 Fei 等人[2016]和本书第一版中也称为**积累学习**(cumulative learning)。在计算机视觉领域，开放式学习被称为**开放式认知**(open-world recognition)[Bendale and Boult，2015；De Rosa et al.，2016]。

事实上，开放式学习是一个普遍问题，不仅限于监督学习。它被广泛地定义为学习一个模型来执行其预期任务，还可以识别之前未学过的新事物，并逐步学习这个新事物。开放式学习可以出现在不同的学习场景和范式中。例如，在阅读时，系统可能会碰到一个不认识的新词，然后通过查找字典学习这个新词。在人机对话中，会话代理可能不理解人类用户说的一些话，然后会要求人类用户解释以便学习。本章关注开放式监督学习，第 8 章介绍在对话中学习。

开放式学习基本上是**自我激励学习**(self-motivated learning)的一种形式，因为通过识别出现的新事物，系统有机会学习这个新事物。传统上，自我激励学习意味着学习者拥有好奇心，这能够激励他们去探索新的领域和学习新的事物。在监督学习背景下，关键是让系统能够识别出哪些事物是过去没有见过或者学习过的。如果一个学习模型无法识别任何新事物，那么学习者也无法学习新事物或靠自己进行探索，而只能由人类用户或外部系统提供指导，这并非一个真正的智能系统应有的理想状态。这样的模型在动态和开放的环境中也很难运行。

5.1 问题定义和应用

开放式学习的定义如下[Bendale and Boult，2015；Fei et al.，2016]：

1. 在某个特定的时间点，学习者基于所有过去 N 个类的数据$\mathcal{D}^p=\{\mathcal{D}_1，\mathcal{D}_2,\cdots\mathcal{D}_N\}$及其相应的类标签$\mathcal{Y}^N=\{l_1，l_2,\cdots l_N\}$来构建一个多类分类模型$F_N$。$F_N$可以将每个测试实例划分为一个已知类$l_i\in Y^N$，或者拒绝测试实例并将其放入一个拒绝集合 R 中，这个集合可能包含测试集中一个或多个新的或未知类的实例。

2. 系统或人类用户识别集合 R 中隐藏的未知类 C，并为其收集训练数据。

3. 假设集合 C 中存在 k 个新类，并且有足够多的训练数据。学习者基于它们的训练数据逐步学习这 k 个类。现有模型F_N经过更新生成新模型F_{N+k}。

开放式学习是终身学习(LL)的一种形式，因为它符合第1章中LL的定义。具体而言，新学习任务 $\mathcal{T}_{N+1}$是基于所有过去的和当前的类来建立一个多类开放式分类器。知识库(KB)包含过去的模型F_N，并且可能包含所有过去的训练数据。

需要注意的是，这里逐步学习新类的第三个任务与在不同领域中所研究的传统的**增量类学习**(Incremental Class Learning，ICL)不同，因为传统的ICL仍然在封闭的环境下学习(即它无法拒绝未知类)，尽管它可以逐步在分类系统中添加新类，而不需要重新训练整个模型。

来看一些应用示例。例如，我们希望为酒店开发一个迎宾机器人。在机器人已经学会识别当前酒店里所有的客户之后，当它看到一个已识别的客人时，它可以叫出客人的名字，并与之聊天。同时，它还必须能够检测出任何从未见过的新客人。当它看到一位新客人时，可以和这位新客人打招呼，询问对方的名字，给客人拍很多照片，并学会识别这个客人。下一次当它再看到这位客人时，它可以叫出这个客人的名字，并像老朋友一样聊天。自动驾驶汽车的场景也非常相似，即便有可能，要想训练一个系统去识别每个可能出现在路面上的物体也是非常困难的。自动驾驶汽车的系统必须能够在行驶过程中识别并学习从未见过的物体(也可能通过与人类驾驶员的交互)，以便下一次见到这样的物体时能够识别出它们。

Fei 等人[2016]给出了另一个文本分类的例子。2016 年美国总统大选是社交媒体上的热门话题，许多社会科学研究人员依靠收集在线用户讨论进行研究。在竞选过程中，每一个候选人提出的新建议都会引起人们在社交媒体上进行大量讨论。因此，需要一个多类分类器来组织这些讨论。随着竞选的进行，初始建立的分类器不可避免地遇到新的话题(例如，唐纳德·特朗普的移民计划改革，或者希拉里·克林顿的增税计划)，这些话题在之前的训练中都没有涉及。在这种情况下，分类器首先应该在这些新话题出现时识别它们，而不是将它们划分到现有的类或话题中。其次，在收集完足够多的新话题的训练样本后，现有的分类器应该能够以某种方式将新类或话题逐渐合并进来，并且不需要重新训练整个分类系统。

Bendale 和 Boult[2015]试图为图像分类解决开放式学习问题(在他们的论文中称之为开放式识别)。这种方法称为**最近非异常值**(Nearest Non-Outliner，NNO)，它是从 Mensink 等人[2013]提出的使用度量学习技术为图像分类的经典**最近类均值**(Nearest Class Mean，NCM)改进而来的。在 NCM 中，每个图像表示为一个特征向量，并且每个类都是使用这个类中所有图像的特征向量所计算得到的类均值来表示的。在测试中，每个测试图像的特征向量都会与每个类均值进行对比，并被分配到具有最近类均值的类。但是，这个方法无法拒绝未知类。NNO 可以实现拒绝。对于增量学习，它仅仅是将新的类均值添加到现有的类均值集合中。Bendale 和 Boult[2016]改进了 NNO 的拒绝能力。新的方法(称为 OpenMax)基于深度学习，它通过引入一个新的模型层(也称为 OpenMax)，来修改传统的 SoftMax 分类方式以估计一个未知类的输入的概率，从而实现拒绝。但是，它的训练需要一些未知类的样本(不一定需要测试未知类)去调整参数。在后面的两小节中，将讨论另外两种方法。Shu 等人[2017a]表明它提出的 DOC 方法在开放式文本分类和开放式图像分类方面优于 OpenMax，而且不需要训练任何未知类的样本。

5.2 基于中心的相似空间学习

Fei 等人[2016]提出了一种基于中心的相似空间学习方法(称为 CBS 学习)来进行开放式分类，我们将在下面进行介绍。首先介绍 CBS 方法逐步学习一个新类的训练过程，然后介绍它的测试过程，测试过程能够将测试实例划分到已知类中，并且检测出未知类实例。

5.2.1　逐步更新 CBS 学习模型

本小节介绍 CBS 学习中的增量训练，该方法是受到人类概念学习的启发而产生的。人类一直接触到新的概念，他们学习新概念的一种方法可能是从已知的概念中搜索与新概念相似的概念，然后尝试找到这些已知概念与新概念之间的差异，而不是使用所有已知概念。例如，假设我们已经学习了诸如“电影”、“家具”和“足球”之类的概念。现在我们看到“篮球”这个概念及其文档集。我们会发现“篮球”类似于“足球”，但与“电影”和“家具”非常不同。然后，我们只需通过区分“篮球”和“足球”这两个概念将“篮球”这个新概念吸收到我们的旧知识库中，而不需要关心“篮球”与“电影”或“家具”之间的区别，因为通过“电影”和“家具”的概念，可以很容易知道关于“篮球”的文档不属于它们中的任何一个。

Fei 等人[2016]采用了这个想法，并使用 SVM 的“一对其余”策略来实现多类(或概念)的增量学习。在新类 l_{N+1} 出现前，学习系统已经构建了一个分类模型 F_N，它由一组 N 个“一对其余”二元分类器 $F_N=\{f_1, f_2, \cdots, f_N\}$ 构成，过去的 N 个类使用它们的训练集 $\mathcal{D}^p=\{\mathcal{D}_1, \mathcal{D}_2, \cdots, \mathcal{D}_N\}$ 和相应的类标签 $Y^N=\{l_1, l_2, \cdots, l_N\}$。每个 f_i 是一个使用 CBS 学习方法(参见第 5.2.3 节)构建的二元分类器，用于识别类 l_i 的实例。当类 l_{N+1} 的一个新数据集 $\mathcal{D}_{N+1}$ 出现时，系统通过以下两个步骤来更新分类模型 F_N 以构建新模型 F_{N+1}，以便能够对 $Y^{N+1}=\{l_1, l_2, \cdots, l_N, l_{N+1}\}$ 中的所有现有类的测试数据或实例进行分类，并识别文档中的任何未知类 C_o。

步骤 1:搜索与新类 l_{N+1} 相似的一组类 SC。

步骤 2:学习分离新类 l_{N+1} 与 SC 中先前的类。

对于步骤 1，新类 l_{N+1} 与先前类 $\{l_1, l_2, \cdots, l_N\}$ 之间的相似性是通过运行 $F_N=\{f_1, f_2, \cdots, f_N\}$ 中每个过去的“一对其余”二元分类器 f_i 去分类 $\mathcal{D}_{N+1}$ 上的实例来计算的。那些从 $\mathcal{D}_{N+1}$ 中接收(分类为正)一定数量/百分比 λ_{sim} 实例的过去的二元分类器的类被认为是相似的类，并表示为 SC。

步骤 2 中区分新类 l_{N+1} 和 SC 中的类涉及两个子步骤：(1)为新类 l_{N+1} 构建一个新的二元分类器 f_{N+1}，(2)为 SC 中的类更新现有分类器。直观地，使用 $\mathcal{D}_{N+1}$ 作为正训

练数据和 SC 中类的数据作为负训练数据构建 f_{N+1}。更新 SC 中分类器的原因是，类 l_{N+1} 的出现迷惑了 SC 中的那些分类器。为了重新构建每个分类器，系统需要使用原始的负数据构建现有分类器 f_i，并将新数据 $\mathcal{D}_{N+1}$ 作为新的负训练数据。仍然使用旧的负训练数据的原因是，新的分类器仍然需要从那些旧的类中区分类 l_i。

算法 5.6 给出了详细的算法，该算法使用数据 $\mathcal{D}_{N+1}$ 逐步地学习新类。第 1 行将 SC 初始化为空集。第 3 行初始化变量 CT（计数）来记录 $\mathcal{D}_{N+1}$ 中将被分类器 f_i 分为正实例的数量。第 4～9 行使用 f_i 对 $\mathcal{D}_{N+1}$ 中的每个实例进行分类，并记录被 f_i 分类（或接受）为正实例的数量。第 10～12 行检查 $\mathcal{D}_{N+1}$ 中是否有太多实例被 f_i 分为正实例，从而使得类 l_i 与类 l_{N+1} 相似。λ_{sim} 是一个阈值，用于控制在将类 l_i 视为与类 l_{N+1} 相似或接近之前，$\mathcal{D}_{N+1}$ 中应该被划分到类 l_i 中的实例的百分比。第 14～17 行构建了一个新分类器 f_{N+1}，并为 SC 中的类更新所有分类器。

算法 5.6　增量类学习

输入：分类模型 $F_N=\{f_1, f_2, \cdots, f_N\}$，过去数据集 $\{\mathcal{D}_1, \mathcal{D}_2, \cdots, \mathcal{D}_N\}$，新数据集 $\mathcal{D}_{N+1}$，相似性阈值 λ_{sim}。

输出：分类模型 $F_{N+1}=\{f_1, \cdots, f_N, f_{N+1}\}$。

1: $SC=\emptyset$
2: **for** each classifier $f_i \in F_N$ **do**
3: 　$CT=0$
4: 　**for** each test instance $x_j \in \mathcal{D}_{N+1}$ **do**
5: 　　$class = f_i(x_j)$ // classify document x_j using f_i
6: 　　**if** $class = l_i$ **then**
7: 　　　$CT = CT + 1$ // wrongly classified
8: 　　**end if**
9: 　**end for**
10: 　**if** $CT > \lambda_{sim} \times |\mathcal{D}_{N+1}|$ **then**
11: 　　SC = SC $\cup \{l_i\}$
12: 　**end if**
13: **end for**
14: Build f_{N+1} and add it to F_{N+1}
15: **for** each f_i of class $l_i \in SC$ **do**
16: 　Update f_i
17: **end for**
18: Return F_{N+1}

总之，学习过程在新类 l_{N+1} 上使用相似类的集合 SC 来控制需要构建/更新的二元分类器的数量，以及用于构建新分类器 f_{N+1} 的负实例的数量。因此，与重新构建一个新的多类分类器F_{N+1}相比，增量学习大幅提高了效率。

通过将上述增量学习过程与第5.2.3节讨论的基础分类器cbsSVM进行组合，新算法CL-cbsSVM(CL代表**累积学习**(Cumulative Learning)，这是Fei等人[2016]为开放式学习使用的名称)能够应对增量学习中的两个挑战。

5.2.2　测试CBS学习模型

为了测试新分类模型$F_{N+1}=\{f_1, f_2, \cdots, f_N, f_{N+1}\}$，标准方法是结合一组“一对其余”的二元分类器来执行多类分类，该方法有对未知类地拒绝选择。由于不同SVM分类器的输出分数不具有可比性，因此，每个分类器的SVM分数首先通过一个Platt算法的变体[Platt et al.，1999]转换为概率，LIBSVM支持[Chang and Lin，2011]这样的方法。$P(y|x)$是概率估计，其中，$y\in Y^{N+1}(=\{l_1, l_2, \cdots, l_N, l_{N+1}\})$是一个类标签，$x$是一个测试实例的特征向量。设$\theta(=0.5)$是判定阈值，$y^*$是$x$的最终预测类，$C_o$是未知类的标签。对测试实例$x$的分类操作如下：

$$y^* = \begin{cases} \operatorname{argmax}_{y\in Y^{N+1}} P(y|x) & \text{如果 } P(y|x)\geqslant\theta \\ C_0 & \text{否则} \end{cases} \tag{5.1}$$

原理是，对于测试实例x，每个二元分类器$f_i\in F_{N+1}$用于生成一个概率$P(l_i|x)$。如果没有概率大于$\theta(=0.5)$，则x表示的文档被视为未知，并放入C_o中；否则它被划分到概率最高的类。

5.2.3　用于未知类检测的CBS学习

本小节介绍核心CBS学习方法，该方法执行二元分类，主要关注识别正类文档，并且有能力检测未知类或把它们划分为正类。它为上面的开放式学习提供了基本学习方法[Fei et al.，2016]，该学习方法是基于减少**开放空间风险**(open space risk)的想法，同时平衡学习中的**经验风险**(empirical risk)。经典算法定义和优化根据训练数据测量的经验风险。对于开放式学习，关键是考虑如何通过防止过泛化扩展经典模型来捕获未知的风险。为了解决这个问题，Scheirer等人[2013]引入了**开放空间风险**(open space risk)的概念。下面，首先介绍Fei等人[2016]的开放空间风险管理策略，然后使用一个基于SVM的CBS学习方法解决开放空间风险管理问题。CBS学习的基本思想是寻找一个“球”(决定边界)，以覆盖正类数据区域。任何落在“球”之外的文档均被认为是非正向的。尽管 CBS 学习只执行二元分类，但使用第 5.2.2 节中描述的“一对其余”方法却得到一个多类 CBS 分类模型，它被 Fei 等人[2016]称为 cbsSVM。

开放空间风险

考虑 Scheirer 等人[2013]提供的开放图像识别的风险公式，其中除了经验风险，还存在对所有未知类将开放空间(远离训练集正例)标记为“正”的风险。由于缺乏开放空间分类函数的信息，开放空间风险由一个相对勒贝格测度[Shackel，2007]近似得到。假设 S_o 是一个半径为 r_o 的大球，其中涵盖了标记为正的开放空间 O，以及所有正训练样本；f 是一个可测量的分类函数，其中 $f_y(x)=1$ 表示将 x 划分到兴趣类 y，否则 $f_y(x)=0$。在我们的例子中，y 仅表示任意兴趣类 l_i。

在 Fei 等人[2016]中，将 O 定义为距离正训练样本中心足够远的正标签区域。假设 $B_{r_y}(cen_y)$是一个以正类 y 的中心cen_y 为圆心，半径为 r_y 的封闭球，理想情况下，它应该只紧紧地覆盖类 y 的所有正样本；S_o 是一个大球 $B_{r_o}(cen_y)$，具有相同圆心 cen_y，半径为 r_o。分类函数对于任意 $x\in B_{r_o}(cen_y)$有 $f_y(x)=1$，否则 $f_y(x)=0$。假设 q 为使用正和负训练样本获得并由一个二元 SVM 决策超平面 Ω 定义的正向半空间。还定义球的大小 B_{ro} 被 Ω 限界，$B_{r_o}\cap q=B_{r_o}$。然后，正向开放空间被定义为 $O=S_o-B_{r_y}(cen_y)$。S_o 需要在正类的学习中确定。

与 Scheirer 等人[2013]提出的传统 SVM 和一对多机器相比，这个开放空间公式大大减少了开放空间风险。对传统的 SVM，当 $x\in q$ 时，分类函数 $f_y^{SVM}(x)=1$，并且它的正开放空间近似于 $q-B_{r_y}(cen_y)$，仅受限于 SVM 决策超平面 Ω。对于 Scheirer 等人[2013]提出的一对多机器，当 $x\in g$ 时，$f_y^{1-vs-set}(x)=1$，其中 g 是一个厚度为 δ 的厚板区域被两个平行超平面q 中的 Ω 和 $\Psi(\Psi||\Omega)$界定。它的正向开放空间近似于$g-g\cap B_{r_y}(cen_y)$。给定传统 SVM 和 1 对多机器的开放空间公式，可以看到两种方法都将无限区域标记为正标记空间，而 Fei 等人[2016]将其缩小到一个“球”的界定区域。

在给定开放空间的定义的情况下，问题是如何估算正类的 S_o。Fei 等人[2016]使用基于中心相似度的空间学习(CBS 学习)，将原文档空间转换到一个相似空间。最终分类在 CBS空间中完成。下面介绍 CBS 学习，并简单讨论为什么它适用于这类问题。

基于中心相似性的空间学习

设 $\mathcal{D}=\{(x_1, y_1), (x_2, y_2), \cdots, (x_n, y_n)\}$是训练样本集合，其中，$x_k$表示一个文档的特征向量(例如，一元特征)，$y_k \in \{1, -1\}$是它的类标签。该特征向量被称为文档空间向量(或 ds-vector)。传统的分类算法直接使用 $\mathcal{D}$ 来构建二元分类器。然而，CBS 学习可以将每个 ds-vector x_k(不改变其类标签)转换为一个基于中心相似性的空间特征向量(CBS 向量)$cbs\text{-}v_k$。$cbs\text{-}v_k$中的每个特征是正类文档的中心 c_j 与x_k之间的相似性。

若要通过生成更多相似性特征来使 CBS 学习更有效，可以使用多文档空间表示或特征向量(例如，基于一元特征和二元特征)来表示每个文档，这将导致正类文档存在多个中心。还可以用多个文档相似性函数来计算相似值。下面详细介绍学习方法。

对于一个文档x_k，存在一个有 p 个 ds-vector 的集合R_k，$R_k=\{d_1^k, d_2^k, \cdots, d_p^k\}$。每个 ds-vector d_j^k 表示文档x_k的一个文档空间，例如，一元表示或二元表示。然后计算正训练文档的中心，将其表示为一个有 p 个中心的集合$\mathcal{C}=\{c_1, c_2, \cdots, c_p\}$。每个 c_j 对应R_k中的一个文档空间表示。信息检索中的 Rocchio 方法[Manning et al., 2008]用于计算每个中心 c_j(向量)，该中心使用所有正训练文档和负训练文档的相应的 ds-vector：

$$c_j = \frac{\alpha}{|\mathcal{D}_+|}\sum_{x_k \in \mathcal{D}_+}\frac{d_j^k}{\|d_j^k\|} - \frac{\beta}{|\mathcal{D}-\mathcal{D}_+|}\sum_{x_k \in \mathcal{D}-\mathcal{D}_+}\frac{d_j^k}{\|d_j^k\|} \tag{5.2}$$

其中，$\mathcal{D}_+$是正类中的文档集，$|\cdot|$是绝对值函数，α 和 β 是参数。使用常用的 tf-idf(术语频率和反文档频率)表示，通常 $\alpha=16$ 和 $\beta=4$ 能够获得好的效果[Buckley et al., 1994]。减法用于减少那些不具有判别性的词项(即同时出现在两个类中的词项)的影响。

基于文档x_k(训练集和测试集)的R_k和先前使用训练数据计算的中心集合 $\mathcal{C}$，可以通过在R_k的每一个元素 d_j^k 和 C 中相应的中心 c_j 上使用一个相似性函数 Sim，将文档x_k从它的文档空间表示R_k转换为一个基于中心相似性的空间向量 $cbs\text{-}v_k$：

$$cbs\text{-}v_k = \mathrm{Sim}(R_k, \mathcal{C}) \tag{5.3}$$

Sim 可以包含一个相似性度量集合。每个度量 m 应用于R_k中的 p 个文档表示 d_j^k 及其在 $\mathcal{C}$ 中的相应中心 c_j，以生成 $cbs\text{-}v_k$ 中的 p 个相似性特征(cbs-特征)。

对于 ds-特征，使用带有 tf-idf 权重的一元和二元特征作为两个文档表示。Fei 和 Liu[2015]中使用了五个相似性度量来测量两个向量的相似性。基于 CBS 空间表示，应用 SVM 以生成一个二元 CBS 分类器 f_y。

为什么 CBS 学习有效？

现在简单说明为什么 CBS 学习能够很好地估算 S_o。由于使用相似性作为特征，CBS 学习可以生成一个边界来分离相似性空间中的正训练数据和负训练数据。因为相似性没有方向(或者它覆盖所有方向)，所以相似性空间的边界本质上是一个“球”，其中包含原文档空间中的正类训练数据，这个“球”是基于那些相似性度量对 S_o 的估算。

5.3 DOC：深度开放式分类

本节描述一个基于名为 DOC 的分类方法的深度学习[Shu et al.，2017a]，它仅执行分类并拒绝未知类实例，但不增量学习新类。DOC 基于 CNN[Collobert et al.，2011；Kim，2014]，并且增加了一个“一对其余”的最终 Sigmoid 层和高斯拟合用于分类。该算法已经被证明在开放式文本分类和开放式图像分类中比许多现有方法表现更好。

5.3.1 前馈层和一对其余层

DOC 系统(如图 5.1 所示)是 CNN 架构的一个变体[Collobert et al.，2011]，用于文本分类[Kim，2014]。第一层将文档 x 中的单词嵌入密集向量。第二层使用不同频率的滤波器在密集向量上执行卷积。接下来，最大时间池化层从卷积层的结果中选择最大值，以形成一个 k 维特征向量 $\boldsymbol{h}$。然后通过两个完全连接层和一个中间 $ReLU$ 激活层将 $\boldsymbol{h}$ 简化为一个 N 维向量 $\boldsymbol{d}=d_{1:N}$(N 是训练/已知类的数量)：

$$\boldsymbol{d}=\boldsymbol{W}'(\mathrm{ReLU}(\boldsymbol{W}\boldsymbol{h}+\boldsymbol{b}))+\boldsymbol{b}' \tag{5.4}$$

其中，$\boldsymbol{W}\in\mathbb{R}^{r\times k}$，$\boldsymbol{b}\in\mathbb{R}^{r}$，$\boldsymbol{W}'\in\mathbb{R}^{N\times r}$，$\boldsymbol{b}'\in\mathbb{R}^{N}$ 是可训练的权重；r 是第一个完全连接层的输出维度。DOC 的输出层是一个“一对其余”层，被应用于 $d_{1:N}$，该层允许拒绝。接下来对其进行介绍。

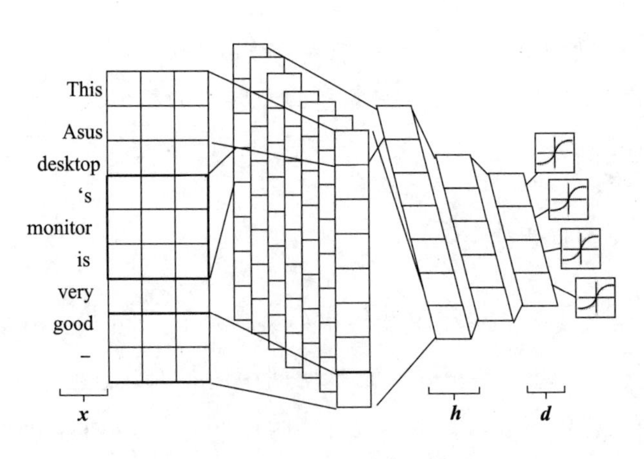

图 5.1　DOC 的整个网络

传统的多类分类器[Bendale and Boult，2016；Goodfellow et al.，2016]通常使用 softmax 作为最终输出层，它没有拒绝能力，因为每个类的预测概率在所有训练/已知类中被标准化，与此不同，DOC 为 N 个已知类构建一个包含 N 个 Sigmoid 函数的“一对其余”层。对于对应于类 l_i 的第 i 个 Sigmod 函数，DOC 将 $y=l_i$ 的所有样本作为正样本，$y\neq l_i$ 的所有其余样本作为负样本。

训练该模型的目标是对训练数据 D 上的 N 个 Sigmoid 函数的所有对数损失求和：

$$\begin{aligned}\text{Loss}= \sum_{i=1}^{N}\sum_{j=1}^{n} & -\mathbb{I}(y_j = l_i)\ \log\ p(y_j = l_i) \\ & -\mathbb{I}(y_j \neq l_i)\ \log(1-p(y_j = l_i))\end{aligned} \tag{5.5}$$

其中，$\mathbb{I}$ 是指标函数，$p(y_j=l_i)=\text{Sigmoid}(d_i^j)$ 是 $\boldsymbol{d}$ 中第 j 个文档的第 i 个维度的第 i 个 Sigmoid 函数的概率输出。

在测试中，重新解释 N 个 Sigmoid 函数的预测以允许拒绝，如公式(5.6)所示。对于第 i 个 Sigmoid 函数，检查预测的概率 $\text{Sigmod}(d_i)$ 是否小于属于类 l_i 的阈值 t_i。如果一个测试样本的所有预测概率都小于它们对应的阈值，则拒绝该样本；否则，其预测类是概率最高的类：

$$\hat{y} = \begin{cases} \text{拒绝，如果 Sigmoid}(d_i) < t_i, \forall\, l_i \in \mathcal{Y}_i \\ \text{argmax}_{l_i \in \hat{y}}\text{Sigmoid}(d_i)\text{，否则} \end{cases} \tag{5.6}$$

当 DOC 发布时，OpenMax[Bendale and Boult，2016]是最先进的技术。它使用一个分类网络，并利用通过封闭环境的 Softmax 函数训练的模型逻辑值来加入拒绝功能。

OpenMax 的一个假设是，具有等概率逻辑值的样本更可能来自未知或拒绝类，这些样本很难分类。它还需要未知/拒绝类的验证样本来微调超参数。相比之下，DOC 使用“一对其余” Sigmoid 层来表示所有其他类(其余已知和未知类)，并使 1 类形成一个好的边界。Shu 等人[2017a]表明这个基本的 DOC 已经优于 OpenMax。下面介绍通过收紧决策边界进一步改进 DOC。

5.3.2 降低开放空间风险

Sigmoid 函数通常使用默认概率阈值 $t_i=0.5$ 来对每个类 i 进行分类。但是，这个阈值没有考虑未知(拒绝)类数据带来的潜在开放空间风险。我们可以通过增加 t_i 来优化边界。如图 5.2 所示，x 轴表示 d_i，y 轴表示预测概率 $p(y=l_i|d_i)$。Sigmoid 函数试图通过一个围绕 $d_i=0$ 的高增益使得正样本(属于第 i 类)和负样本(属于其他未知类)远离 y 轴，作为概率阈值 $t_i=0.5$ 时的 d_i 的默认决策边界。正如 y 轴右侧的那三个圆圈所示，在测试过程中，未知类的样本(圆圈)可以容易地弥补 y 轴与那些密集的正(+)样本之间的间隙，这可能会降低拒绝的召回率和第 i 个已知类预测的精度。显然，一个更好的决策边界是在 $d_i=T$ 处，在这里，决策边界更紧密“包围”那些概率阈值 $t_i\gg 0.5$ 的密集正样本。需要注意的是，在这个工作中只有 t_i 用于分类决策，而不使用 T。

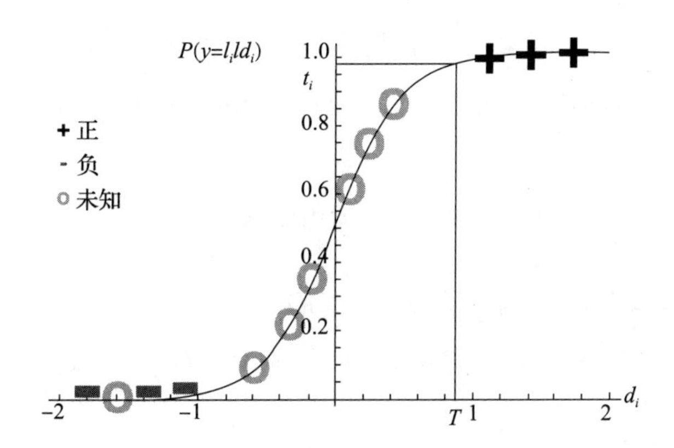

图 5.2 Sigmoid 函数的开放空间风险和期望决策边界 $d_i=T$ 及概率阈值 t_i

为了让每个已知的第 i 个类获得更好的 t_i，我们使用统计学中的异常值检测方法。

1. 假设每个类 i 的所有训练数据的预测概率 $p(y=l_i|\boldsymbol{x}_j,\ y_j=l_i)$ 遵循高斯分布(均值$\mu_i=1$)的一半，例如，图 5.2 中的三个正点投射到 y 轴(不需要 d_i)。然后手动构建另外一半高斯分布点($\geqslant 1$)：对于每个现有点 $p(y=l_i|\boldsymbol{x}_j,\ y_j=l_i)$，创造一个映射到均

值1的镜像点 $1+(1-p(y=l_i|\boldsymbol{x}_j, y_j=l_i))$(非概率)。

2. 使用现有点和创建的点估算标准差 σ_i。

3. 在统计中，如果一个值/点偏离均值一定数量(α)的标准差，则被视为异常值。因此，设置概率阈值 $t_i=\max(0.5, 1-\alpha\sigma_i)$。$\alpha$ 通常取值为3，这在我们的实验中也有好的效果。

需要注意的是，由于高斯拟合，不同的类 l_i 可以有不同的分类阈值 t_i。

5.3.3 DOC用于图像分类

DOC最初是为开放式文本分类提出的，随后在图像分类上进行了实验，结果表明效果很好[Shu et al., 2018]，并且优于专门为开放式图像分类而设计的OpenMax [Bendale and Boult, 2016]。

评估使用了两个公开可用的图像数据集：MNIST和EMNIST。

(1) MNIST：MNIST是一个众所周知的手写数字数据库(10个类)，其训练集有60 000个样本，测试集有10 000个样本。在实验中，使用6个类作为已知类，其余4个类作为未知类。

(2) EMNIST[Cohen et al., 2017]：EMNIST是MNIST对常用字符(如英文字母)的扩展。它来自NIST特殊数据库19。在评估中，使用了具有47个平衡类的EMNIST Balanced数据集。该数据集的训练集有112 800个样本，测试集有18 800个样本。使用33个类作为已知类，另外10个类用作未知类。

Shu等人[2018]将DOC与OpenMax[Bendale and Boult, 2016]进行比较。这两个系统都是基于深度学习的。结果表明，DOC明显优于OpenMax。

5.3.4 发现未知类

在本章开头，我们看到在开放式学习的第二个任务中，系统或人类用户需要在被拒绝的实例中识别潜在未知类，然后才能在第三个任务中进行逐步学习。Shu等人[2018]尝试自动地解决这个问题。在先前所有研究中，这个工作是手动完成的。这个任务称为**发现未知类**(unseen class discovery)。Shu等人[2018]的想法是将已学的类相似性知识从已知类转移到潜在未知类。然后，通过一个分层聚类算法使用转移的相似性知识对被拒绝的实例/样本进行聚类，以发现被拒绝的实例中的潜在类。需要注意的是，这种知识转移是从监督学习转移到无监督学习。

所提出的这种转移是合理的，因为我们人类似乎是基于我们的先验知识来对事物进行分组，从而分辨哪些可能被认为是相似的，或不同的。例如，如果给我们两个物体，并且要在一些给定背景下判断它们是相同的类/属或不同的类，那么我们很有可能可以进行分辨。为什么呢？我们相信我们过去已经学习过在一个知识背景下哪些被认为是同一类或不同类。这里，知识背景很重要。例如，我们已经学习认识了一些犬种，并形成了知识背景。当我们遇到两只新的/未见过的品种的狗时，我们可能知道它们是不同品种。而如果我们遇到这两个品种的很多只狗，我们也可能把它们分成两个类。但是，如果我们的先验知识只有狗、鸡、猪、牛和羊这样的类，而遇到两只不同且从未见过的不同品种的狗，那么我们可能会认为它们是同一种类，是狗。但是，如果是一只老虎和一只兔子，我们可能会分辨出它们属于不同类。

为了解决这个问题，Shu 等人[2018]提出了**成对分类网络**(Pair Classification Network，PCN)来学习一个二元分类器，以预测给定的两个样本是来自相同的类，还是不同的类，即 $g(\boldsymbol{x}_p, \boldsymbol{x}_q)$。PCN 的正训练样本由一组类内(相同类)的样本对组成，负训练数据由一组来自未知类的类间(不同类)的样本对组成。然后，一个层次聚类方法使用函数 $g(\boldsymbol{x}_p, \boldsymbol{x}_q)$(可以被视为一个距离/相似性函数)来寻找未知/拒绝类的样本中的潜在类(聚类)的数量。更多细节可查阅 Shu 等人[2018]的原文。

5.4 小结和评估数据集

随着诸如自动驾驶汽车、移动机器人、聊天机器人和个人智能助理等 AI 系统更多地在真实开放式环境下工作，以及与人或自动化系统的交互，开放式学习变得越来越重要。一个开放式学习器应该能够检测出从未见过的新事物，并逐步学习这些新事物以使自己变得越来越有知识。在某种程度上，可以将这样的学习器视为自我激励，因为它主动地识别和学习未见过的对象来使自己拥有更多的知识。开放式学习仍然面临极大挑战，未来需要做大量的研究。

虽然本章只讨论了监督学习中的开放式学习，但是可以从检测和学习未知事物的一个宽广的视角看待开放式学习。这样可以将其运用到任何类型的学习。例如，可以将第8章中介绍的学习方法(在人机对话中持续发现和学习新知识)也可以看作开放式学习的一种形式。

Fei等人[2016]使用Chen和Liu[2014b]创建的100个产品的亚马逊评论数据集和常用的文本分类数据集20-Newsgroup来评估他们的方法。这100个产品的亚马逊评论数据集包含100种不同类型产品的亚马逊评论。每种类型(或领域)的产品有1000条评论。20-Newsgroup数据集包含20个不同主题的新闻文章。每个主题有大约1000篇文章。Shu等人[2018]使用图像数据集MNIST和EMNIST，还使用了ImageNet及其衍生数据集。

终身主题建模

主题建模已被广泛用于在大量文本中发现主题的场景。一个主题是一组单词上的一个分布，并且由该主题中具有高概率的单词来表示。这组词在实际应用中往往是非常有用的。主题建模非常适用于终身学习(LL)，因为过去在相关领域中学到的主题可用于指导新的领域或当前领域中的模型推理[Chen and Liu，2014a，b；Wang et al.，2016]。因此，**知识库**(KB)(1.4节)主要用来存储过去的主题。在本章中，我们将像现有的一些研究一样交替使用术语“**领域**”和“**任务**”，其中每项任务都来自不同的领域。不管数据(文本集合)的大小如何，在终身主题建模中哪怕只是使用当前的简单LL技术，效果也会优于不使用LL技术。当只有很少量的数据时，LL也具有明显优势。例如，当数据集较小时，传统的主题模型得到比较差的结果，但是终身主题模型仍然可以生成非常好的主题。理想情况下，随着知识库的扩展，在建模过程中产生的错误会更少。这和我们人类的学习很相似。随着我们越来越有学识，我们就越容易学到更多知识，也越不容易犯错误。在后面的几节中，我们将讨论当前终身主题建模中的几种具有代表性的技术。

6.1 终身主题建模的主要思想

主题模型，如LDA(Latent Dirichlet Allocation)[Blei et al.，2003]和pLSA(probabilistic Latent Semantic Analysis)[Hofmann，1999]，是用于从一组文档中发现主题的无监督学习方法。它们有着大量的应用，例如意见挖掘[Chen et al.，2014；Liu，2012；Mukherjee and Liu，2012；Zhao et al.，2010]、机器翻译[Eidelman et al.，2012]、词义消歧[Boyd-Graber et al.，2007]、短语提取[Fei et al.，2014]和信息检索[Wei and Croft，2006]。通常，主题模型假设每个文档讨论一组主题，从概率来说就是主题集上的一个多项式分布；而每个主题由一组主题词表示，从概率来说就是词集上的一个多项式分布。这两种分布分别称为**文档主题分布**(document-topic distribution)和**主题词分布**(topic-word distribution)。给定文档主题，直觉上某些词或多或少都会出

现。例如“sport”和“player”通常会出现在关于体育的文档中，而“rain”和“cloud”更倾向于出现在关于天气的文档中。

但是，完全无监督的主题模型往往会产生许多不可思议的主题。主要原因是，主题模型的目标函数的判断与人类判断并不总是一致的[Chang et al.，2009]。为了解决这个问题，我们可以选用以下三种方法中的任意一种：

1. **构建更好的主题模型**：如果有足够多的文档作为训练数据，这种方式是很有效的。但如果只有少量的文档数据，无论模型质量如何，都很难生成比较好的主题，因为主题模型是无监督学习方法，不充分的数据训练无法为建模提供可靠的统计数据。除了给定的文档，其他某种形式的监督或外部信息也是很有必要的。

2. **要求用户提供先验领域知识**：该方法要求用户或领域专家提供一些先验领域知识。其中一种知识形式可以是must-link和cannot-link。must-link说明两个词项(或单词)属于同一主题，如**价格**和**成本**。cannot-link表示两个词项不属于同一主题，如**价格**和**图片**。一些现有的**基于知识的主题模型**(knowledge-based topic model)(例如，Andrzejewski等人[2009，2011]、Chen等人[2013b，c]、Hu等人[2011]、Jagarlamudi等人[2012]、Mukherjee和Liu[2012]、Petterson等人[2010]、Xie等人[2015])已经使用这些先验领域知识来产生更好的主题。然而，要求用户提供先验知识在实际应用中也存在问题，因为用户可能不知道要提供什么知识，反而还希望系统为他/她识别出有用的知识，这使得该方法变为非自动化方法。

3. **使用终身主题建模**：该方法是在主题建模中引入LL技术。其中，先验知识是在先前任务的建模过程中自动学习和积累的，而不是要求用户提供的。例如，我们可以使用先前任务建模所得到的主题作为先验知识来帮助新任务建模。这种方法之所以有效，是因为我们发现在自然语言处理中，不同的领域和任务往往存在大量相同的概念或主题[Chen and Liu，2014a，b]，正如在本书的引言中所介绍的情感分析[Liu，2012，2015]，后面我们也会给出一些例子进行说明。

现在我们来看上述第三种方法。根据第1章给出的定义，这里的每个任务都是指在某一特定领域下对一组文档进行主题建模。知识库中存储所有从先前任务中获得的主题，并且这些主题将会以各种方式用作不同的终身主题模型的先验知识。

在建模开始前，知识库是空的，或者保存了外部来源的知识，如WordNet[Miller，1995]。随着主题建模任务开始后结果的产生，知识库中的知识也逐渐增加。由于所有任务都与主题建模有关，因此我们使用领域来区分任务。如果两个主题建模任务的语料属于不同领域，则我们认为这两个任务是不同的。领域的范围问题是一个很普遍的问题。一个领域可以是一个类别(如体育)、一个产品(如相机)或一个事件(如总统选举)。我们使用 $\mathcal{T}_1$，$\mathcal{T}_2$，…，$\mathcal{T}_N$ 来表示一系列的先前任务，$\mathcal{D}^p=\{\mathcal{D}_1, \mathcal{D}_2, \cdots, \mathcal{D}_N\}$ 表示这些任务所对应的数据或语料库，用 $\mathcal{T}_{N+1}$ 表示具有数据 $\mathcal{D}_{N+1}$ 的新任务或当前任务。

终身主题建模的关键问题

为了使终身主题建模产生效用，还需要回答以下几个问题。而针对不同的模型，也采用不同的策略。

1. 过去的哪些知识应该保存和积累在知识库中？如上所述，在现有模型中，只保留先前领域/任务输出的主题。

2. 哪些类型的知识可用于新领域的建模，如何从知识库中识别出这些知识？请注意，存储在知识库中的原始过去主题可能无法直接应用于主题建模。当前的终身主题模型使用的是 must-link 和 cannot-link 这两种类型的知识，这两种知识是从知识库的原始过去主题中挖掘出的知识。

3. 如何评估知识的质量，以及如何处理可能错误的知识？以前的建模可能会出错，而过去的错误知识通常会对新的建模造成不利影响。

4. 如何在建模过程中应用知识以便在新领域中生成更好的主题？

为什么终身主题建模是有效的？

引入终身主题建模的原因是，大量先前领域的主题可以提供高质量的知识，来指导新领域的建模以便生成更好的主题。尽管每个领域都不同，但是在不同领域中往往存在大量的概念或主题是重叠的。以不同产品类型(或领域)的产品评论为例，我们发现每个产品评论领域可能都有价格这个主题，大多数电子产品的评论都包含电池这个主题，而某些产品的评论还都有屏幕这个主题。从单个领域生成的主题可能是错误的(即一个主题在其排名靠前的位置可能包含一些不相关的单词)，但如果可以在多个领域生成的主题中找出一组共有的单词，那么这一组单词对某一特定主题来说更可能是正确或连贯的(coherent)。我们就可以将这组单词作为先验知识来帮助主题建模。

例如，我们有来自三个领域的产品评论。经典的主题模型(如LDA[Blei et al., 2003])会为每一个领域生成一组主题。每个领域都有一个关于**价格**(price)的主题，下面分别列出了三个领域中排名前四的单词(单词根据每个主题下的概率排名)。

- 领域1：*price*，*color*，*cost*，*life*
- 领域2：*cost*，*picture*，*price*，*expensive*
- 领域3：*price*，*money*，*customer*，*expensive*

由于单词不连贯(单词没有表明主题)，以下这些主题是不太完美的：*color*，*life*，*picture*和*customer*。但是，如果我们观察在至少两个领域的主题中都出现的单词(带下画线的单词)，就会发现下面两组集合：

{*price*，*cost*}和{*price*，*expensive*}

每个集合中的单词很有可能属于同一主题。因此，{*price*，*cost*}和{*price*，*expensive*}可以作为先前或过去的知识。也就是说，一段知识包含语义相关的单词。这两组集合称为must-link。

借助于该知识，可以设计一个新模型来调整概率，并改进以上三个领域或新领域的输出主题。基于上述知识可知，*price*和*cost*是相关的，*price*和*expensive*是相关的，则在领域1中可以找到一个新的主题：*price*，*cost*，*expensive*，*color*。其中排名前四的位置是3个连贯的单词，而不是像原始主题那样只有2个单词。这表明主题得到了优化。

在下一节中，我们将回顾LTM模型[Chen and Liu, 2014a]，该模型只使用must-link作为先验知识。LTM模型的主要思想同样应用于LAST模型中，用来执行情感分析任务[Wang et al., 2016]。在6.3节中，我们回顾更高级的模型AMC[Chen and Liu, 2014b]，该模型同时使用must-link和cannot-link作为先验知识，在只有少量文档的新领域中进行建模。还有另一个名为AKL(Automated Knowledge LDA)的模型[Chen et al., 2014]，该模型在挖掘must-link之前先对过去的主题进行聚类。由于LTM和AMC这两个模型都对AKL进行了优化，因此后面不再延伸讨论AKL。

6.2 LTM：终身主题模型

终身主题模型(LTM)由 Chen 和 Liu[2014a]提出。该模型适用于以下终身环境中：在特定时间点，已经执行了 N 个先前的建模任务，并且已经分别为每一个过去的任务/领域在其相应数据(或文档集)$\mathcal{D}_i \in \mathcal{D}^p$ 上生成一组主题 $\mathcal{S}_i$，称为**先验主题**(prior topics,或简称为 p-主题)。这些先验主题存储在**知识库** $\boldsymbol{\mathcal{S}}$ 中(在 Chen 和 Liu[2014a]中也称为**主题库**)。在一个新的时间点，在为一个由新领域(也称为**当前领域**)的文档集 $\mathcal{D}_{N+1}$ 表示的新任务进行主题建模时，LTM 不直接使用主题库 $\boldsymbol{\mathcal{S}}$ 中的 p-主题作为知识来帮助其建模。相反，LTM 先从主题库 $\boldsymbol{\mathcal{S}}$ 中挖掘 must-link 作为**先验知识**来帮助第 $N+1$ 个任务进行模型推理。这个过程是动态且迭代的。一旦对 $\mathcal{D}_{N+1}$ 的建模完成后，其生成的主题将添加到 $\boldsymbol{\mathcal{S}}$，供将来使用。LTM 有两个关键特征：

1. LTM 的知识挖掘具有针对性，这表示 LTM 只是从主题库 $\boldsymbol{\mathcal{S}}$ 中那些相关的 p-主题挖掘有用的知识。为此，LTM 首先在 $\mathcal{D}_{N+1}$ 上执行主题建模来找出初始主题，然后利用这些初始主题在 $\boldsymbol{\mathcal{S}}$ 中找出相似的 p-主题。基于这些相似的 p-主题来挖掘出更适合和更准确的 must-link(知识)。然后，在建模的下一次迭代中使用这些 must-link 来指导推理，以便生成更准确的主题。

2. LTM 是一种容错模型，因为它能够在自动挖掘 must-link 时处理错误。首先，由于 $\boldsymbol{\mathcal{S}}$ 中存在错误的主题(主题中有很多不连贯/错误的单词，或主题没有一个主导的语义)，或挖掘的结果存在错误，must-link 中的单词通常可能不属于同一主题。其次，must-link 中的单词可能只属于某些领域中的相同主题，但不属于其他领域的主题，因为领域具有多样性。因此，为了在建模中应用这样的知识，模型必须能够处理在 must-link 中可能存在的错误。

6.2.1 LTM 模型

与许多主题模型一样，LTM 使用 Gibbs 抽样进行推理[Griffiths and Steyvers, 2004]。LTM 的图形模型与 LDA 相同，但它具有一个截然不同的采样器，这个采样器可以结合使用先验知识，并处理上文提到的知识中存在的错误。对比图 1.2 所示的通用 LL 框架，LTM 系统如图 6.1 所示。

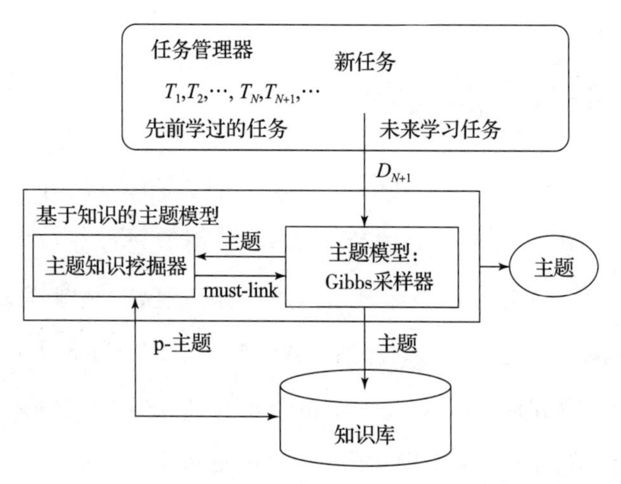

图 6.1　终身主题模型(LTM)的系统框架

LTM 的工作原理如下(算法 6.7)：首先，运行 LTM 模型的 Gibbs **采样器**，执行 M 次迭代(或扫描)，在没有初始知识的情况下从 $\mathcal{D}_{N+1}$ 找出一组初始主题 $\mathcal{A}_{N+1}$(第 1 行)。然后，执行另一组 M 次 Gibbs 采样扫描(第 2～5 行)。但是在每一次新的扫描执行前，LTM 先利用 TopicKnowledgeMiner(算法 6.8，详见下文)为 $\mathcal{A}_{N+1}$ 中的每个主题挖掘出一组有针对性的 must-link(知识)$\mathcal{K}_{N+1}$，然后再利用 $\mathcal{K}_{N+1}$ 从 $\mathcal{D}_{N+1}$ 生成一组新的主题 $\mathcal{A}_{N+1}$。为了区分 $\mathcal{A}_{N+1}$ 中的主题和 p-主题，这些新主题称为**当前主题**(current topics，或简称 c-**主题**)。我们说已挖掘出的 must-link 是有针对性的，因为它们是根据 $\mathcal{A}_{N+1}$ 中的 c-主题挖掘的，且旨在优化 $\mathcal{A}_{N+1}$ 中的主题。请注意，为了使算法更加高效，并非每一次扫描都必须执行知识挖掘。6.2.2 节侧重于 LTM 的主题知识挖掘函数。Gibbs 采样器将在 6.2.4 节中介绍。算法 6.7 中的第 6 行只是简单地更新知识库，这个操作十分简单，因为论文中提到的每个任务都来自不同领域。这组主题简单地添加到知识库 $\mathcal{S}$ 中，供将来使用。

算法 6.7　(LTM)终身主题建模

输入： 新领域的数据 $\mathcal{D}_{N+1}$；知识库 $\mathcal{S}$
输出： 新领域的主题 $\mathcal{A}_{N+1}$

```
1: A_{N+1} ← GibbsSampler(D_{N+1}, ∅, M) // 在无初始知识情况下执行M次迭代
2: for i = 1 to M do
3:    K_{N+1} ← TopicKnowledgeMiner(A_{N+1}, S)
4:    A_{N+1} ← GibbsSampler(D_{N+1}, K_{N+1}, 1) // 利用知识 K_{N+1} 执行
5: end for
6: S ← UpdateKB(A_{N+1}, S)
```

算法 6.8 TopicKnowledgeMiner

输入： 新领域 $\mathcal{A}_{N+1}$ 的主题；知识库 $\mathcal{S}$
输出： 新领域的 must-link（知识）$\mathcal{K}_{N+1}$

1: **for** each p-topic $s_k \in \mathcal{S}$ **do**
2: $j^* = \min_j$ KL-Divergence(a_j, s_k) for each c-topic $a_j \in \mathcal{A}_{N+1}$
3: **if** KL-Divergence$(a_{j^*}, s_k) \leqslant \pi$ **then**
4: $\mathcal{M}_{j^*}^{N+1} \leftarrow \mathcal{M}_{j^*}^{N+1} \cup \{s_k\}$
5: **end if**
6: **end for**
7: $\mathcal{K}_{N+1} \leftarrow \cup_{j^*}$ FIM$(\mathcal{M}_{j^*}^{N+1})$ // 频繁项集挖掘

6.2.2 主题知识挖掘

TopicKnowledgeMiner 函数在算法 6.8 中已经给出。对于 $\mathcal{S}$ 中的每个 p-主题 s_k，该函数会找出 c-主题集 $\mathcal{A}_{N+1}$（第 2 行）中与之最匹配（或最相似）的 c-主题 a_{j^*}。因为每个主题都是一组单词上的一个分布，所以采用 KL-Divergence（第 2 行）来实现主题的匹配。$\mathcal{M}_{j^*}^{N+1}$ 用来存储每一个 c-主题 a_{j^*} 的所有匹配的 p-主题（第 4 行）。请注意，这里为每个单独的 c-主题 a_{j^*} 找到匹配的 p-主题（第 7 行），因为面向 a_{j^*} 的 p-主题能更好地进行更精准的知识（must-link）挖掘。换而言之，也就是这些匹配的 p-主题 $\mathcal{M}_{j^*}^{N+1}$ 是针对每一个 a_{j^*} 的，而且应该能为 a_{j^*} 提供更高质量的知识。对 $\mathcal{M}_{j^*}^{N+1}$ 进行挖掘为每一个 c-主题 a_{j^*} 生成 must-link $\mathcal{K}_{j^*}^{N+1}$。为 $\mathcal{A}_{N+1}$ 中所有 c-主题挖掘的 must-link 存储在 $\mathcal{K}_{N+1}$ 中。下面，我们将详细介绍主题匹配和知识挖掘。

主题匹配（第 2～5 行，算法 6.8）：为了找到 $\mathcal{S}$ 中的 s_k 在 $\mathcal{A}_{N+1}$ 中的最佳匹配 c-主题 a_{j^*}，使用了 KL-Divergence，它计算两个分布之间的差异（第 2 行和第 3 行）。具体来说，采用对称 KL（SKL）Divergence，即给定两个分布 P 和 Q，计算如下：

$$\mathrm{SKL}(P,Q) = \frac{KL(P,Q) + KL(Q,P)}{2} \tag{6.1}$$

$$\mathrm{KL}(P,Q) = \sum_i \ln\left(\frac{P(i)}{Q(i)}\right) P(i) \tag{6.2}$$

具有 s_k 最小 SKL Divergence 值的 c-主题被定义为 a_{j^*}。参数 π 用于确保 $\mathcal{M}_{j^*}^{N+1}$ 中的 p-主题是与 a_{j^*} 合理相关的。

使用频繁项集挖掘（Frequent Itemset Mining，FIM）**技术来挖掘** must-link：给定每个匹

配集合 $\mathcal{M}_{j*}^{N+1}$ 中的 p-主题，该步骤是要找出在这些 p-主题中同时多次出现的单词集。这些跨域的匹配 p-主题的共有单词可能属于同一主题。主题匹配中使用了 FIM 来查找这些 p-主题匹配集合 $\mathcal{M}_{j*}^{N+1}$ 中的共有单词[Agrawal and Srikant，1994]。

FIM 的基本思路如下：给定一组事务 $\mathcal{X}$，其中每个事务 $x_i \in \mathcal{X}$ 是一个项集。根据前文的描述，x_i 是一组 p-主题的排名靠前的单词(没有附加概率)。$\mathcal{X}$ 是 $\mathcal{M}_{j*}^{N+1}$ 在每个 p-主题中没有低排名的单词，因为通常只有高排名的单词才能代表一个主题。FIM 的目标是找到所有能够满足用户指定的频率阈值(也称为**最小支持度**(minimum support))的项集(一组词项)，该频率阈值表示项集应该在 $\mathcal{X}$ 中出现次数的最小值。这样的项集称为频繁项集(frequent itemset)。在 LTM 中，频繁项集是一组在 $\mathcal{M}_{j*}^{N+1}$ 的 p-主题中同时多次出现的单词，也就是 must-link。

在 LTM 模型中仅使用长度为 2 的频繁项集，即每个 must-link 仅包含两个词，例如，{battery，life}、{battery，power}、{battery，charge}。较大的集合往往包含更多错误。

6.2.3 融合过去的知识

因为每个 must-link 能够反映一对单词之间可能存在语义相似的关系，所以通过**广义 Pólya 瓮(Generalized Pólya Urn，GPU)**模型[Mahmoud，2008]利用 LTM 的 Gibbs 采样器中的这些知识来促使这对单词出现在同一主题中。下面，我们先介绍 Pólya 瓮模型，该模型是一个融合知识的基本框架。然后再介绍广义 Pólya 瓮模型，该模型可以处理 must-link 中可能存在的错误，使得 LTM 在一定程度上具有容错能力。

简单 Pólya 瓮(SPU)模型。Pólya 瓮模型是通过在瓮(容器)中放入彩色球进行抽样来实现。在主题模型中，一个词项/单词可以被视为某种颜色的球，而一个主题则作为瓮。主题的分布由瓮中球的颜色比例反映。LDA 遵循简单的 Pólya 瓮模型，从某种意义上说，当从瓮中抽出一个特定颜色的球后，会将这个球和一个相同颜色的新球一同放回瓮中。这样使得瓮中球的数量和颜色比例随着过程的进行而不断变化，这就赋予了容器自我强化的特性，称为“富者愈富”。这个过程相当于给 Gibbs 抽样中的一个词项指定了一个主题。

广义 Pólya 瓮模型。GPU 模型[Chen and Liu，2014a；Mahmoud，2008；Mimno et al.，2011]与 SPU 模型不同，当从瓮中抽出一个特定颜色的球，需要将两个同颜色的球和一定数量其他颜色的球一同放回瓮中。额外添加的其他颜色的球增加了相应颜色的球在瓮中的比例。这正是我们将在下面介绍的融合 must-link 的关键技术。

在将 GPU 模型应用于主题建模的过程中，若将单词 w 归属到主题 t，则与单词 w 存在 must-link 关系的单词 w' 也会按照一定数额被归属到主题 t，这由矩阵 $\boldsymbol{A}'_{t,w',w}$ 决定。因此，w' 会被 w 提升，这表示 w' 属于主题 t 的概率也会增加。这里，主题 t 的 must-link 意味着这个 must-link 是从与主题 t 匹配的 p-主题中提取的。

融合 must-link 的问题就在于如何为矩阵 $\boldsymbol{A}'_{t,w',w}$ 设置适当的值。要回答这个问题，我们还要考虑错误知识的问题。由于 must-link 是从多个先前领域的 p-主题中自动挖掘得到的，因此 must-link 中单词的语义关系对于当前领域有可能是不正确的。判断 must-link 是否适用也是一项挑战。解决该问题的一种方法是评估当前领域中存在 must-link 的单词存在怎样的关联关系。如果这些单词之间具有较强的相关性，则它们很可能对于当前领域中的主题而言是正确的，因此应该进一步提升。如果这些单词之间只具有弱相关性，则它们对于当前领域的主题很可能就是错误的，应该降低其提升强度(甚至不提升)。

为了计算当前领域中存在 must-link 的两个单词之间的相关性，使用了**点互信息**(Pointwise Mutual Information, PMI)，它是文本中单词相关性的一种度量[Church and Hanks，1990]。在这种情况下，它衡量两个词共同出现的可能性，结果对应于主题模型所遵循的“高阶共现”[Heinrich，2009]。两个单词的 PMI 定义如下：

$$\mathrm{PMI}(w_1, w_2) = \log \frac{P(w_1, w_2)}{P(w_1)P(w_2)} \tag{6.3}$$

其中，$P(w)$ 表示任意一个文档中单词 w 出现的概率，$P(w_1, w_2)$ 表示任意一个文档中这两个单词同时出现的概率。这些概率可使用当前领域集合 $\mathcal{D}_{N+1}$ 进行经验估计：

$$P(w) = \frac{\#\mathcal{D}_{N+1}(w)}{\#\mathcal{D}_{N+1}} \tag{6.4}$$

$$P(w_1, w_2) = \frac{\#\mathcal{D}_{N+1}(w_1, w_2)}{\#\mathcal{D}_{N+1}} \tag{6.5}$$

其中，$\#\mathcal{D}_{N+1}(w)$ 是 $\mathcal{D}_{N+1}$ 中包含单词 w 的文档数量，$\#\mathcal{D}_{N+1}(w_1, w_2)$ 是同时包含单

词 w_1 和 w_2 的文档数量。$\#\mathcal{D}_{N+1}$ 是 $\mathcal{D}_{N+1}$ 中所有的文档数量。PMI 值为正，则意味着这两个单词具有语义相关性，否则表示这两个单词几乎没有语义相关性。因此，只考虑 PMI 值为正的 must-link。添加参数因子 μ 可以控制 GPU 模型多大程度上信任 PMI 计算出来的单词关系。当看到 w 时，单词 w' 提升的总量被定义如下：

$$\mathbf{A'}_{t,w,w'}=\begin{cases}1 & w=w' \\ \mu\times \mathrm{PMI}(w,w') & (w,w')\text{ 是主题 } t \text{ 的 must-link} \\ 0 & \text{否则}\end{cases} \tag{6.6}$$

6.2.4　Gibbs 采样器的条件分布

GPU 模型是无法变更的，也就是说，任意给定主题中的单词的联合概率对于那些单词的排列不是一成不变的。由于单词的不可变性，对模型的推断可能代价非常大，也就是，感兴趣的词的采样分布取决于后续单词所有可能的取值及其主题分配。LTM 采用 Mimno 等人[2011]的方法，将每一个单词都当作最后一个以逼近真实的 Gibbs 采样分布。近似 Gibbs 采样器具有以下条件分布：

$$P(z_i=t\,|\,\boldsymbol{z}^{-i},\boldsymbol{w},\alpha,\beta,\mathbf{A'})\propto$$

$$\frac{n_{d,t}^{-i}+\alpha}{\sum_{t'=1}^{T}(n_{d,t'}^{-i}+\alpha)}\times\frac{\sum_{w'=1}^{V}\mathbf{A}'_{t,w',w_i}\times n_{t,w'}^{-i}+\beta}{\sum_{v=1}^{V}\left(\sum_{w'=1}^{V}\mathbf{A}'_{t,w',v}\times n_{t,w'}^{-i}+\beta\right)} \tag{6.7}$$

其中，n^{-i} 是除 z_i 的当前分配(即 $\boldsymbol{z}^{-i}$)之外的计数，$\boldsymbol{w}$ 是指文档集合 $\mathcal{D}_{N+1}$ 中所有文档中的所有单词，w_i 是用 z_i 表示的主题采样的当前单词。$n_{d,t}$ 表示文档 d 中的单词归属主题 t 的次数，其中 d 是单词 w_i 的文档索引。$n_{t,v}$ 是指单词 v 出现在主题 v 中的次数。α 和 β 是预定义的 Dirichlet 超参数。T 是主题数量，V 是词表大小。$\mathbf{A'}$ 是公式(6.6)中定义的提升矩阵。

6.3　AMC：少量数据的终身主题模型

LTM 模型的建模过程需要依赖大量的文档数据才能生成合理的初始主题，然后要通过这些初始主题来帮助找出知识库中的相似过去主题，以便挖掘出适当的 must-link 知识。然而，当只有少量的文档(或数据)可用时，LTM 建模就不起作用了，因为初始建模时生成的主题质量不好，这样就不能用来找出匹配或相似的主题作为先验知识。因此，还需要一种新的方法。AMC 模型(topic modeling with Automatically generated Must-links and Cannot-link)[Chen and Liu，2014b]就是为解决此问题而设计的。AMC 的 must-link 知识挖掘不需要任何新领域/任务的信息作为数据支撑。相反，它从过去主题中挖掘 must-link 的过程独立于新领域。但是，为了获得更准确的主题，仅仅利用 must-link 的知识远远不够。因此，AMC 还使用 cannot-link 的知识，这部分知识很难独立于新领域挖掘得到，因为 cannot-link 的计算复杂性相当高，并且 cannot-link 的挖掘是一个动态过程。本节对 AMC 模型给出详细介绍。

算法 6.9 AMC 模型

输入： 新领域数据 $\mathcal{D}_{N+1}$；知识库 $\mathcal{S}$
输出： 来自新领域 $\mathcal{A}_{N+1}$ 的主题

1: $\mathcal{M} \leftarrow$ MustLinkMiner($\mathcal{S}$)
2: $\mathcal{C} = \emptyset$ // $\mathcal{C}$ 存储 cannot-link
3: $\mathcal{A}_{N+1} \leftarrow$ GibbsSampler($\mathcal{D}_{N+1}$, $\mathcal{M}$, $\mathcal{C}$, M); // 用 must-link 运行 M 次 Gibbs 迭代
   $\mathcal{M}$ but no cannot-link
4: **for** $r = 1$ **to** R **do**
5:   $\mathcal{C} \leftarrow \mathcal{C} \cup$ CannotLinkMiner($\mathcal{S}$, $\mathcal{A}_{N+1}$)
6:   $\mathcal{A}_{N+1} \leftarrow$ GibbsSampler($\mathcal{D}_{N+1}$, $\mathcal{M}$, $\mathcal{C}$, N)
7: **end for**
8: $\mathcal{S} \leftarrow$ UpdateKB($\mathcal{A}_{N+1}$, $\mathcal{S}$)

6.3.1 AMC 整体算法

算法 6.9 给出 AMC 的整体算法，如图 6.2 所示。第 1 行利用 MustLinkMiner 函数从知识库 $\mathcal{S}$ 的过去主题(或 p-主题)中挖掘出一组 must-link 集 $\mathcal{M}$。请注意，must-link 可以独立于当前新任务在离线状态下生成。第 3 行是运行前文提过的 Gibbs 采样器(在 6.3.5 节中介绍)，只利用 must-link 集 $\mathcal{M}$ 来产生一组主题 $\mathcal{A}_{N+1}$，其中 $\mathcal{M}$ 是 Gibbs 采样迭代的次数。第 5 行根据知识库 $\mathcal{S}$ 中的 p-主题和当前主题集 $\mathcal{A}_{N+1}$，利用函数 CannotLinkMiner 来挖掘 cannot-link 集 $\mathcal{C}$(参见 6.3.3 节)。第 6 行使用 $\mathcal{M}$ 和 $\mathcal{C}$ 来优化最终主题集合。该过程可以迭代地运行(R 次)以获得一组比较好的主题，然后存储在知识库中，并输出给用户。函数 UpdateKB($\mathcal{A}_{N+1}$，$\mathcal{S}$)(第 8 行)很简单。如果 $\mathcal{A}_{N+1}$ 归属的领域存在于 $\mathcal{S}$ 中，则用 $\mathcal{A}_{N+1}$ 的主题替换 $\mathcal{S}$ 中的主题；否则，将 $\mathcal{A}_{N+1}$ 加到 $\mathcal{S}$ 中。

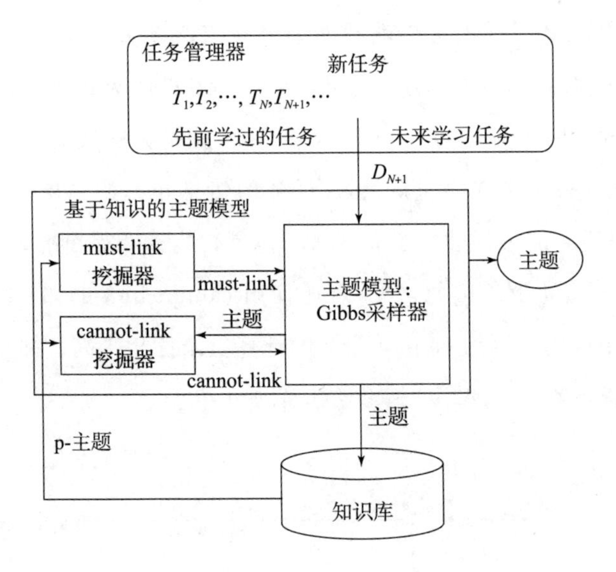

图6.2　AMC模型系统框架

6.3.2 挖掘 must-link 知识

由于AMC不能像LTM那样使用新领域的主题来发现知识库中的相似主题，因此它使用MustLinkMiner函数直接从KB挖掘must-link，而不考虑任何新任务。回想一下，类似LDA这样的模型，每个从主题模型生成的主题都是一组单词上的一个分布，即单词及其概率。而单词往往都根据其相应的概率进行降序排列。实际上，一个主题中排名靠前的单词一般都趋于语义相近。由于Dirichlet超参数的平滑性，低排名的单词通常都具有较小概率，与主题没有真正的相关性，所以是不可靠的。因此，在Chen和Liu[2014b]中，只选择排名前15的单词来表示主题。在挖掘must-link知识和cannot-link知识过程中也使用了这样的主题表示方式。

给定知识库$\mathcal{S}$，类似于6.2节中的LTM模型，must-link是在多个主题中一起出现的单词集，它们通过数据挖掘技术**频繁项集挖掘**(FIM)得到。但是，由于经典FIM算法存在单个最小支持度阈值的问题，该技术还不能直接满足需求。

由于挖掘must-link过程可能涉及大多数(甚至所有)的产品评论领域共享通用主题的情况，如“**价格**”和“**昂贵的**”都属于价格领域的主题词，但是也存在对于特定主题(如“**屏幕**”)仅出现在具有此类特性的产品领域中的情况，所以单个最小支持度阈值是不适用的。这意味着不同的主题在数据中的频率也可能不同。因此，使用单个最小支持度阈值无法同时满足提取通用主题和特定主题的需求，因为如果阈值设置太低，则通用主题将产生大量虚假频繁项集(导致得到错误的 must-link)；如果阈值设置太高，非频繁主题的 must-link 就无法提取出来。这在数据挖掘中被称为**稀有项问题**(**rare item problem**)，并且在现有的数据挖掘文献也有详细介绍[Liu，2007]。

为解决上述问题，AMC 模型使用 Liu 等人[1999]提出的**多最小支持度频繁项集挖掘算法**(**Multiple minimum Supports Frequent Itemset Mining，MS-FIM**)。MS-FIM 的基本思想是：给定一组事务 $\mathcal{R}$，其中每个事务 $r_i \in \mathcal{R}$ 是来自全局项集 I 的一组词项，即$r_i \subseteq I$。在 AMC 中，r_i 是一个由排名靠前的单词表示的主题(没有附加概率)。一个词项就是一个单词。因此，$\mathcal{R}$ 是知识库 $\mathcal{S}$ 中所有 p-主题的集合，I 是 $\mathcal{S}$ 中所有单词的集合。在 MS-FIM 中，每个词项/单词被赋予最小项集支持度(MIS)，并且这个最小项集支持度是不固定的，它取决于项集中所有词项的 MIS 值。MS-FIM 还有另一个约束条件，称为**支持度差异约束**(**Support Difference Constraint，SDC**)，该约束要求项集中的词项的支持度差值不能太大。结合 MIS 和 SDC 可以解决上文所述的稀有项问题。

MS-FIM 的目标是要找出满足用户指定的 MIS 阈值和 SDC 约束的所有项集，这样的项集称为**频繁项集**。在 AMC 中，频繁项集是在知识库 $\mathcal{S}$ 中的 p-主题中多次出现的一组单词。长度为 2 的频繁项集被用来作为已学到的 must-link 知识。例如：{battery，life}，{battery，power}，{battery，charge}，{price，expensive}，{price，pricy}，{cheap，expensive}。

再次强调，在 AMC 中使用的每个 must-link 都是只包含两个单词的知识[Chen and Liu，2014b]。如 6.2.2 节所述，比较大的词项集合可能会存在更多的错误，这些错误比起只有两个单词构成的词项集中的错误更难以处理。对于 cannot-link 也是同样的情况。

在建模过程中吸收 must-link 知识存在两个主要挑战：

1. 一个词可以有多种含义或语义。例如，light 可能表示“使事物能够被看见的某物品”或“重量小的”。不同的语义可能产生的 must-link 也不同。例如，对于 light 的第一个语义，must-link 可以是{light，bright}和{light，luminance}，但是，{light，weight}和{light，heavy}则表示 light 的第二个语义。如果忽视这个问题不作处理，可能会导致传递性问题[Chen and Liu，2014b]。也就是说，如果单词 w_1 和 w_2 构成了一个 must-link，而单词 w_2 和 w_3 构成了另一个 must-link，那么意味着 w_1 和 w_3 之间也存在一个 must-link，即 w_1、w_2 和 w_3 应该在同一主题中。通过这种传递性，light、bright 和 weight 这三个单词将会被错误地认为是归属于同一个主题的。

2. 并非每个 must-link 都适用于某个领域，这与 6.2 节中讨论的错误知识问题相同。

为了解决第一个问题，Chen 和 Liu[2014b]提出了 must-link 图，目的是区分 must-link 中的多种语义，以避免产生 must-link 的传递性问题。由于 must-link 是自动地从知识库 $\boldsymbol{\mathcal{S}}$ 的 p-主题集(过去的主题)中挖掘得到的，因此 p-主题也可能提供了某些指导信息来帮助判断已挖掘到的 must-link 是否是相同的语义。给定两个 must-link m_1 和 m_2，如果它们具有相同的词义，则覆盖 m_1 和覆盖 m_2 的 p-主题具有一定的重叠。例如，{light，bright}和{light，luminance}应该主要来源于同一组 p-主题，这组主题与单词 light 的"使事物能够被看见的某物品"这个语义相关。另一方面，如果两个 must-link 涉及的 p-主题几乎没有重叠的部分，则表明这两个 must-link 很可能是语义不同的。例如，{light，bright}和{light，weight}可能来源于两个不同的 p-主题集，因为它们通常是指不同的主题。

按照这个思路，可以构造一个 must-link 图 G，其中每个 must-link 表示为顶点。如果两个 must-link m_1 和 m_2 包含相同的单词，则在这两个顶点之间形成一条边。对于每条边，其原始 p-主题重叠的程度决定了两个 must-link 是否具有相同的语义。给定两个 must-link m_1 和 m_2，其在知识库 $\boldsymbol{\mathcal{S}}$ 中对应的 p-主题分别定义为 $\mathcal{C}_1$ 和 $\mathcal{C}_2$。当满足公式(6.8)时，则表示 m_1 和 m_2 具有相同的语义：

$$\frac{\#(\mathcal{C}_1 \cap \mathcal{C}_2)}{\operatorname{Max}(\#\mathcal{C}_1, \#\mathcal{C}_2)} > \pi_{\text{overlap}} \tag{6.8}$$

其中，π_{overlap} 是不同语义的**重叠阈值**。由于主题中有可能存在错误，因此设置重叠阈值是很有必要的。那些不满足上述不等式的边则忽略不计。基于以上处理得到的最终 must-link 图 G 能够有效地帮助 Gibbs 采样器选择具有相同语义的正确 must-link(见 6.3.5 节)。

为了解决第二个问题，可以利用当前领域数据的**点对互信息**(PMI)来近似表示语义的相关性。这类似于 LTM 模型(6.2.3 节)，因此这里我们不再讨论。

6.3.3 挖掘 cannot-link 知识

虽然能够从过去所有的主题中找出 must-link，但是，将其应用于挖掘 cannot-link 却是行不通的。因为，对于一个单词 w 来说，通常只有很少量的单词 w_m 与 w 共享 must-link，但是却有大量的单词 w_c 与 w 形成 cannot-link。一般来说，如果所有任务或领域的词汇表中包含 V 个单词，那么就有可能存在 $O(V^2)$个潜在 cannot-link。但是，对于新领域的 $\mathcal{D}_{N+1}$ 而言，由于其词汇量远小于 V，所以大多数 cannot-link 都是无效的。因此，AMC 仅仅关注那些与 $\mathcal{D}_{N+1}$ 相关的单词。

形式上，给定知识库 $\mathcal{S}$ 和新任务领域数据 $\mathcal{D}_{N+1}$ 的当前 c-主题集 $\mathcal{A}_{N+1}$，对于每一个 c-主题 $A_j \in \mathcal{A}_{N+1}$，提取每对排名靠前的 w_1 和 w_2 之间的 cannot-link。基于此，为了挖掘 cannot-link(使用 CannotLinkMiner)，挖掘算法枚举每一组 w_1 和 w_2，并且检查它们之间是否形成 cannot-link。这样，cannot-link 挖掘就针对每一个 c-主题，目的是希望通过已挖掘的 cannot-link 来改进 c-主题。

给定两个单词，CannotLinkMiner 可以确定这两个词之间是否形成 cannot-link，基本思想如下：如果这两个单词很少同时出现在 $\mathcal{S}$ 中的 p 主题中，那么它们很可能具有不同的语义含义。假设 w_1 和 w_2 在过去领域中出现在不同 p-主题的次数表示为 N_{diff}，而出现在同一个 p-主题的次数表示为 N_{share}，其中，N_{diff} 应该比 N_{share} 大得多。构成 cannot-link 需要满足以下两个条件或阈值：

1. $N_{diff}/(N_{share}+N_{diff})$(称为支持度)等于或大于阈值 π_c。这种情况很容易理解。

2. N_{diff} 大于支持度阈值 π_{diff}。这个条件很有必要，因为第一个条件中的支持度可能等于 1，但是 N_{diff} 的取值可能很小，这样造成结果不可靠。

此外还有一些其他的 cannot-link 示例，如：{battery，money}、{life，movie}、{battery，line}、{price，digital}、{money，slow}和{expensive，simple}。

与 must-link 类似，挖掘到的 cannot-link 也可能是错误的，同样存在以下两种情况：(a)cannot-link 包含了语义相关的词项。例如，{battery，charger}就是一个错误的 cannot-link。(b)cannot-link 可能对于特定的领域是不适用的。例如，{card，bill}对于相机这个领域是正确的，但是对于餐馆领域却是不适用的。错误的 cannot-link 往往比错误的 must-link 更难以检测和验证。根据自然语言单词的幂律分布[Zipf，1932]，大多数的单词都是罕见的，并且与其他单词同时出现的可能性较小，但是，两个单词共同出现的概率低不代表这两个单词具有负相关性(cannot-link)。Chen 和 Liu[2014b]建议在采样过程中检测和平衡 cannot-link。更具体地说，他们在融合 cannot-link 知识来扩展 Pólya 瓮模型的同时，针对以上两个问题进行了处理。

6.3.4 扩展的 Pólya 瓮模型

AMC 模型中的 Gibbs 采样器与 LTM 的采样器不同，因为 LTM 模型不考虑 cannot-link。在 Chen 和 Liu[2014b]的 AMC 模型中，还提出了一种**多通用 Pólya 瓮模型**(**M-GPU**)。我们在 6.2.3 节中已经介绍了简单 Pólya 瓮(SPU)模型和广义 Pólya 瓮模型(GPU)，现在将 GPU 模型扩展到多通用 Pólya 瓮模型(M-GPU)。

与建模时只使用一个瓮作为容器的 SPU 和 GPU 模型不同，M-GPU 模型在抽样过程中使用一组瓮作为容器[Chen and Liu，2014b]。M-GPU 可以将一个彩色球从一个瓮转移到另一个瓮中，从实现多个瓮的交互。因此，在采样过程中，即使只是从一个瓮中抽取一个彩色球，也会存在一些交互频繁的瓮进化。这种进化能力使 M-GPU 模型更加强大，并且能适用于解决目前讨论到的复杂问题。

在 M-GPU 中，如果随机抽取一个有颜色的球，则选取每一种其他颜色的特定数量的球放回瓮中，而不仅仅只是像 SPU 那样选取两个相同颜色的球放回。这种做法是从 GPU 模型中继承过来的。以上操作的执行结果是，这些有颜色的球的比例都增加了，这样就能使其在未来从该瓮中被抽中的概率增加。这在 Chen 和 Liu[2014b]中被称为有色球的**提升**(promotion)。沿袭这个思路，当一个单词 w 被分配给一个主题 k 时，则与 w 共享 must-link 的每个单词 w' 也按一定数量 $\lambda_{w',w}$ 被分配给主题 k，$\lambda_{w',w}$ 的定义类似于 LTM 模型中的提升矩阵(参见 6.2.3 节)。因此，我们就不在这里进一步讨论了。

为了解决 M-GPU 中多重语义的问题，Chen 和 Liu[2014b]利用了以下这样一个事实，即对于一个主题，每个单词的所有语义或含义中通常只有一个是正确且适用的。由于一个主题的含义通常由排名靠前的特征词项表示，因此与主题含义最相关的单词的语义被视为是正确的。如果一个单词 w 没有多个 must-link，那么就不存在多重语义问题。如果一个 w 有多个 must-link，则合理的做法是从 must-link 图 G 中抽取一个包含最能够表示语义的单词 w 的 must-link(比如 m)。我们将在下一个小节中介绍采样分布。然后，利用 m，以及与其具有相同词义的 must-link 来提升与 w 相关的词。

为了处理 cannot-link 的问题，M-GPU 定义了要在采样过程中使用的两组瓮容器。第一组是容纳主题集的瓮 $U^k_{d\in\mathcal{D}_{N+1}}$，其中每个瓮只针对一个文件进行采样，并且包含 K 种颜色的球(主题)，其中的每个球都对应一种颜色 $k\in\{1, \cdots, K\}$。这对应于 AMC 中的文档-主题分布。第二组是容纳单词集的瓮 $U^V_{k\in\{1,\cdots,K\}}$，对应于主题-单词分布，每个词瓮中的有色球(单词)$w\in\{1, \cdots, V\}$。

基于 cannot-link 的定义，两个单词中若存在 cannot-link 连接，那么这两个单词属于同一个主题的可能性很小。由于 M-GPU 允许多个瓮交互，当从词瓮 U^V_k 中抽取一个表示单词 w 的球，则表示与 w 无关的单词的球，即 w_c(与 w 存在 cannot-link 的词)，可以转移到其他瓮中(参见下面的步骤 5)，从而降低了那些单词被划分到这个主题中的概率，同时也增加了它们在其他主题中的相应概率。那些表示 w_c 的有色球应该被转移到具有更高 w_c 比例的瓮中。也就是说，随机抽取一个具有更高 w_c 比例的瓮来存放将这些球(下面的步骤 5b)。但是，实际情况中也可能找不出一个含有更高 w_c 比例的瓮。以下提供了两个解决方法：(1)像 Chen 等人[2013c]一样，创建一个新的瓮来存放 w_c，使用这种方法的前提是假设 cannot-link 是正确的。(2)由于 cannot-link 也可能是错误的，因此将 w_c 保留在 U^V_k 中，而 U^V_k 有可能是适合 w_c 的瓮。如第 6.3.3 节所述，cannot-link 有可能是错误的。例如，由于 battery 和 life 具有最高共现率(或比例)，因此模型将这两个单词划分到同一个主题 k 中。但是，cannot-link{battery，life}在看见它们出现在同一个主题中之后，想要将它们分开。在这种情况下，cannot-link 的结果就是不可靠的，因为它在两个实际相关的单词之间构建了一个 cannot-link，表示这两个单词属于两个不同的主题。在 Chen 和 Liu[2014b]中就采用了第二种方法来处理 cannot-link 中的噪音。

基于以上思路，下面给出 M-GPU 的采样过程：

1. 按顺序从 U^K_d 中抽取一个主题 k，从 U^V_k 中抽取一个单词 w，其中 d 表示 $\mathcal{D}_{N+1}$ 中第 d 个文档。

2. 记录 k 和 w，将两个颜色为 k 的球放回 U^K_d，将两个颜色为 w 的球放回 U^V_k。

3. 从先验知识库中抽取一个含有单词 w 的 must-link 的，然后获取一组 must-link $\{m'\}$，其中 m' 在 must-link 图 G 中要么是 m，要么是与 m 相邻的顶点。

4. 对于 $\{m'\}$ 中每个 must-link $\{w, w'\}$，根据矩阵 $\lambda_{w',w}$，将 $\lambda_{w',w}$ 个颜色为 w' 的球放回 U_k^V。

5. 对于每个与 w 之间存在 cannot-link 的单词 w_c：

(a) 从 U_k^V 中抽取一个颜色为 w_c 的球 q_c（准备转移），将其从 U_k^V 中移除。对应 q_c 的文档定义为 d_c。如果当前没有颜色为 w_c 的球可被抽取（即 U_k^V 中没有颜色为 w_c 的球），则跳过(a)、(c)两步。

(b) 创建一个瓮的集合 $\{U_{k'}^V\}$，其中每一个瓮满足以下两个条件：

(i) $k' \neq k$；

(ii) $U_{k'}^V$ 中颜色为 w_c 的球的比例大于 U_k^V 中颜色为 w_c 的球的比例；

(c) 如果 $\{U_{k'}^V\}$ 非空，则从中随机选择一个瓮 $U_{k'}^V$。将从步骤(a)中抽取出的球 q_c 放到 $U_{k'}^V$ 中，同时将一个颜色为 k 的球从 $U_{d_c}^K$ 中移除，再将一个颜色为 k' 的球放回 $U_{d_c}^V$。如果 $\{U_{k'}^V\}$ 为空，将球 q_c 放回 U_k^V。

6.3.5 Gibbs 采样器的采样分布

基于上述 M-GPU 采样过程，对于每个文档 d 中的每个单词 w_i，采样包含两个阶段：

阶段 1(M-GPU 中的步骤 1-4)：对于单词 w_i 的提取主题过程计算一个条件概率。该过程枚举所有主题 k，并计算其相应的概率，这由以下三个子步骤决定：

(a) 基于以下条件分布，抽取一个包含与主题 k 语义最相近的单词 w_i 的 must-link，记为 m_i。

$$P(m_i = m|k) \propto P(w_1|k) \times P(w_2|k) \tag{6.9}$$

其中，w_1 和 w_2 是构成 must-link m 的两个单词，其中一个表示 w_i。$P(w|k)$ 表示：在 Gibbs 采样器中给定马尔可夫链的当前状态的情况下，单词 w 在主题 k 下的概率，定义为：

$$P(w|k) \propto \frac{\sum_{w'=1}^{V} \lambda_{w',w} \times n_{k,w'} + \beta}{\sum_{v=1}^{V} \left(\sum_{w'=1}^{V} \lambda_{w',v} \times n_{k,w'} + \beta\right)} \tag{6.10}$$

其中，$n_{k,w}$是指单词w在主题k下出现的次数。β是预定义的Dirichlet超参数。

(b) 提取到must-link m_i之后，创建一组must-link集$\{m'\}$，其中，m'包含must-link图G中的顶点m_i或与m_i相邻的一个顶点。根据must-link图G对边的定义，集合$\{m'\}$中的must-link有可能具有与单词w_i相同的语义。

(c) 将主题k分配给单词w_i的条件概率定义如下：

$$\begin{aligned} & p(z_i = k \mid \boldsymbol{z}^{-i}, \boldsymbol{w}, \alpha, \beta, \lambda) \\ & \propto \frac{n_{d,k}^{-i} + \alpha}{\sum_{k'=1}^{K} (n_{d,k'}^{-i} + \alpha)} \\ & \times \frac{\sum_{\{w', w_i\} \in \{m'\}} \lambda_{w',w_i} \times n_{k,w'}^{-i} + \beta}{\sum_{v=1}^{V} \left(\sum_{\{w',v\} \in \{m_v'\}} \lambda_{w',v} \times n_{k,w'}^{-i} + \beta\right)} \end{aligned} \tag{6.11}$$

其中，n^{-i}是除了z_i当前分配值即$\boldsymbol{z}^{-i}$之外的计数。w表示新文档集合$\mathcal{D}_{N+1}$中的所有文档中的所有单词，w_i是要用z_i表示的主题进行采样的当前单词。$n_{d,k}$表示主题k被分配给文档d中的单词的次数。$n_{k,w}$是指单词w出现在主题k下的次数。α和β是预定义的Dirichlet超参数。K是主题数，V是词汇量。$\{m_v'\}$是根据阶段1的步骤(a)和(b)为每个单词v提取到的must-link集合，该集合在迭代过程中被记录。

阶段2(M-GPU中的步骤5)：这个采样过程遵循以下两个子步骤生成cannot-link：

(a) 对于w_i的每一个语义不相关的单词(记为w_c)，基于以下条件分布对来自主题z_i的单词w_c的一个实例(记为q_c)进行采样，其中z_i表示在阶段1中分配给单词w_i的主题：

$$P(q = q_c \mid z, \boldsymbol{w}, \alpha) \propto \frac{n_{d_c,k} + \alpha}{\sum_{k'=1}^{K} (n_{d_c,k'} + \alpha)} \tag{6.12}$$

其中，d_c表示实例q_c的文档。如果z_i中没有w_c的实例，则跳过步骤(b)。

(b) 对于从阶段2的步骤(a)抽取到的实例q_c，根据下面的条件分布重新提取主题

k(不等于 z_i)：

$$
\begin{aligned}
& P(z_{qc} = k \mid z^{-q_c}, \boldsymbol{w}, \alpha, \beta, \lambda, q = q_c) \\
& \propto \boldsymbol{I}_{[0, p(w_c \mid k)]}(P(w_c \mid z_c)) \\
& \times \frac{n_{d_c, k}^{-q_c} + \alpha}{\sum_{k'=1}^{K} (n_{d_c, k'}^{-q_c} + \alpha)} \\
& \times \frac{\sum_{\{w', w_c\} \in \{m'_c\}} \lambda_{w', w_c} \times n_{d_{k, w'}}^{-q_c} + \beta}{\sum_{v=1}^{V} \left(\sum_{\{w', v\} \in \{m'_v\}} \lambda_{w', v} \times n_{k, w'}^{-q_{c'}} + \beta \right)}
\end{aligned}
\tag{6.13}
$$

其中，z_c(与从(6.11)采样的 z_i 相同)是原始主题分配结果。$\{m'_c\}$是为单词 w_c 采样得到的 must-link 集。上标 $-q_c$ 表示除了原始分配后的计数。$I()$是一个指示器函数，它限制只能将球转移到含有更高比例单词 w_c 的瓮中，如果其他的瓮含有 w_c 的比例都小于 z_c，则保持原始主题分配，即将 z_c 分配给 w_c。

6.4　小结和评估数据集

虽然自 1995 年终身学习起步以来人们一直在研究终身监督学习(LSL)，但是，直到最近也很少有针对终身无监督学习的研究。而主题模型就是一种无监督学习方法。在过去的几年时间里，也有一些关于终身主题建模的文章发表，这些方法都利用了自然语言中跨任务和领域的共享特性。正如前面第 1 章所提到的，自然语言处理(NLP)非常适用于终身学习，因为 NLP 中存在的大量表达、概念和语法结构是跨领域和跨任务共享的。因此，我们相信终身学习会对 NLP 产生重大的影响。

我们在这里还要强调一个问题，这个问题是人们在谈论终身无监督学习时常常问到的，就是说，当面对一个新任务时，我们是否能够将所有过去的数据和当前的数据结合起来，形成一个大数据集来执行这个新任务，以此获得相同甚至更好的结果？这种组合数据的方法可以看作一种简单终身学习形式。但是，这种方法不适用于终身主题建模，原因如下：首先，对于大量不同领域的数据集，存在很多主题，使得用户很难设定主题的数量。其次，不同领域的数据混合在一起导致错误的单词划分并形成不连贯的主题，这样会产生非常糟糕的主题，而针对新领域的真正的主题可能会丢失或者与其他领域的主题混淆。第三，由于新数据只是大数据集中的很小一部分，因此主题建模不会关注那些小部分和特定领域的主题，而只关注那些跨多个领域的大型主题。这样，那些面向特定领域的重要主题就会丢失。

我们在这里给出一些评估数据集，主要是从产品评论中创建的。Chen 和 Liu [2014a]创建了一个包含来自 50 个领域(产品类型)的电子产品在线评论数据集，这些评论都是从 Amazon.com 上抓取的，每个领域都有 1000 条评论。该数据集已在 Chen 和 Liu[2014a]、Wang 等人[2016]的论文中使用。该数据集还有四个较大的评论集合，每个集合中有 10 000 条评论。该数据集是公开可用的[一]。Chen 和 Liu[2014b]在该数据集的基础上增加了另外 50 个领域来对其进行扩展，每个领域都包含对非电子类的产品或领域的评论。一些样例产品领域包括 Bike、Tent、Sandal 和 Mattress，每个领域也包含了 1000 条评论，这个大数据集也是公开的[二]。

[一] https://www.cs.uic.edu/~zchen/downloads/ICML2014-Chen-Dataset.zip
[二] https://www.cs.uic.edu/~zchen/downloads/KDD2014-Chen-Dataset.zip

第7章

终身信息提取

本章关注**终身信息提取**。**信息提取**(Information Extraction,IE)是应用**终身学习**(Lifelong Learning,LL)的一个广阔领域，因为IE的目标是连续提取和积累尽可能多的有用信息和知识。换句话说，提取过程是自然连续和累积的。之前提取的信息可以帮助后面提取更多更高质量的信息[Carlson et al.，2010a；Liu et al.，2016；Shu et al.，2017b]。这些都和LL的目标相匹配。在这种情况下，LL的**知识库**(Knowledge Base,KB)通常会保存提取的信息和一些其他形式的有用知识。

最著名的终身信息提取系统是NELL，即**永不停止语言学习器**(Never-Ending Language Learner,NELL)[Carlson et al.，2010a；Mitchell et al.，2015]。NELL是我们已知的唯一终身半监督学习系统。NELL也是近似LL系统的一个很好的例子。它可能是唯一一个实时的LL系统，从2010年1月起，它一星期7天，一天24小时地读取Web以提取特定类型的信息(或知识)。尽管其他研究者已经通过读取Web并提取各种类型的知识为建立大型知识库做出一些努力，例如，WebKB[Craven et al.，1998]、KonwItAll[Etzioni et al.，2004]和YAGO[Suchanek et al.，2007]，但它们不是LL系统，其中ALICE[Banko and Etzioni，2007]除外。ALICE按LL方式工作，而且是无监督的。它的目标是通过提取信息来构建一个基于概念及其关系的领域理论。ALICE使用一组手工的词库-语法模式(例如，“＜？谷物＞比如荞麦”和“荞麦是一种＜？食物＞”)进行信息提取。ALICE也具有通过**抽象**产生**一般命题**的能力，能够从一组提取的真实实例中推导出一般命题。ALICE的LL特征体现在使用新提取的信息更新当前的领域理论；以及使用每个学习周期的输出来启发子序列学习任务的焦点，即利用早期学习的知识指导这个过程。本章主要介绍NELL和最近出现的一些终身IE技术，例如AER[Liu et al.，2016]和L-CRF[Shu et al.，2017b]。

7.1 NELL：永不停止语言学习器

大部分的人类知识是通过阅读书本和听演讲获得的。遗憾的是，计算机仍然无法通过理解人类语言来阅读书本，从而系统地获取知识。NELL 系统能够通过阅读 Web 文档提取两种类型的知识。从 2010 年 1 月起，它一直不停地阅读 Web 并积累了数百万的附有置信权重的事实(例如，servedWith(tea，biscuits))，这些事实称为**置信**(Belief)，并保存在结构化知识库中。

NELL 是一种终身半监督信息提取系统，它的每个学习任务只有少量的带标记的训练样本，远不足以学习出精确的提取器来提取可靠的知识。没有可靠的知识，LL 是不可能进行下去的，因为在未来的学习中使用错误的知识是非常有害的。正如我们在本书前面几次讨论的那样，识别正确的过去知识是 LL 的主要挑战。NELL 做了一些尝试来解决这个问题，它使用不同类型的数据源来提取不同类型的相关知识，同时约束学习任务，使任务之间可以相互加强或帮助并相互约束，以确保每个任务提取出相对正确或鲁棒的知识。

NELL 的**输入**由以下几部分组成：

1. 一个定义了一组待学习的目标类属和关系的本体(以**谓语**集合的形式)，少量用于每个类属和关系的种子训练样本，以及一组耦合各种类属和关系的约束(例如，人和运动是相互独立的)；

2. 从 Web 爬取的网页，NELL 用其提取信息；

3. 与人类训练者不时地交互，以更正一些 NELL 出现的错误。

有了这些输入，NELL 有两个**目标**：

1. 从网页提取事实以填充初始的本体。具体来说，NELL 连续地提取下面两种类型的信息或知识：

(a) 名词或名词短语的**类属**，例如，洛杉矶是一个**城市**，加拿大是一个**国家**，纽约洋基队是一个**棒球队**[㊀]。

(b) 一对名词短语的**关系**。例如，给定一个大学的名字(例如，Stanford)和一门主修科目(例如，Computer Science)，检查 hasMajor(Stanford，Computer Science)关系是否为真。

㊀ 要了解 Nell 最新学习到的知识，请访问 http://rtw.ml.cmu.edu/rtw/。

2. 学习比昨天更好地完成上述提取任务(也称为阅读任务)，以半监督方式完成学习。

为了完成这些目标，NELL在无限循环中迭代地工作，因此它是**永不停止的**或**终身的**，像一个EM算法。每次迭代都会执行对应这两个目标的两个主要任务：

1. **阅读任务**：即从Web中阅读和提取两种类型的信息或知识，以增长KB中的结构化事实(即置信)。具体来说，首先，NELL的类属和关系提取器建议使用提取的结果来更新KB。然后，**知识集成器**(Knowledge Integrator，KI)模块记录这些单独的建议，在考虑各种一致性约束后，对分配给每个潜在置信的置信度做出最后的决定，然后更新KB。

因为有大量可能的候选置信和大规模的KB，NELL只考虑有最高置信度的置信，这样就可以限制每个提取器或子系统在给定任意循环或任意谓语的情况下只建议有限数量的新候选置信。这使得NELL能够稳妥地进行操作，并且也能够在多次迭代后增加数百万的新置信。

2. **学习任务**：借助于在经过更新的KB中积累的知识和耦合约束，学习更好的阅读技术。阅读得到改进的证据是系统可以更精确地提取更多信息。具体来说，NELL中的学习过程会优化每个学习函数的准确度。训练样本包括：由人工标记的实例(为NELL本体中的每个类属和关系提供的十几个已标记的种子样本)，由NELL的众包网站随着时间的推移所贡献的已标记样本，NELL根据当前的/更新的知识库自标记的训练样本集合，以及大量未标记的Web文本。后两个训练样本集合会随着时间的推移推进NELL的LL和自我提升过程。

由于已标记样本的数量有限，半监督学习的准确度通常较低，NELL通过耦合多个提取器的同步训练来改进提取知识的准确度和质量。这些提取器从不同的数据源进行提取，并使用不同的学习算法得到。这里的基本原理是这些提取器产生的错误是不相关的。当多个子系统产生不相关的错误时，它们全部产生同一个错误的概率非常低，这是独立概率的乘积(把它们作为独立事件)。这些提取器通过耦合约束相连接。就是说，通过耦合多个针对不同类属和关系的提取器的训练可以产生一些约束，然后将这些约束应用于未约束的半监督学习任务，从而可以使这些任务变得更加鲁棒。因此，通过共享 KB 和耦合约束，它们的学习任务可以使用彼此的结果来进行相互指导。

即使有耦合约束和复杂的机制来确保提取的质量，错误仍然会出现，它们可能传播、积累，甚至成倍增加。NELL 通过每天与一些人工训练者交互 10～15 分钟来修正一些错误，从而进一步减轻这个问题，阻止错误的传播和随后产生越来越糟的结果。

7.1.1 NELL 结构

NELL 的结构见图 7.1。NELL 中主要有四个组件：数据源、知识库、子系统组件和知识集成器。

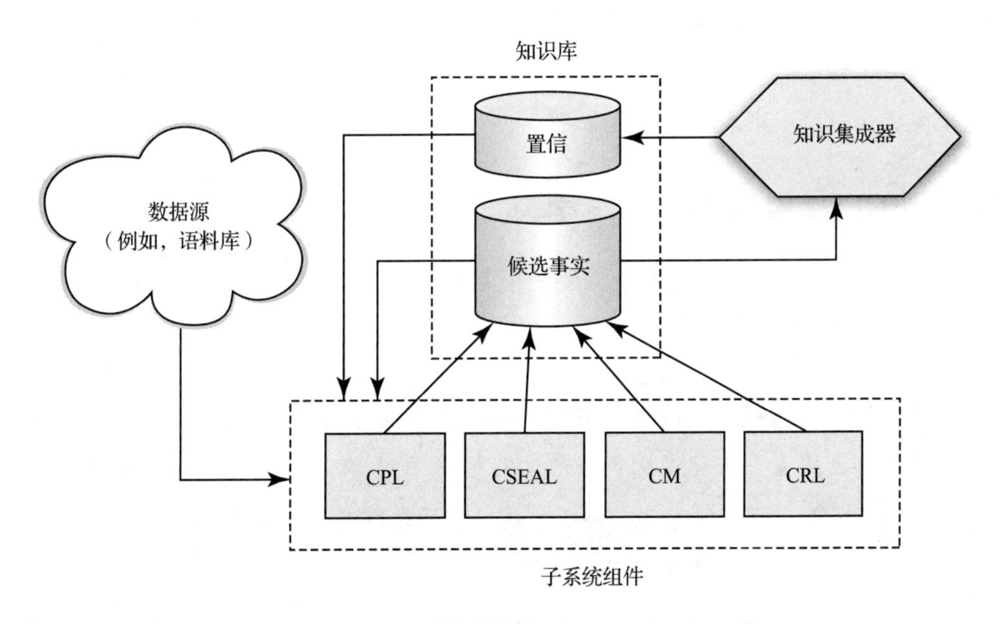

图 7.1 NELL 系统结构[Carlson et al.，2010a]

数据源。因为 NELL 的目标是持续地阅读从 Web 爬取的网页以提取知识，因此，网页是数据源。

知识库。知识库(Knowledge Base，KB)保存所有提取的知识，这些知识被表示为置信。正如上面提到的，知识库中保存两种类型的知识：各种类属和关系的实例。一块知识可以是一个候选事实或一个置信。一个候选事实由子系统组件提取并提出，它可能被提升为一个置信，这由知识集成器决定。

子系统组件。它包含几个子系统，这些子系统是 NELL 的提取器和学习组件。正如前面指出的，在阅读阶段，这些子系统提取并提出要保存在知识库中的候选事实。在学习阶段，它们根据各自的学习方法进行学习，目标是使用当前知识库的状态和耦合约束来改进它们自己。每个子系统是根据不同的提取方法构建的，将数据源的不同部分作为输入。我们将在下一节讨论 CPL、CSEAL、CMC 和 RL 这四个子系统。

知识集成器。**知识集成器**(Knowledge Integrator,KI)控制把候选事实提升为置信的条件。它由一套人工编码的规则组成。具体来说，KI 决定什么样的候选事实可以提升为置信状态。它基于一条硬编码的规则，规则表明来自单一数据源且有高置信度的候选事实(后验概率大于 0.9)可以被提升。如果低置信度的候选事实被多个数据源提出，那么也可以被提升。KI 中也使用了互斥和类型检查约束。尤其是，如果基于 KB 中的现有置信某个候选事实不满足某一约束(互斥或类型检查)，那么它不会被提升。一旦候选事实成为置信，则永远不会被降级。

7.1.2　NELL 中的提取器与学习

从图 7.1 看出，NELL 有四个主要的子系统组件用于执行提取和学习[Carlson et al.，2010a]，我们现在讨论它们：

- **耦合模式学习器**(Coupled Pattern Learner,CPL)：在阅读阶段，CPL 子系统的提取器使用上下文模式从非结构化的免费 Web 文本中同时提取类属和关系实例。开始时，它们是给定的种子模式，之后，则是从先前迭代中学习和提升的模式。“mayor of X”和“X plays for Y”分别是类属和关系提取模式的样例。

  在学习阶段，CPL 通过对每个感兴趣谓语的名词短语和现有上下文模式(都使用词性标注序列来定义)使用基于启发式过程的共现统计来学习这样的模式。学到的模式本质上可以充当根据语义类属来分类名词短语的分类函数[Mitchell et al.，2015](例如，一个可以确定任意给定的名词短语是否是指一个城市的布尔值函数)。谓语之间的关系用于过滤掉太一般的模式。

  还可以使用互斥和类型检查约束来过滤提取和学习的候选实例及模式，以便移除那些可能无效的实例和模式。针对同一个输入 x，互斥约束强制要求互斥的谓语不能同时被满足。例如，x 不能同时是一个人和一辆车。类型检查约束用于使关系提取器(或关系提取的上下文模式)与类属提取器(或类属提取的上下文模式)耦合或者连接起来。例如，给定关系 universityHasMajor(x，y)，x

应该属于**大学**类型/类属，y 应该属于**主修课**类型/类属。否则，这个关系可能是错的。

剩余的候选项使用简单的共现统计和估算的精度进行排序，只有一小部分排序高的候选实例和模式会被提升并保存在知识库中，以备将来使用。有关 CPL 的其他细节，可以参看 Carlson 等人[2010b]的论文。

- **耦合 SEAL(Coupled SEAL，CSEAL)**：CSEAL 是一个提取和学习系统，它使用包装器归纳方法从半结构化的网页中提取事实。它的核心系统是一个现有的包装器归纳系统，称为 SEAL[Wang and Cohen，2009]。SEAL 是基于一个半监督的 ML 模型构建的，这个模型称为**集合扩展**(set-expansion)，也称为**正样本和未标记样本学习**(learning from Positive and Unlabeled examples，PU learning)[Liu et al.，2002]，简称 PU 学习。集合扩展或 PU 学习被定义如下：给定一个特定目标类型(或正样本)的种子集合 S 和一个未标记样本集合 U(通过使用种子查询 Web 获得)，集合扩展的目标是在 U 中识别属于 S 的样本。SEAL 使用**包装器**。对一个类属，它的包装器由字符串定义，字符串指定被提取实体的左上下文和右上下文。实体从类属的 Web 列表和表格中挖掘而来。例如，一个包装器<li class="player arg1"><h4><a href="#">指的是 arg1 应该是一个运动员。如果一个实例在文档中的任意地方都可以与包装器左边和右边的上下文相匹配，那么包装器会提取该实例。关系也以同样的方式被提取。然而，这些谓语的包装器在 SEAL 中是通过独立学习获得的。SEAL 中没有利用互斥和类型检查约束的机制。CSEAL 在 SEAL 上加入了这些约束，因此，如果从包装器提取的候选项违反了互斥和类型检查约束，那么它们就可以被过滤掉。

  同样地，也会对剩余的候选项进行排序，只有少数排序高的候选实例和模式会被提升并保存在 KB 中以备未来使用。有关 CSEAL 的其他细节，请参看 Carlson 等人[2010b]和 Wang 和 Cohen[2009]的论文。

- **耦合形态分类器**(Coupled Morphological Classifier，CMC)：CMC 由一套二元分类器组成，每个类属对应一个分类器，分类器用于确定其他组件/子系统提取的候选事实/置信是否确实属于它们各自的类属。为确保高精准度，系统使用最小 0.75 的后验概率，在每次迭代中对每个谓语最多分类 30 个新置信。所有的分类器均使用 L_2 正则化逻辑回归来构建。特征是各种形态线索，例如，单词、大写、词缀和词性。正训练样本从当前 KB 中的置信获得，负样本是使用互斥约束和 KB 中当前的置信推断出的项。

- **规则学习器(Rule Learner,RuleL)**：RuleL 是一个一阶关系学习系统，与 FOIL 相似[Quinlan and Cameron-Jones，1993]。它的目标是学习概率霍恩子句，并使用它们从 KB 现有的关系中推断出新关系。这种推断能力是 NELL 的一个重要进步，这在当前大多数的信息提取或 LL 系统中是不存在的。

Mitchell 等人[2015]也提出了几个新的子系统组件，例如，**NEIL(Never Ending Image Learner,永恒图像学习器)**，它使用与名词短语相关的视觉图片来分类该名词短语；又例如 OpenEval(一种在线的信息验证技术)，它使用实时 Web 搜索收集名词短语周围的文本上下文分布，以提取谓语实例。关于它们和其他子系统的更多信息，可以参看原论文。

7.1.3 NELL 中的耦合约束

我们已经介绍了两种耦合约束，即互斥和类型检查约束。NELL 也使用几种其他的耦合约束来确保其提取和学习结果的质量或精确度。我们认为耦合约束是 NELL 的一个重要特征和创新，它可以帮助解决 LL 中的一个关键问题，即如何确保学习和提取的知识是正确的(见 1.4 节)。如果对这个问题没有一个合理的解决方案，LL 很难进行，因为随着迭代过程的进行，错误会传播甚至成倍增长。下面是 NELL 使用的其他三种耦合约束。

- **多视图协同训练耦合约束**：在许多情况下，可以从不同的数据源或**视图**中学习到相同的类属或关系。例如，一个谓语实例可以由 CPL 从免费文本中学习获得，也可以由 CSEAL 使用它的包装器从一些半结构化网页中提取得到。这个约束要求两个结果要相互一致。通常，对于提取或学习类属，给定一个名词短语 X，多个使用不同名词短语特征(或视图)集合来预测 X 是否属于类属 Y_i 的函数应该给出相同的结果。相同的思想也适用于关系的提取或学习。
- **子集/超集耦合约束**：当一个新的类属被添加到 NELL 的本体中时，它的父集(超集)也会被指定。例如，“零食”被声明为“食物”的一个子集。如果 X 属于“零食”，那么 X 也应该满足成为“食物”的约束。这个约束就耦合或连接了提取“零食”和提取“食物”的学习任务。

- **霍恩子句耦合约束**：从 FOIL[Quinlan and Cameron-Jones，1993]学习的概率霍恩子句给出另一个基于逻辑的约束集合。例如，由 X 住在芝加哥和芝加哥是美国的一个城市可以推断 X 住在美国(以概率 p)。通常，每当 NELL 学习一个霍恩子句规则以便从 KB 中现有的置信去推断新的置信时，这个规则就会充当耦合约束。

7.2 终身评价目标提取

这一节介绍根据 Liu 等人[2016]的工作将 LL 应用于特定的无监督 IE 任务。IE 任务是从意见文档中提取特征或评价目标，它是情感分析[Liu，2012]中的一个基本任务。它的目的是从意见文本中提取评价目标。例如，从语句“**这个手机有一个好的屏幕，但是它的电池寿命短。**”中应该提取出“屏幕”和“电池寿命”。在产品评论中，特征是产品的属性或特征。

在 Liu 等人[2016]的论文中，一种基于语法依赖的**双重传播**(Double Propagation，DP)[Qiu et al.，2011]方法被用作基础提取方法，它的性能可以被 LL 的能力所增强。DP 基于一个事实，即评价是有目标的，而且情感或意见词(例如，“**图画的质量非常好**”语句中的“非常好”)和目标特征(例如，“图画质量”)之间通常有语法关系。因为语法关系，情感词可以根据已鉴别的特征被识别出，而且特征也可以根据已知的情感词被识别出。提取出的情感词和特征被用于识别新的情感词和新的特征，新的情感词和特征又会被用于提取更多的情感词和特征。当没有更多的情感词或特征被找出时，这种自举的传播过程结束。对提取规则的设计基于由依赖解析所产生的情感词和特征之间的依赖关系。

图 7.2 说明了“**这个手机有一个好的屏幕**”语句中词之间的依赖关系。如果“好”是一个已知的情感词(给定或提取的)，那么被“好”修饰的名词“屏幕”是一个特征，因为它们有依赖关系**形容词修饰**(amod)。从一个给定的情感词种子集合，我们可以根据一个语法规则提取出一个特征集合，这个语法规则可以类似“**如果一个词 A，它的词性(Part-Of-Speech，POS)是单数名词(singular noun，nn)，和一个情感词 O 有依赖关系 amod(即被修饰)，那么 A 是一个特征**”。相似地，我们可以使用这样的规则从提取的特征中提取新的特征和情感词。

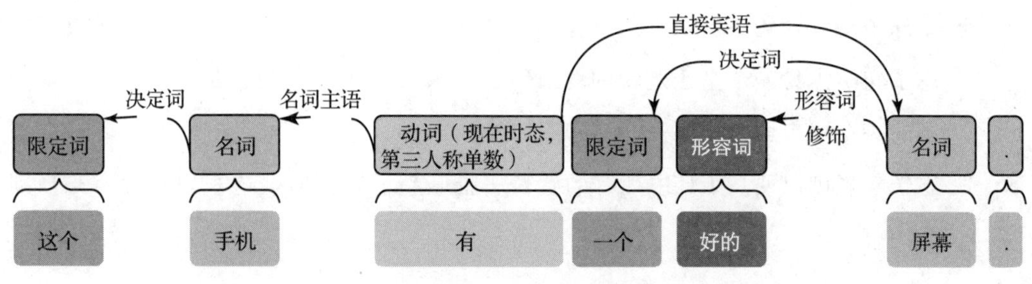

图 7.2 句子“这个手机有一个好的屏幕”的依赖关系

7.2.1 基于推荐的终身学习

尽管基于语法规则的方法(如 DP)是有效的，但仍然有很大的改进空间。Liu 等人[2016]的研究表明，加入 LL 可以显著地改善提取效果。

为实现 LL，Liu 等人[2016]采用了推荐的思想，尤其是**协同过滤**[Adomavicius and Tuzhilin，2005]。这种类型的推荐利用其他用户的行为信息为当前的用户推荐产品/服务。遵循这个思想，Liu 等人[2016]使用大量其他产品(以前任务的数据)的评论信息帮助从当前产品评论(新任务的数据)中提取特征。推荐基于以前任务的数据和提取的结果。这种方法称为**基于推荐的终身 IE(lifelong IE through recommendations)**。该方法使用了两种形式的推荐：(1)**基于语义相似度的推荐**和(2)**基于特征关联的推荐**。

1. 基于语义相似度的推荐旨在使用为了比较相似度而从大量评论语料库中训练得到的词向量来解决 DP 中同义特征缺失的问题。词向量被看作从过去数据中学习的先验或过去的知识。我们来看一个例子：使用 DP 方法，可以从语句“**图片是模糊的**”中提取特征“图片”，但是不会从语句“**手机是好的，但是拍出的照片并不好**”中提取“照片”。一种不能提取“照片”的原因是为了确保高提取精度，许多有用的低精度语法依赖规则都没有被使用。这里提出的基于语义相似度的推荐，可以根据两个词的词向量的语义相似度，使用被提取的特征“图片”去推荐“照片”(“照片”是“图画”的同义词)。

2. 第二种形式的推荐是基于特征的关联性或相关性实现的。这种形式很有用，因为在第一种推荐中，“图片”不能用于推荐特征“电池”，这是它们的语义相似度非常低导致的。使用第二种推荐的思想是许多特征是相关的或跨领域共现的，例如，那些有“图片”特征的产品也有很大的可能会使用电池，因为图片经常是由需要电池的电子设备拍摄的。如果可以发现这样的关联规则，那么可以用它们去推荐其他的特征。为此，这里采用了数据挖掘[Liu，2007]中的关联规则。为了挖掘关联，Liu 等人

[2016]使用了保存在知识库 $\mathcal{S}$ 中来自以前任务的提取结果。

知识库包含两种形式的信息：词向量和从先前/过去任务中提取的结果。

7.2.2 AER 算法

在论文[Liu et al.，2016]中提出的提取算法称为 AER(Aspect Extraction based on Recommendations)，见算法 7.10，它由三个主要的步骤组成：基础提取、特征推荐(它包括 7.2.3 节讨论的知识学习子步骤)和 KB 更新。

步骤 1(基础提取，第 1~2 行)：给定第$(N+1)$个提取任务的新文档数据 $\mathcal{D}_{N+1}$ 和种子意见或情感词集合 $\mathcal{O}$，这个步骤首先使用 DP 方法(DPextract)从高精度规则集 $\mathcal{R}^-$ 中(第 1 行)提取一个初始的特征(或基础)集 $\mathcal{A}^-$。高精度规则集是从 DP 的规则集中通过使用一个开发集评估它们各自的精度选择出来的。因此提取的特征集 $\mathcal{A}^-$ 有非常高的精度，但是它的召回率不高。然后，它使用 DPextract(第 2 行)从一个更大的高召回率规则集 $\mathcal{R}^+$ ($\mathcal{R}^- \subseteq \mathcal{R}^+$)中提取一个特征集 $\mathcal{A}^+$。因此，提取的特征集 $\mathcal{A}^+$ 有非常高的召回率，但是它的精度低。

步骤 2(特征推荐，第 3~7 行)：这个步骤使用 $\mathcal{A}^-$ 作为基础来推荐更多的特征，以提高召回率。为确保推荐质量，Liu 等人[2016]要求被推荐的特征必须来自集合 $\mathcal{A}^{diff} = \mathcal{A}^+ - \mathcal{A}^-$(第 3 行)。如上述提到的，这里采用了两种形式的推荐：使用 Sim-recom(第 4 行)的基于相似度的推荐和使用 AR-recom(第 6 行)的基于关联规则的推荐。将它们各自的结果 $\mathcal{A}^s$ 和 $\mathcal{A}^a$ 与 $\mathcal{A}^-$ 相结合来产生最后的提取结果(第 7 行)。注意，Sim-recom 需要的词向量 $\mathcal{WV}$ 被保存在知识库 $\mathcal{S}$ 中。AR-recom 使用的关联规则 $\mathcal{AR}$ 是从以前任务的提取结果中挖掘出来的，并保存在知识库 $\mathcal{S}$ 中。

步骤 3(知识库更新，第 8 行)：更新知识库 $\mathcal{S}$，这个步骤很简单，因为在论文[Liu et al.，2016]中每个任务来自不同的领域。也就是说，提取的特征集可以简单地加入到知识库 $\mathcal{S}$ 中，以备未来使用。

我们不再进一步讨论步骤 1 和步骤 3，因为它们非常简单明了。我们的关注点是两个推荐方法，我们会在 7.2.4 节对它们进行介绍。为了使推荐能够工作，我们首先需要从词向量 $\mathcal{WV}$ 和关联规则 $\mathcal{AR}$ 方面学习过去的知识，接下来将讨论知识学习。

算法 7.10 AER 算法

输入： 新领域数据 $\mathcal{D}_{N+1}$，高精度特征提取规则 $\mathcal{R}^-$，高召回率特征提取规则 $\mathcal{R}^+$，种子意见词 $\mathcal{O}$，和知识库 $\mathcal{S}$

输出： 提取的特征集 $\mathcal{A}$

1: $\mathcal{A}^- \leftarrow$ DPextract($\mathcal{D}_{N+1}, \mathcal{R}^-, \mathcal{O}$) // $\mathcal{A}^-$: 高精度的特征集
2: $\mathcal{A}^+ \leftarrow$ DPextract($\mathcal{D}_{N+1}, \mathcal{R}^+, \mathcal{O}$) // $\mathcal{A}^+$: 高召回率的特征集
3: $\mathcal{A}^{diff} \leftarrow \mathcal{A}^+ - \mathcal{A}^-$
4: $\mathcal{A}^s \leftarrow$ Sim-recom($\mathcal{A}^-, \mathcal{A}^{diff}, \mathcal{WV}$) // $\mathcal{WV}$是存储在知识库 $\mathcal{S}$ 中的词向量
5: $\mathcal{AR} \leftarrow$ MineAssociationRules($\mathcal{S}$)
6: $\mathcal{A}^a \leftarrow$ AR-recom($\mathcal{A}^-, \mathcal{A}^{diff}, \mathcal{AR}$)
7: $\mathcal{A} \leftarrow \mathcal{A}^- \cup \mathcal{A}^s \cup \mathcal{A}^a$
8: $\mathcal{A} \leftarrow$ UpdateKB($\mathcal{A}, \mathcal{S}$)

7.2.3 知识学习

生成词向量

在 Liu 等人[2016]的论文中，词向量是使用 Mikolov 等人[2013b]论文中的神经网络训练得到的。研究表明，使用这种方法训练的词向量可以有效地进行语义相似度的比较[Mikolov et al.，2013b；Turian et al.，2010]。目前已有一些从 Wikipedia、Reusters News 或 Broadcast News 中训练得到的公开可用的词向量资源，它们可以用于一般的 NLP 任务，例如**词性标注**(POS tagging)和**命名实体识别**(Named Entity Recognition)[Collobert and Weston，2008；Huang et al.，2012；Pennington et al.，2014]。但是 Liu 等人[2016]的初始实验表明，这些词向量对它们的任务来说并不准确。因此，他们使用包含 580 万条评论[Jindal and Liu，2008]的大规模语料来训练词向量。显然，也可以只使用过去领域的数据来训练词向量，但是这篇论文没有尝试这个方法。看到从两个数据源训练的词向量所产生的结果的差异将是很有趣的。注意，在提取中使用词向量可以被认为是一种简单形式的 LL，因为在生成词向量的过程中，主要使用以前任务的数据来学习要在当前提取任务中使用的每个词的丰富表达(词向量)。当系统有更多的数据时，词向量也可以被更新。

挖掘关联规则

关联规则的形式是 $X \rightarrow Y$，其中 X 和 Y 是元素不相交的集合，即我们的例子中的

一个特征集。X 和 Y 分别被称为规则的**先导**(antecedent)和**后继**(consequent)。规则的**支持度**(support)是同时包括 X 和 Y 的事务的数量除以事务的总数，规则的**置信度**(confidence)是同时包括 X 和 Y 的事务的数量除以包含 X 的事务的数量。给定一个事务数据库 DB，一个关联规则挖掘算法会生成满足用户指定的**最小支持度**和**最小置信度**约束的所有规则[Agrawal and Srikant，1994]。DB 包含一个事务集。在我们的例子中，一个事务由从以前的某个领域或任务挖掘出来的所有特征组成，并被保存在知识库 $\mathcal{S}$ 中。关联规则挖掘已经在数据挖掘中得到了深入的研究。

7.2.4 使用过去知识推荐

使用词向量推荐特征

算法 7.11 给出了 Sim-recom($\mathcal{A}^-$，$\mathcal{A}^{diff}$，$\mathcal{WV}$)的细节，它根据使用词向量测量的特征相似度来推荐特征。对 $\mathcal{A}^{diff}$ 中的每个项 t，它可以是一个单词或一个多词短语，如果 t 和 $\mathcal{A}^-$ 中任意项之间的相似度至少是 ϵ(第 2 行)，即 t 非常可能是一个特征并且应该被推荐，那么就把 t 加入到 $\mathcal{A}^s$ 中(第 3 行)。最后的被推荐特征集是 $\mathcal{A}^s$。

第 2 行中的函数 Sim(t，$\mathcal{A}^-$)会返回项 t 和 $\mathcal{A}^-$ 中所有项之间的最大相似度，即

$$\mathrm{Sim}(t,\mathcal{A}^-) = \max\{\mathrm{VS}(\boldsymbol{\phi}_t,\boldsymbol{\phi}_{t_q}):t_q \in \mathcal{A}^-\} \tag{7.1}$$

其中 $\boldsymbol{\phi}_t$ 是 t 的向量，如果 t 和 t_q 均是一个单词，那么 $\mathrm{VS}(\boldsymbol{\phi}_t, \boldsymbol{\phi}_{t_q})$是$\mathrm{VS}^w(\boldsymbol{\phi}_t, \boldsymbol{\phi}_{t_q})$，否则，$\mathrm{VS}(\boldsymbol{\phi}_t, \boldsymbol{\phi}_{t_q})$是 $\mathrm{VS}^p(\boldsymbol{\phi}_t, \boldsymbol{\phi}_{t_q})$。$\mathrm{VS}^w(\boldsymbol{\phi}_t, \boldsymbol{\phi}_{t_q})$和 $\mathrm{VS}^p(\boldsymbol{\phi}_t, \boldsymbol{\phi}_{t_q})$分别计算单词相似度和短语或短语-词相似度。给定两个项 t 和 t'，它们的语义相似度可以使用 $\mathcal{WV}$ 中它们的向量 $\boldsymbol{\phi}_t$ 和 $\boldsymbol{\phi}_{t'}$ 按如下公式计算：

$$\mathrm{VS}^w(\boldsymbol{\phi}_t,\boldsymbol{\phi}_{t'}) = \frac{\boldsymbol{\phi}_t^T\boldsymbol{\phi}_{t'}}{\|\boldsymbol{\phi}_t\| \cdot \|\boldsymbol{\phi}_{t'}\|} \tag{7.2}$$

算法 7.11 Sim-recom 算法

输入： 特征集 $\mathcal{A}^-$ 和 A^{diff}，词向量 $\mathcal{WV}$
输出： 推荐的特征集 $\mathcal{A}^s$

1: **for** each aspect term $t \in \mathcal{A}^{diff}$ **do**
2:     **if** $\mathrm{Sim}(t, \mathcal{A}^-) \geq \epsilon$ **then**
3:         $\mathcal{A}^s \leftarrow \mathcal{A}^s \cup \{t\}$
4:     **end if**
5: **end for**

因为在预训练词向量中没有多词短语的向量，所以使用短语中词的平均余弦相似度来计算短语相似度：

$$\mathrm{VS}^{p}(\boldsymbol{\phi}_{t},\boldsymbol{\phi}_{t'})=\frac{\sum_{i=1}^{L}\sum_{i=1}^{L'}\mathrm{VS}^{w}(\boldsymbol{\phi}_{t_i},\boldsymbol{\phi}_{t'_j})}{L\times L'} \tag{7.3}$$

其中，L 是 t 中单词的数量，L'是 t' 中单词的数量。对多词短语使用平均相似度的原因是要考虑到短语的长度，如果两个短语的长度是不同的，自然会设置较低的相似度值。

使用关联规则推荐特征

算法 7.12 给出 AR-recom 的细节，它根据特征关联规则推荐特征。对于 $\mathcal{AR}$ 中的每个关联规则 r，如果 r 的先导是 $\mathcal{A}^{-}$ 的一个子集(第 2 行)，那么推荐将 $\mathrm{cons}(r)\cap\mathcal{A}^{diff}$ 中的项加入到集合 $\mathcal{A}^{a}$ 中(第 3 行)。函数 ante(r)返回 r 先导中的特征集，函数 cons(r)返回 r 后继中的(候选)特征集。

算法 7.12 AR-recom 算法

输入： 特征集 $\mathcal{A}^{-}$ 和 $\mathcal{A}^{diff}$，关联规则 $\mathcal{AR}$
输出： 推荐的特征集 $\mathcal{A}^{a}$

1: **for** each association rule $r \in \mathcal{AR}$ **do**
2: 　**if** ante(r) $\subseteq \mathcal{A}^{-}$ **then**
3: 　　$\mathcal{A}^{a} \leftarrow \mathcal{A}^{a} \cup (\mathrm{cons}(r) \cap \mathcal{A}^{diff})$
4: 　**end if**
5: **end for**

例如，$\mathcal{AR}$ 中的一个关联规则可能是：**图像，显示→视频，购买**，它的先导包括“图像”和“显示”，后继包括“视频”和“购买”。如果两个词“图像”和“显示”都在 $\mathcal{A}^{-}$ 中，并且只有“视频”在 $\mathcal{A}^{diff}$ 中，那么只有“视频”会被加入 $\mathcal{A}^{a}$ 中。

7.3 在工作中学习

众所周知，大约 70%的人类知识来自“工作中”的学习，只有大约 10%是通过正式的训练学会的，剩余的 20%是通过观察别人学会的。当一个机器学习器在工作中学习时，它必须在模型训练后不断地学习。这一节描述一个简单的方法，该方法在信息提取背景下执行有限形式的在工作中学习[Shu et al., 2017b]。具体来说，该论文表明如果系统已经从许多(过去的)领域完成提取，并且把它们的结果保存为知识，那么**条件随机场**(Conditional Random Fields,CRF)[Lafferty et al., 2001]能够以 LL 的方式使用这些知识在新领域中进行提取，与传统的没有使用这种先验知识的 CRF 相比，它可以更好地进行提取。论文提出的方法称为 L-CRF(lifelong CRF)，它在情感分析中被应用于特征(产品特征/属性)提取。

L-CRF 的主要思想是，即使在有监督的训练模型后，模型仍然可以在测试或应用中改进它的提取。这种改进是可能的，因为相当多的特征是跨领域共享的。这样的共享可以帮助 CRF 在新领域中表现得更好。

L-CRF 的设置如下：一个 CRF 模型 M 已经使用有标记的在线评论数据进行了训练。在一个特定的时间点，M 已经从 N 个以前领域 D_1，…，D_N 的数据(是未标记的)中提取了特征，提取的特征集是 A_1，…，A_N。现在，系统面对一个新领域数据 D_{N+1}。M 可以使用一些 A_1，…，A_N 中**可靠的先验知识**在 D_{N+1} 中进行特征提取，与不使用先验知识相比，它可以更好地进行提取。

7.3.1 条件随机场

CRF 通过学习一个观察序列 $\boldsymbol{x}$ 来估计一个类标序列 $\boldsymbol{y}$：$p(\boldsymbol{y}|\boldsymbol{x};\boldsymbol{\theta})$，其中，$\boldsymbol{\theta}$ 是一个权重集合。设 l 表示序列中的第 l 个位置。CRF 的核心部分是一个特征函数集合 $\mathcal{F}=\{f_h(y_l, y_{l-1}, \boldsymbol{x}_l)\}_{h=1}^{H}$ 及其相应的权重 $\boldsymbol{\theta}=\{\theta_h\}_{h=1}^{H}$。

特征函数：Shu 等人[2017b]使用两种类型的特征函数(FF)。一个是 Label-Label (L2)FF：

$$f_{ij}^{LL}(y_l, y_{l-1}) = 1\{y_l = i\}1\{y_{l-1} = j\}, \forall i,j \in \mathcal{Y} \tag{7.4}$$

其中，$\mathcal{Y}$ 是类标集，$1\{\cdot\}$ 是一个指示函数。另一个是 Label-Word(LW)FF：

$$f_{iv}^{LW}(y_l, \boldsymbol{x}_l) = 1\{y_l = i\}1\{\boldsymbol{x}_l = v\}, \forall i \in \mathcal{Y}, \forall v \in \mathcal{V} \tag{7.5}$$

其中，$\mathcal{V}$ 是词汇表。当第 l 个词是 v，且第 l 个类标是 v 的特定类标 i 时，这个 FF 返回 1，否则返回 0。$\boldsymbol{x}_l$ 是当前的词，被表示为一个多维向量。向量中的每个维度是 $\boldsymbol{x}_l$ 的一个特征。

使用特征集{W，−1W，+1W，P，+1P，G}，其中 W 是单词，P 是它的词性标注，−1W是前一个单词，−1P是它的词性标注，+1W是下一个单词，+1P是它的词性标注，G是泛化的依赖特征。

在Label-Word FF类型下，使用FF的两个子类型：Label-dimension FF和Label-G FF。Label-dimension FF用于前6个特征，Label-G用于特征G。

Label-dimension(Ld) FF定义为

$$f_{iv^d}^{Ld}(y_l, \boldsymbol{x}_l) = 1\{y_l = i\}1\{\boldsymbol{x}_l^d = v^d\}, \forall i \in \mathcal{Y} \forall v^d \in \mathcal{V}^d \tag{7.6}$$

其中，$\mathcal{V}^d$是特征$d \in \{W, -1W, +1W, P, -1P, +1P\}$中的观察值集合，$\mathcal{V}^d$被称为特征$d$的特征值。当$\boldsymbol{x}_l$的特征$d$等于特征值$v^d$且变量$y_l$(第$l$个类标)等于类标值$i$时，公式(7.6)定义的FF会返回1，否则返回0。

接下来，我们描述G和它的特征函数，这也是L-CRF的关键。

7.3.2　一般依赖特征

一般依赖特征G使用泛化的依赖关系。这个特征的有趣之处在于，它能够让L-CRF在测试时使用过去的知识进行序列预测，从而获得更好的性能，这一点很快就会变得清晰。该特征把**依赖模式**作为它的值，依赖模式是从依赖关系中泛化得出的。

变量$\boldsymbol{x}_l$的一般依赖特征(G)有一个特征值集合$\mathcal{V}^G$。每个特征值v^G是一个依赖模式。Label-G(LG) FF定义为：

$$f_{iv^G}^{Lg}(y_l, \boldsymbol{x}_l) = 1\{y_l = i\}1\{\boldsymbol{x}_l^G = v^G\}, \forall i \in \mathcal{Y}, \forall v^G \in \mathcal{V}^G \tag{7.7}$$

当变量x_l的依赖特征等于依赖模式v^G且变量y_l等于类标值i时，FF返回1。

依赖关系

一个依赖关系[⊖]是一个五元组：(*type*，*gov*，*govpos*，*dep*，*deppos*)，其中*type*是依赖关系的类型，*gov*是**支配词**，*govpos*是支配词的词性标注，*dep*是**从属词**，*deppos*是从属词的词性标注。第l个词在依赖关系中既可以是支配词，也可以是从属词。

⊖ 依赖关系是使用Stanford CoreNLP获得的：http://stanfordnlp.github.io/CoreNLP/。

依赖模式

使用下面的步骤可以将依赖关系泛化为**依赖模式**。

1. 对每个依赖关系，使用通配符替换当前的词(支配词或从属词)及其词性标注，因为我们已经有词(W)和词性标注(P)特征。

2. 使用知识类标替换每个依赖关系中的上下文词(除了第 l 个词之外的词)，以构成一个更一般的依赖模式。设训练数据中有标注的特征集为 K^t，如果依赖关系中的上下文词出现在 K^t 中，则用知识类标“A”(特征)替换它；否则，用“O”(其他)替换。

以语句“The battery of this camera is great.”为例，表 7.1 给出该语句的依赖关系。假设当前的词是“battery”，并且“camera”被标注为一个特征，由语法分析器产生的“camera”和“battery”之间原始的依赖关系是(nmod，battery，NN，camera，NN)。注意，在表 7.1 中词的位置没有被用在关系中。由于在依赖关系中当前词的信息(词本身和它的词性标注)是多余的，所以使用一个通配符替换它。此时关系变成(nmod，*，camera，NN)。其次，因为“camera”在 K^t 中，所以“camera”被一个一般类标“A”替换。最后的依赖模式为(nmod，*，A，NN)。

表 7.1 从“The battery of this camera is great.”解析出的依赖关系

索引	单词	依赖关系
1	The	{(*det*，*battery*，2，*NN*，*The*，1，*DT*)}
2	Battery	{(*nsubj*，*great*，7，*JJ*，*battery*，2，*NN*)，(*det*，*battery*，2，*NN*，*The*，1，*DT*)，(*nmod*，*battery*，2，*NN*，*camera*，5，*NN*)}
3	of	{(*case*，*camera*，5，*NN*，*of*，3，*IN*)}
4	this	{(*det*，*camera*，5，*NN*，*this*，4，*DT*)}
5	camera	{(*case*，*camera*，5，*NN*，*of*，3，*IN*)，(*det*，*camera*，5，*NN*，*this*，4，*DT*)，(*nmod*，*battery*，2，*NN*，*camera*，5，*NN*)}
6	is	{(*cop*，*great*，7，*JJ*，*is*，6，*VBZ*)}
7	great	{(*root*，*ROOT*，0，*VBZ*，*great*，7，*JJ*)，(*nsubj*，*great*，7，*JJ*，*battery*，2，*NN*)，(*cop*，*great*，7，*JJ*，*is*，6，*VBZ*)}

我们现在解释为什么依赖模式可以使 CRF 模型能够利用过去的知识，关键在于上述的知识类标“A”，它指出了一个可能的特征。回顾之前，问题的设置是当需要使用一个训练过的 CRF 模型 M 从新领域 D_{N+1} 中提取信息时，我们已经从许多以前的领域 D_1，…，D_N 中进行了提取，并且保存了提取的特征集 A_1，…，A_N。然后，我们可以从 A_1，…，A_N 中挖掘出可靠的特征，并把它们加入 K^t 中，由于特征的跨领域共享，

这会在新数据 D_{N+1}的依赖模式中加入许多知识类标。这将丰富依赖模式的特征，从而允许从新领域数据 D_{N+1}中提取更多的特征。

7.3.3 L-CRF 算法

我们现在介绍 L-CRF 算法。由于针对一般依赖特征的依赖模式不使用任何实际的词，并且还使用先验知识，因此这些模式对于跨领域提取来说非常有效(在训练中不使用测试领域)。

设 K 是使用 CRF 模型 M 从在过去领域数据中所提取的特征中挖掘出的**可靠特征**集。注意，这里假设 M 已经使用一些已标记的训练数据 D^t 进行了训练。起先，K 是 K^t(在训练数据 D^t 中所有已标注的特征的集合)。M 在越多的领域使用过，就会提取越多的特征，得到的集合 K 就会越大。当面对一个新领域 D_{N+1}时，正如在前面小节解释过的，由于有更多的知识类标“A”，K 允许一般依赖特征生成更多与特征相关的依赖模式。因此，CRF 有更多丰富的特征来产生更好的提取结果。

L-CRF 分两个阶段工作：**训练阶段**和**终身提取阶段**。在训练阶段，使用训练数据 D^t 训练 CRF 模型 M，这与正常的 CRF 训练一样，我们不再进一步讨论。在终身提取阶段，使用 M 从新的领域中提取特征(M 保持不变，领域数据是未标记的)，领域的所有结果保存在过去特征仓库 S 中。在特定的时间，假设 M 已经在 N 个过去的领域中进行了训练，现在面对第 $N+1$ 个领域。L-CRF 使用 M、从 S 中挖掘出的可靠特征(标记为 K_{N+1})和 K^t($K=K^t\cup K_{N+1}$)在 D_{N+1}中进行提取。注意，来自训练数据的特征 K^t 总是被认为是可靠的，因为它是手动标记的，因此它是 K 的一个子集。由于存在许多提取错误，不是所有从过去领域提取的特征都可以作为可靠的特征来使用，但是，那些出现在多个过去领域的特征更有可能是正确的。因此，K 包含那些在 S 中频繁出现的特征。算法 7.13 展示了终身提取阶段的算法。

终身提取阶段：算法 7.13 在 D_{N+1}上迭代地进行提取。

1. 它在数据 D_{N+1}上生成特征(F)(第 3 行)，并在 F 上应用 CRF 模型 M 产生特征集 A_{N+1}(第 4 行)。

2. 将 A_{N+1}加入过去的特征仓库 S 中。然后从 S 中挖掘一个频繁特征集 K_{N+1}。频繁阈值是 λ。

3. 如果 K_{N+1} 与前一个迭代得到的 K_p 一样，则算法终止，因为没有新的特征被发现。之所以采用迭代过程，是因为每轮提取都会产生新的结果，这可能会增加 K 的规模，即增加可靠的过去特征或过去知识的规模。增加的 K 可能产生更多依赖模式，从而产生更多的提取。

4. 否则：发现其他可靠的特征。M 可能在下一次迭代中提取其他的特征。第 10 和 11 行为下一次迭代更新两个集合。

算法 7.13 L-CRF 的终身提取

```
1:  K_p ← ∅
2:  loop
3:    F ← FeatureGeneration(D_{N+1}, K)
4:    A_{N+1} ← Apply-CRF-Model(M, F)
5:    S ← S ∪ {A_{N+1}}
6:    K_{N+1} ← Frequent-Aspects-Mining(S, λ)
7:    if K_p = K_{N+1} then
8:      break
9:    else
10:     K ← K^t ∪ K_{N+1}
11:     K_p ← K_{N+1}
12:     S ← S − {A_{N+1}}
13:   end if
14: end loop
```

论文对 L-CRF 方法进行了评估并将其与基本方法进行比较。实验结果表明，在跨领域设置下，其中数据的一个领域用于训练，其他领域用于测试最终的模型，L-CRF 的性能明显优于 CRF。在领域内的设置下，其中训练和测试数据均来自同一个领域，它也比 CRF 表现得更出色。

在本节末尾，我们想指出本节介绍的方法有很大的限制，因为方法并不更新或改进模型本身。此外，在工作中学习也有许多类型。例如，第 8 章以及(在很大程度上)第 5 章解决的问题也可以被认为是在工作中学习，因为它们都涉及在处理应用的同时进行学习。

7.4 Lifelong-RL：终身松弛标记法

在 Shu 等人[2016]的论文中，作者提出了**终身松弛标记**(lifelong relaxation labeling)方法，称为 Lifelong-RL，该方法将 LL 引入**松弛标记法**[Hummel and Zucker，1983]，以实现置信度传播。Lifelong-RL 应用于情感分析任务。这一节给出 Lifelong-RL 的综述，但将首先介绍松弛标记算法，然后简单描述如何在松弛标记法中加入 LL 能力。关于该方法在情感分析任务中的应用，请参考原论文。

7.4.1 松弛标记法

松弛标记法是基于图的无监督标签传播算法，它迭代地工作。图由节点和边组成，每条边表示两个节点之间的二元关系。图中的每个节点 n_i 和一个类标集 Y 上的多项分布 $P(L(n_i))$($L(n_i)$是 n_i 的类标)相关联。每条边与两个条件概率分布 $P(L(n_i)|L(n_j))$ 和 $P(L(n_j)|L(n_i))$ 相关联，其中 $P(L(n_i)|L(n_j))$ 表示类标 $L(n_j)$ 如何影响类标 $L(n_i)$，反之亦然。节点 n_i 的邻居 $Ne(n_i)$ 和一个权重分布 $w(n_j|n_i)$ 相关联，其中 $\sum_{n_j \in Ne(n_i)} w(n_j|n_i)=1$。

给定这些量的初始值作为输入，松弛标记法会迭代地更新每个节点的类标分布直到收敛。初始时，我们有 $P^0(L(n_i))$。设 $\Delta P^{r+1}(L(n_i))$为$P(L(n_i))$在第 $r+1$ 轮迭代时的变化量。给定在第 r 轮迭代的 $P^r(L(n_i))$，$\Delta P^{r+1}(L(n_i))$的计算公式为：

$$\Delta P^{r+1}(L(n_i)) = \sum_{n_j \in Ne(n_i)} ((w(n_j|n_i) \times \sum_{y \in Y} P(L(n_i)|L(n_j) = y) \times P^r(L(n_j) = y)) \tag{7.8}$$

然后，在第 $r+1$ 轮迭代中，使用如下公式计算更新的类标分布 $P^{r+1}(L(n_i))$：

$$P^{r+1}(L(n_i)) = \frac{P^r(L(n_i)) \times (1 + \Delta P^{r+1}(L(n_i)))}{\sum_{y \in Y} P^r(L(n_i) = y) \times (1 + \Delta P^{r+1}(L(n_i) = y))} \tag{7.9}$$

一旦松弛标记结束，节点 n_i 的最终类标即为其概率最高的类标：

$$L(n_i) = \underset{y \in Y}{\operatorname{argmax}}(P(L(n_i) = y))$$

注意，$P(L(n_i)|L(n_j))$和 $w(n_j|n_i)$在每次松弛标记迭代中不更新，只有 $P(L(n_i))$更新。$P(L(n_i)|L(n_j))$、$w(n_j|n_i)$和 $P^0(L(n_i))$由用户提供，或者根据应用的上下文计算得到。松弛标记法使用这些值作为输入，并根据公式(7.8)和(7.9)迭代地更新 $P(L(n_i))$直到收敛。下面讨论如何在松弛标记中加入 LL。

7.4.2 终身松弛标记法

对于 LL，像往常一样，我们假设在任意时刻，系统已经处理过 N 个过去领域的数据 $\mathcal{D}^p=\{\mathcal{D}_1, \mathcal{D}_2, \cdots, \mathcal{D}_N\}$。对于每个过去的领域数据$\mathcal{D}_i\in\mathcal{D}^N$，已经应用了相同的 Lifelong-RL 算法，而且它的结果已经保存在知识库(KB)中。然后，该算法可以使用 KB 中一些有用的先验/过去知识帮助在新/当前领域 $\mathcal{D}_{N+1}$进行松弛标记。在生成当前领域的结果之后，也将其加入 KB 中，以备未来使用。

现在我们讨论可以从以前的任务获得并被保存在 KB 中的特定类型的信息或知识，它们可以用于帮助未来的松弛标记。

1. **先验边**：在许多应用中，图是没有给出的，而需要根据新任务/领域数据 $\mathcal{D}_{N+1}$ 的数据进行构建。然而，由于 $\mathcal{D}_{N+1}$中的数据有限，节点之间本应该存在的一些边没有从这些数据中提取出来。但是，节点之间的这些边可能存在于一些过去的领域数据中，因此可以借用那些边及其关联的概率。
2. **先验类标**：新任务/领域中的一些节点也可能存在于一些以前的任务/领域中。它们在过去领域的类标与在当前领域的类标很可能是一样的。那么，这些先验类标可以让我们更好地了解这些节点在当前领域 $\mathcal{D}_{N+1}$中的初始类标概率分布。

为了利用来自过去领域的那些边和类标，系统需要确保它们可能是正确的，并适用于当前的任务。这是一个有挑战的问题。读者如感兴趣，请参考原论文[Shu et al.，2016]。

7.5 小结和评估数据集

信息提取是一个自然的持续过程，因为总是有知识需要提取。之前提取的知识也自然可以帮助后面的提取。本章首先描述著名的 NELL 系统，它是终身半监督信息提取系统的一个优秀例子。我们介绍了它的关键思想、架构和各种子系统与算法。我们的介绍并不是全面的，因为论文没有为系统的许多具体方面给出深入的处理方法。这个系统也是持续进化的，它会变得越来越强大。关于 NELL 非常有价值的地方是，它可能是唯一一个可以从 Web 上的非结构化文本和半结构化文档中提取信息的永不停歇或持续学习的系统。我们认为应该构建更多这样的实际 LL 系统来真正地持续学习、积累知识和解决问题。这样的系统使得研究者能够获得LL在实际应用中如何工作及其面临的技术挑战是什么的真正见解，这些见解会帮助我们设计出更好、更实用的LL系统和技术。

本章也介绍了其他三篇论文。一篇是关于使用LL提取评价目标(或特征)的，它的LL思想基于多领域推荐，本质上是元挖掘方法。一篇是关于建立模型后的学习，这是一个新思想，因为在传统学习中，一个模型在建立后，仅仅会被使用在应用中，而在应用过程中不会再进一步学习。最后，本章介绍了一个基于LL的置信传播方法，在这里，我们可以看出，过去的知识可以提供更准确的先验概率，也可以帮助扩展图本身，为更准确的传播提供更多的信息。

关于实验数据，NELL使用从Web中持续爬取的网页，其他的论文使用产品评论，产品评论数据在第6章的最后一节已经列出。两个数据集用于评估Liu等人[2016]和Shu等人[2017b]提出的方法。它们都是标注特征数据集，而且是公开可用的。一个数据集有五个评论集，另一有三个评论集[Liu et al.，2015a][⊖]。

⊖ https://www.cs.uic.edu/~liub/FBS/sentiment-analysis.htm

聊天机器人的持续知识学习

本章将讨论一个新兴的研究课题：聊天机器人的**终身互动知识学习**（lifelong interactive knowledge learning）[Mazumder et al.，2018]。在互动环境中不断学习是人类的一项关键技能，因为世界过于庞大而复杂，人类无法仅通过传授或指导来了解其全部。事实上，我们人类很大程度上是通过与其他人和周围环境的互动来学习大量知识的，因为这些人和环境可以不断给予我们明确和隐含的反馈。这种学习过程称为**自我监督**（self-supervised），因为它不需要人工注释/标记的训练数据。对于聊天机器人而言，终身互动学习至关重要，其原因是，为了使聊天机器人在人机对话中实现真正的智能，它必须不断学习新知识来改进自己，并理解谈话对象的每一句话。请注意，我们使用术语**“聊天机器人”**（chatbots）来指代各种会话智能体，如对话系统和问答系统。

聊天机器人在人工智能（AI）和自然语言处理（NLP）方面有着悠久的历史。随着一些聊天机器人或虚拟助手（如 Echo 和 Siri）在商业上取得成功，这些聊天机器人在过去的几年时间里越来越受欢迎，获得了大量的关注。大量的聊天机器人已经被开发或正在被开发，许多研究人员也在积极研究其中的各种技术。

早期的聊天机器人系统主要使用诸如 AIML[⊖]之类的标记语言、手工制定的对话生成规则以及信息检索等技术[Ameixa et al.，2014；Banchs and Li，2012；Lowe et al.，2015；Serban et al.，2015]。最近的神经对话模型[Li et al.，2017b；Vinyals and Le，2015；Xing et al.，2017]能够实现一些有限的开放式对话。然而，由于这些模型不使用显式知识库（KB）且无推理过程，因此通常得不到研究人员的青睐[Li et al.，2017a；Xing et al.，2017]。最近，Ghazvininejad 等人[2017]和 Le 等人[2016]提出使用知识库来帮助生成以知识为基础的对话响应。然而，现有聊天系统的一个主要缺点是无法在对话过程中学习新知识，就是说，它们的知识是预先固定并且在对话过程中无法被扩展或更新的，这严重限制了聊天系统的应用范围。即使一些现有系统可

⊖ https://www.alicebot.org/

以使用非常大的知识库，这些知识库仍然会遗漏大量事实(知识)[West et al.，2014]。因此，聊天机器人在对话过程中不断学习新知识，以扩展其知识库并提高其会话能力是非常重要的，就是说，应该在工作中学习。

由于该新兴领域的相关研究工作较少，本章只介绍其中一项关于为聊天机器人构建终身互动知识学习引擎的研究[Mazumder et al.，2018]。该引擎的目标是在交互式对话过程中学习一种称为**“事实性知识”**(factual knowledge)的特定知识类型。我们将以下这样一种知识称为**“事实”**(fact)，并将其表示为一个三元组：(s，r，t)，其中，源实体s和目标实体t之间存在关系r。例如，(Obama，CitizenOf，USA)是指奥巴马是美国公民。

8.1 LiLi：终身交互学习与推理

Mazumder等人[2018]将交互式知识学习建模为**开放世界知识库完备化**(open-world knowledge base completion)问题，这是对传统的**知识库完备化**(Knowledge Base Completion，KBC)的扩展。KBC旨在根据给定知识库中的现有事实自动推断新事实(知识)，它被定义为一个二元分类问题，即给定一个查询三元组(s，r，t)，我们预测源实体s和目标实体t是否可以通过关系r进行链接。之前的研究工作[Bordes et al.，2011，2013；Lao et al.，2011，2015；Mazumder and Liu，2017；Nickel et al.，2015]通常在**封闭世界**(closed-world)的假设下解决这个问题，就是说，s、r和t在知识库中都是已知的。该假设条件也是研究工作中的一个主要缺陷，因为这意味着没有新的知识或事实可能包含未知的实体或关系。由于这种限制，KBC无法在对话过程中进行知识学习，因为在对话过程中，用户谈话的内容可能包含现存知识库中所不包含的实体或关系。

Mazumder等人[2018]则去掉了传统KBC中所做的封闭世界的假设，允许所有三元组中的s、r和t都是未知的。这个新的问题称为**开放世界知识库完备化**(Open-world Knowledge Base Completion，OKBC)。OKBC概括了KBC，并且很自然地成为在对话中进行知识学习的模型。从本质上讲，OKBC是对话中知识学习和推理问题的抽象，从而使得问题在开放式和交互式对话过程中得以解决。

上述论文指出，在一组对话中可以从用户话语中提取两种关键类型的事实性信息：真实性事实和查询。查询是需要确定其真假值的事实。这项研究工作不涉及信仰和意见等主观信息。这篇论文没有对自然语言文本(用户话语)中的事实或关系提取进行研究，因为在自然语言处理(NLP)中已有针对此类主题的大量研究，因此他们假定提取系统是已有的。

Mazumder 等人[2018]主要处理以下两类信息。对于真实事实，要将其合并到知识库中。在这里，系统需要确定这部分信息之前不在知识库中，这涉及关系解析和实体链接。该论文同样假定这部分工作可以使用现有系统完成。在将事实添加到知识库之后，就可以预测涉及一些知识库中已有关系的相关事实也是真实的。例如，如果用户说“Obama was born in USA”，那么系统可以基于当前的知识库推测(Obama，CitizenOf，USA)(意味着奥巴马是美国公民)。为了验证这一事实，它需要将(Obama，CitizenOf，USA)视为一个查询来解决 KBC 问题。之所以这是一个 KBC 问题，因为从原始句子中提取的事实(Obama，BornIn，USA)已被添加到知识库中，然后“Obama”和“USA”都在知识库中。如果 KBC 问题得到解决，除了提取出(Obama，BornIn，USA)这个事实之外，系统还学到了一个新的事实(Obama，CitizenOf，USA)。对于从用户问题“Was Obama born in USA?”中提取出来查询事实(Obama，BornIn，USA)，如果“Obama”，“BornIn”或“USA”都不存在于知识库中，系统则需要解决 OKBC 问题。

可以看出，OKBC 是面向谈话的知识学习引擎的核心问题。因此，Mazumder 等人[2018]专注于解决 OKBC 问题。它假定其他任务(如事实/关系的提取与解析，以及从已提取的事实中推断其他相关事实等)可以由其他子系统或现有算法解决。

这篇论文通过模仿人类如何在交互式对话中获取知识和进行推理来解决 OKBC 问题。每当我们在响应查询时遇到未知的概念或关系，就会使用现有知识进行推理。如果利用我们的知识无法得到结论，我们就会向其他人提问以获取相关知识并用其进行推理。这个过程通常涉及**推理策略**(inference strategy)，是一系列**“处理”**(processing)和**“交互”**(interactive)交错进行的动作。处理动作可以是选择相关事实、推导推理链等，这可以推进推理过程。交互动作可以决定要问什么，提出一个合理的问题等，这使我们能够实现交互。随着时间的推移，该过程帮助实现知识增长，并且新获得的知识使系统在未来能够更好地进行沟通，这个过程称为**终身交互学习和推理**(Lifelong interactive Learning and inference,LiLi)。其终身学习的特征反映在以下事实上：新获得的事实被保留在知识库中并在未来查询时用在推断中，并且积累的知识、更新的 KB、过去的推断效果都会被用于指导未来的交互和学习。LiLi 具有以下功能：

1. 为**嵌入处理**和**交互**行为的给定查询**制定推理策略**；

2. **学习交互行为**(决定问什么和什么时候问)；

3. 在当前和未来的推理过程中**利用所获得的知识**；

4. **以终身的方式执行 1、2 和 3**，以便进行持续的知识学习。

LiLi 从封闭世界的 KBC 方法**路径排名**(Path-Ranking，PR)开始[Gardner and Mitchell，2015；Lao et al.，2011]，并将 KBC 扩展到开放世界知识库完备化(OKBC)。对于关系 r，PR 的工作原理是枚举知识库中所有由 r 链接的实体对之间的路径(除了单链路径 r)，并将这些路径作为特征来训练一个二元分类器，用于预测一个查询(s，r，t)是否存在于知识库中。这里，两个实体之间的路径是连接它们的关系序列。在 Mazumder 等人[2018]中，最新版的 PR 方法(即 C-PR[Mazumder and Liu，2017])被使用和扩展到开放式环境中工作。C-PR 通过在知识库图像上执行双向随机游走，以及利用"源-目标"实体对来枚举路径。它还采用并扩展了 Neelakantan 等人[2015]和 Das 等人[2016]提出的组合向量空间模型，使之具有持续的预测学习能力。

User:	(Obama, CitizenOf, USA)? "Is Obama a citizen of USA?" [Query]
LiLi:	I do not know what "**CitizenOf**" mean? Can you provide me an example? [*Ask for Clue*]
User:	(David Cameron, CitizenOf, UK). "David Cameron is a citizen of UK." [SF1]
LiLi:	Got it. Can you tell me how "**Obama**" and "**Honolulu**" are related? [*CLQ*]
User:	(Obama, BornIn, Honolulu). "Obama was born in Honolulu." [SF2]
LiLi:	Got it. Can you tell also me how "**Honolulu**" and "**Hawaii**" are related? [*MLQ*]
User:	(Honolulu, CapitalOfState, Hawaii). "Honolulu is the state capital of Hawaii." [SF3]
LiLi:	(Obama, CitizenOf, USA) is correct. [Answer]

图 8.1　交互推理和学习的例子。请注意，LiLi 只针对三元组，假设上面每一个三元组都是由其后的句子提取得到

给定一个 OKBC 查询(s，r，t)(如(Obama，CitizenOf，USA)表示奥巴马是美国公民)，LiLi 通过**动态**地制定问题来与用户交互(如果需要的话)(参见图 8.1 中的交互示例[㊀])，并利用交互获取的知识(图中的支持事实(SF))进行持续推断。为此，LiLi 制

㊀ 注意，因为这篇文章没有构建会话系统，所以用户查询和系统返回都表示为三元组。它只建立一个核心知识获取引擎。并且，查询有可能来自用户或系统，例如问答系统或会话系统已经抽取了候选事实，希望验证该事实并将其添加到 KB 中。该文章没有讨论查询事实已在 KB 中的情况，因为这很容易验证。并且，因为该工作侧重于知识学习和推理，而不是会话建模，因此它只是简单地使用基于模板的问题生成过程来为 LiLi 与用户的交互建模。

定一个面向查询的推理策略并执行。LiLi 是在强化学习(RL)的环境中设计的，它执行一系列子任务，例如制定和执行策略、训练用于推理的预测模型以及保留用于将来使用的知识。通过使用两个标准的真实知识库(Freebase ⊖和 WordNet⊖)，LiLi 的有效性得到了经验上的验证。

8.2 LiLi 的基本思想

如上所述，OKBC 自然地成为在会话中进行知识学习的模型。现在的问题是如何解决 OKBC 问题。Mazumder 等人[2018]的核心思想是通过询问用户问题与用户产生交互从而将 OKBC 映射到 KBC，而 KBC 已经有了解决方案，例如 C-PR。

将开放环境映射到封闭环境。显然，封闭式模型 KB 无法解决开放式 OKBC 问题。例如，当 s、r 或 t 中的任何一个未知时，C-PR 无法提取路径特征并学习预测模型。LiLi 则通过交互式的知识获取方式来解决这个问题。如果 r 是未知的，LiLi 要求用户提供线索(r 的样例)。如果 s 或 t 未知，LiLi 要求用户提供一个链接(关系)来将未知实体与知识库中的(自动选择的)已知实体连接起来。这样的查询被称为**连接链路查询**(**Connecting Link Query, CLQ**)。获取的知识基本可以使 s、r、t 在知识库中变为已知，从而将 OKBC 简化为 KBC，使 C-PR 推理任务可以执行。

LiLi 被设计为两个互连模型的组合：

1. 一个是 RL 模型，它为执行 OKBC 任务而学习制定一个特定于查询的推理策略。LiLi 的策略制定被建模为一个具有有限状态($\mathcal{S}$)和行动($\mathcal{A}$)空间的**马尔可夫决策过程**(**Markov Decision Process, MDP**)。一个状态 $\mathcal{S}$ 由 10 个二进制状态变量(表 8.1)组成，每个二进制状态变量跟踪 LiLi 采取的动作$a \in \mathcal{A}$(表 8.2)的结果，从而记录迄今为止在推理过程中所取得的进展。我们可以看到表 8.2 中的用户交互动作，这样就可以将 OKBC 问题转化为 KBC 问题。我们使用包含 ε-greedy 策略的 RL 算法 Q-learning [Watkins and Dayan，1992]来学习训练 RL 模型的最优策略。

2. 一个是终身预测模型，与在 C-PR 中一样，将为每个关系学习一个该模型，用于判断一个三元组是否应该在知识库中该判断将在执行推理策略时由某个动作调用。

⊖ https://everest.hds.utc.fr/doku.php?id=en:smemlj12

LiLi 使用深度学习来构建这个模型。由于模型仅在少量样例(例如，针对未知 r 获得的线索)和神经网络模型的随机初始化权重上进行训练，通常由于数据不够而表现不佳，因此它以 LL 的方式从过去最相似(关于 r)的任务中迁移知识(权重)。LiLi 使用关系实体矩阵 M 来找到 r 的过去最相似的任务(后面介绍)，详情请见 Mazumder 等人[2018]。

这个框架通过用户交互和知识保留来提高性能，与现有的 KB 推理方法相比，LiLi 克服了 OKBC 的以下两个挑战：

1. **KB 的弊端**。所有 PR 方法(如 C-PR)的主要问题是 KB 图像的连通性。如果图中 s 和 t 之间没有连接的路径，则 C-PR 的路径枚举将无法实现，也无法执行推理。在这种情况下，LiLi 使用一个模板关系(“@-?-@”)作为连接实体对的**缺失链接**(missing link)标记并继续进行特征提取。包含“@-?-@”的路径称为**不完整路径**(incomplete path)。因此，提取出来的特征集将包含完整路径(无缺失链接)和不完整路径。接下来，LiLi 从特征集中选择一条不完整路径，并要求用户提供链接来补全路径。这种查询称为**缺失链接查询**(Missing Link Query，MLQ)。

2. **用户知识的局限性**。如果用户无法响应 MLQ 或 CLQ，LiLi 将使用**猜测机制**(guessing mechanism)来补全路径。这使得在用户无法回答系统问题的情况下，LiLi 仍然能够继续进行推断。

表 8.1　状态位及其含义

状态位	名称	描述
QERS	搜索的查询实体和关系	查询源(s)、目标实体(t)、查询关系(r)是否已在 KB 中
SEF	找到的源实体	是否在 KB 中找到源实体(s)
TEF	找到的目标实体	是否在 KB 中找到目标实体(t)
QRF	找到的查询关系	是否在 KB 中找到查询关系(r)
CLUE	线索位集	当前查询是否是一个线索
ILO	交互限制结束	查询的交互限制是否结束
PFE	路径特征提取	是否已完成路径特征提取
NEFS	非空特征集	提取的特征集是否为空
CPF	找到完整路径	提取的路径是否完整
INFI	推理调用	是否已调用推理指令

表 8.2 动作及说明

ID	说明
a_0	在 KB 中搜索源(h)、目标实体(t)和查询关系(r)
a_1	要求用户提供查询关系 r 的示例/线索
a_2	要求用户提供路径特征完备的缺失链接
a_3	要求用户提供连通的链接来将一个新实体扩充到 KB 中
a_4	使用 C-PR 提取源(s)和目标实体(t)之间的路径特征
a_5	将查询数据实例存储在数据库中并调用预测模型进行推理

8.3 LiLi 的组件

由于 LL 需要保留从过去任务中学到的知识，并将其用于帮助未来的学习，因此 LiLi 需要使用一个**知识库**(Knowledge Store，KS)来存储知识。KS 有四个组成部分：

1. **知识图(G)**：G(KB)用基础的 KB 三元组进行初始化，并随着时间的推移利用已获得的知识进行扩展和更新。

2. **关系-实体矩阵($\mathcal{M}$)**：$\mathcal{M}$ 是一个稀疏矩阵，其中行表示关系，列表示实体对，供预测模型使用。给定一个三元组(s，r，t)$\in G$，则 $\mathcal{M}[r,(s,t)]=1$ 表示(s，t)之间存在关系 r。

3. **任务经验存储($\mathcal{T}$)**：$\mathcal{T}$存储 LiLi 在过往任务中的预测效果，表示为衡量二元分类质量的**马修斯相关系数**(Matthews Correlation Coefficient，MCC[1])。因此，对于两个任务 r 和 r'(每个关系表示一个任务)，如果$\mathcal{T}[r]>\mathcal{T}[r']$[其中$\mathcal{T}[r]=MCC(r)$]，则表示 C-PR 学习 r 的性能优于学习 r'的性能。

4. **不完整的特征 DB(Π_{DB})**：在Π_{DB}中，以(r，π，e_{ij}^{π})的形式存储了不完整路径 π 的出现次数，并用于制定 MLQ。$\Pi_{DB}[(r,\pi,e_{ij}^{\pi})]=N$ 表示 LiLi 已经为查询关系 r 提取了 N 次关于实体对 $e_{ij}^{\pi}[(e_i,e_j)]$的不完整路径 π。

只要遇到未知状态(在测试中)，即使在训练之后，RL 模型也会学习，因此它能够随着时间的推移而不断更新。而知识库也随着 LiLi 的不断执行而持续更新，并用于未来的学习。当我们将知识(参数值)从过去最相似任务迁移到当前任务中时，预测模

[1] https://en.wikipedia.org/wiki/Matthews_correlation_coefficient

型就会使用终身学习(LL)。而判定任务的相似性是通过分解 $\mathcal{M}$ 并计算任务相似性矩阵 $\mathcal{M}_{sim}$ 来进行的。除了 LL 之外，LiLi 还使用任务经验存储 $\mathcal{T}$ 来识别学习性能不佳的任务，并通过获取更多的相关信息实现持续改进。

LiLi 还使用一个称为**推理堆栈**(Inference Stack，$\mathcal{IS}$)的堆栈来保存强化学习(RL)的查询及其状态信息。LiLi 总是优先处理堆栈顶部($\mathcal{IS}$[top])。在策略执行期间，用户反馈的线索总是存储在 $\mathcal{IS}$ 顶部，并优先处理。因此，对于一个查询，首先学习关系 r 的预测模型，然后进行推断，从而将 OKBC 问题转换为 KBC 问题。

8.4 运行示例

关于 LiLi 的工作原理详情，请参考 Mazumder 等人[2018]。这里我们通过图 8.1 中的例子给出一个运行示例。LiLi 的运行原理如下：首先，LiLi 执行 a_0 并检测到源实体“Obama”和查询关系“CitizenOf”是未知的。于是，LiLi 执行 a_1 以获取“CitizenOf”的线索(SF1)，并将线索(+ve 示例)和两个生成的−ve 示例推送到 $\mathcal{IS}$ 中。一旦线索得到处理，并且通过为“CitizenOf”制定单独的策略来训练预测模型，LiLi 就会理解“CitizenOf”的含义。现在，由于线索已经从 $\mathcal{IS}$ 中弹出，因此查询变为 $\mathcal{IS}$[top]，查询的策略制定过程重新开始。接下来，LiLi 通过执行 a_3 要求用户为“Obama”提供连通的链接。现在，查询实体和关系都变为已知的，LiLi 通过执行 a_4 枚举“Obama”和“USA”之间的路径。假设一条已提取路径是“Obama-BornIn→Honolulu -@-?-@→Hawaii-StateOf→USA”，其中(Honolulu，Hawaii)之间为缺失链接。LiLi 通过执行 a_2 要求用户补全链接，然后抽取出完整的特征“BornIn→CapitalOfState→StateOf”。最后，将特征集送到预测模型，并根据 a_5 做出推断。因此，制定的推理策略为：“$\langle a_0, a_1, a_3, a_4, a_2, a_5\rangle$”。

8.5 小结和评估数据集

在本章中，我们讨论了在人机对话中构建持续知识学习引擎的初步尝试。我们首先说明了该引擎的问题可以表述为开放式知识库完备化(OKBC)问题，然后简要介绍了解决 OKBC 问题的终身互动学习和推理(LiLi)方法。OKBC 是 KBC(知识库完备化)的广义化。LiLi 通过与用户交互将 OKBC 映射到 KBC 来解决 OKBC 问题。该过程是特定于查询的推理策略的制定过程，也是通过强化学习的建模和学习的过程。然后，执行最终的策略以解决问题，还涉及以终身方式与用户进行交互。

然而，这项研究工作才刚刚开始，还存在一些缺陷。首先，该方法还未集成到聊天机器人系统中，作者假设其中所涉及的诸如关系提取、解决、实体链接等任务可以通过现有的技术实现。然而，尽管现存的许多技术都可以完成以上的工作，但这些任务仍然非常具有挑战性。其次，该方法只适用于能够表示为三元组的事实性知识，而其他的知识形式并未被考虑到。

关于评估数据集，Mazumder 等人[2018]使用了三个著名的知识库：(1)FB15k[㊀](2)WordNet[㊁]和(3)ConceptNet[㊂]。对于候选事实提取和对话生成，可以分别使用(1)传统的关系提取数据集，例如在 TAC KBP Slot Filling 挑战[Angeli et al.，2015]中使用的数据集，以及(2)公开可用的基准对话数据集，例如 Ubuntu 对话语料库[Lowe et al.，2015]、Cornell Movie-Dialogs Corpus[㊃]Danescu-Niculescu-Mizil 和 Lee[2011]、Wikipedia Talk Page Conversations Corpus[㊄]Danescu-Niculescu-Mizil 等人[2012]。

㊀ https://everest.hds.utc.fr/doku.php?id=en:smemlj12
㊁ http://www.cs.cornell.edu/~cristian/Echoes_of_power.html
㊂ https://github.com/commonsense/conceptnet5/wiki/Downloads
㊃ http://www.cs.cornell.edu/~cristian/Cornell_Movie-Dialogs_Corpus.html
㊄ http://www.cs.cornell.edu/~cristian/Echoes_of_power.html

第 9 章

Lifelong Machine Learning，Second Edition

终身强化学习

本章讨论**终身强化学习**(lifelong reinforcement learning)。**强化学习**(Reinforcement Learning,RL)是智能体通过和动态环境进行试错交互来学习动作的问题[Kaelbling et al.，1996；Sutton and Barto，1998]。每一次交互，智能体都会接收环境当前的状态作为输入。它从可能的动作集中选择一个动作，动作会改变环境的状态。然后，智能体得到这个状态转移的值，该值可能是奖励或惩罚。这个过程会重复，因为智能体会学习一个动作轨迹来优化它的目标，例如，最大化奖励的长期总和。RL 的目标是学习一个将状态(可能随机地)映射到动作的**最优策略**。由于 RL 在计算机程序 AlphaGo [Silver et al.，2016]上的成功应用，即 2016 年 3 月 AlphaGo 以 4－1 赢得传奇专业围棋运动员李世石[1]，最近有关 RL 的研究出现了激增。近日，AlphaGo Zero[Silver et al.，2017][2]被设计为在没有人类知识的情况下从零开始学习掌握围棋，并获得了超人的成绩。

让我们看一个 RL 设置的例子[Tanaka and Yamamura，1997]，这个例子是一个智能体试图在一个 $N \times N$ 的网格世界迷宫中找到金子。智能体可以从一个可能的动作集中选择一个动作，从而向左/右/上/下移动并拾取一个物体。迷宫是一个环境，可能有障碍、怪兽和金子。当智能体捡到金子时，它得到一个正奖励(例如＋1000)。如果智能体被怪兽杀掉，它得到一个负奖励(例如－1000)。当智能体遇到障碍时，它会退回到前一个地点。智能体通过动作和反馈的奖励保持与环境的交互，从而学习最优的动作序列，其目标是使总奖励(最后的奖励，即所有动作付出的代价)最大化。

RL 不同于监督学习，因为 RL 中没有输入/输出对。在监督学习中，用人工标签

[1] https://deepmind.com/alpha-go

[2] https://deepmind.com/blog/alphago-zero-learning-scratch/

来指示一个输入的最佳输出标签。但是，在 RL 中，执行一个动作后，智能体**不**会被告知哪种动作能使它获得最好的长期利益。所以，智能体需要通过与环境进行交互所获得的反馈来获得有用的经验，并学习一个最优的动作序列。

但是，为了获得高质量的性能，智能体通常需要大量优质的经验，在高维控制问题中尤其如此。如果获得这样的经验代价过高，该过程就将成为一个挑战。为了克服这个问题，一些研究者提出了**终身强化学习**(lifelong Reinforcement Learning,**终身** RL)，研究动机是使用从其他任务积累的经验来改进智能体在当前新任务中的决策。

Thrun 和 Mitchell[1995]最先提出终身 RL，他们致力于研究终身机器人学习问题。他们的研究表明，通过知识记忆，机器人在更少地依赖现实实验的同时可以更快地学习。Ring[1998]提出了一个连续学习智能体，其目标是通过学习简单的任务来逐渐地解决复杂的任务。Tanaka 和 Yamamura[1997]把每个环境看作一个任务，为每个任务/环境构建一个人工神经网络，然后，使用现有任务神经网络中节点的权重去初始化新任务的神经网络。Konidaris 和 Barto[2006]提出在新任务中使用先前最优值函数的近似进行初始化。其想法是，一个智能体可以通过在相对容易的任务序列上训练来增加经验，并开发更具信息量的奖励措施，然后在执行更难的任务时可以使用这些经验与奖励措施。Wilson 等人[2007]在马尔可夫决策过程(Markov Decision Process，MDP)框架下，提出了一种层次贝叶斯终身 RL 方法。尤其是，他们加入了一个随机变量来指示 MDP 类，并假设分配到同一类的 MDP 任务是彼此相似的。考虑到 MDP 类数量未知的情况，他们提出了一个非参数无限混合模型。Fernández 和 Veloso[2013]在终身 RL 中提出了一种策略重用方法，在该方法中，从先前任务学到的策略会依照概率被重用于帮助一个新任务。Deisenroth 等人[2014]也将一个可以适用于多个任务的非线性反馈策略用作知识。知识策略被定义为一个包含状态和任务的函数，它可以解释现有任务的未知状态和新任务的状态。Brunskill 和 Li[2014]通过 PAC 启发的选项发现来研究终身 RL。他们的研究表明，从以前经验学习的选项可以潜在地加速新任务中的学习。Bou Ammar 等人[2014]提出一个高效策略梯度终身学习算法(Policy Gradient Efficient Lifelong Learning Algorithm，PG-ELLA)，它将 ELLA 扩展为终身 RL 算法[Ruvolo and Eaton，2013b]。基于同样的想法，Bou Ammar 等人[2015a]根据策略梯度方法提出了一个跨领域终身强化学习器。之后，Bou Ammar 等人[2015c]为了实现安全的终身学习，在 PG-ELLA 中加入了约束。Tessler 等人[2017]提出了一个终身学习系统，它通过迁移可重用的技术来解决 Minecraft(视频游戏)中的任务，使用深度网络来表达知识。Tutunov 等人[2017]为终身策略搜索提出了一个分布式牛顿方法。Zhan 等人[2017]关注终身 RL 的可扩展性，并提出一个在操作中可以达到线性收敛率的算法。El Bsat 和 Taylor[2017]提出一个多任务策略搜索框架，它也实现了线性收敛速度。本章将回顾针对终身 RL 提出的具有代表性的方法。

9.1　基于多环境的终身强化学习

Tanaka 和 Yamamura[1997]提出一种终身 RL 方法，它把一个环境看作一个任务。在他们的问题设置中，有一个任务集，即环境集，任务之间彼此独立。例如，有一个迷宫集，每个迷宫设置都是一个环境。在每个迷宫中，起始的地方和金子放置的地方是固定的，其他的环境因素是不同的，例如，障碍和怪兽的位置，或者迷宫的规模。显然，环境和任务被假定共享一些共同的属性。

[Tanaka and Yamamura，1997]提出了一个针对学习的两步算法：(a)从以前 N 个任务中获得偏差，(b)把偏差合并到第($N+1$)个新任务中。这里的偏差是在 LL 上下文中要被用到的知识，由两部分组成：初始偏差和学习偏差。初始偏差用于初始化模型的起始阶段，学习偏差用于调整建模或学习过程。在这个工作中，以一个神经网络作为示例模型。为了合并偏差，作者采用了随机梯度方法[Kimura，1995]，并使用了新的更新公式，细节将在下面的子节中进行讨论。

获得和合并偏差

对每个任务/环境，构建一个神经网络。为简化模型，作者使用一个两层神经网络。在每个任务 t 中，每个神经网络节点(i，j)有一个权重 $w_{i,j}^t$。其想法是如果一个节点的权重在任务的学习过程中变化不大，那么它可以作为一个不变节点被使用。另一方面，如果一个节点的权重变化很大，那么它可能是一个依赖于任务的节点。

根据这个思想，可以从以前的 N 个任务中获得两种类型的偏差，并把它们使用在第($N+1$)个新任务的学习阶段。

1. **初始偏差**：在 RL 中，初始随机游走阶段的代价通常非常大。因此，为了提高收敛速度和最后的性能，良好的初始化非常重要。为了减少这个代价，该方法使用初始偏差来提供一个良好的初始化阶段。第$(N+1)$个任务中的节点(i,j)的初始权重是所有以前 N 个任务中同一个节点的权重均值，即 $\frac{1}{N}\sum_{t=1}^{N} w_{i,j}^{t}$ 。

2. **学习偏差**：由于使用了随机梯度方法[Kimura，1995]，每个节点的权重可以根据它们在以前任务中的方差有不同的学习速率。根据这个想法，那些在以前任务中权重变化较大的节点更可能是依赖于任务的，因而，与那些权重改变较小的节点相比，它们需要略微更大的学习速率。因此，对于第$(N+1)$个任务的节点(i,j)，按如下公式更新它的权重：

$$w_{i,j}^{N+1} \leftarrow w_{i,j}^{N+1} + \alpha\beta_{i,j}(1-\gamma)\Delta w_{i,j}^{N+1} \quad 和 \tag{9.1}$$

$$\beta_{i,j} = \varepsilon(1 + \max_{t=1,\cdots,N} w_{i,j}^{N+1} - \min_{t=1,\cdots,N} w_{i,j}^{N+1}) \tag{9.2}$$

这里，α 是所有节点通用的学习速率。$\beta_{i,j}$ 是每个节点的学习偏差，它控制学习速率。ϵ 是偏差参数。

简而言之，第$(N+1)$个任务的神经网络首先使用**初始偏差**进行初始化，然后使用公式(9.1)和(9.2)中的梯度更新公式通过**学习偏差**进行更新。

9.2 层次贝叶斯终身强化学习

Wilson 等人[2007]在马尔可夫决策过程(Markov Decision Process，MDP)的框架下对 RL 进行了研究。解决 MDP 问题的方法是找到一个最优策略，使总期望代价/惩罚最小。作者没有单独地处理一个 MDP 任务，而是考虑了一个 MDP 任务序列，并提出了一个名为 MTRL(Multi-Task Reinforcement Learning，MTRL)的模型。尽管在命名中使用了单词 Multi-task，但 MTRL 实际上是一个在线多任务学习(MTL)方法，它被看作一个 LL 方法。MTRL 的关键思想是使用层次贝叶斯方法为 MDP 的“类”建模。每个类(或簇)都有一些共享的结构，这些结构被看作共享的知识，并被迁移到类的新 MDP 中。这种强先验使得新 MDP 的学习更加高效。

9.2.1 动机

这个工作假设 MDP 任务是从一个固定但未知的分布中被随机选择出来的[Wilson

et al.，2007]，所以，MDP 任务会共享一些支持知识提取和迁移的特征。为了理解为什么共享的特征可能帮助智能体更快地为一个新 MDP 任务学习最优策略，让我们跟随本章开始部分的找金子示例来进行阐述。

每个 MDP 任务都是在一个迷宫中寻找金子。迷宫可能包含障碍、怪兽和金子。根据环境的类型，某些类型的石头可能是金子存在的良好指示，而其他一些类型的石头可能表示不会出现金子。而且，一些信号(例如，噪声或气味)可能来自附近的怪兽。如果一个智能体从零开始学习所有的事情，那么它可能要花费很长时间来学习所有的规则，并调整它的行为。但是，有了从以前 MDP 任务中得到的观察结果，智能体就可能学到一些有用的知识，例如，一些怪兽身上有很重的气味。利用这种知识，当智能体探测到气味时，它可以迅速调整自己来避免这种类型的怪兽。其思想是，根据以前 MDP 任务中的知识和少量新 MDP 任务中的经验，智能体可以利用知识更加有效地探索新 MDP 环境。

9.2.2　层次贝叶斯方法

这篇论文采用贝叶斯模型来解决问题。在单一任务情况下，用一个基于贝叶斯模型的 RL 来计算后验分布 $P(M|\Theta, \mathcal{O})$，其中，M 表示 MDP 上的一个随机变量，$\mathcal{O}$ 是观察集，Θ 是模型参数集。这个分布用于帮助智能体选择动作，它会随着更多的动作和观察而进化。一种把单一任务方法扩展到 LL 的简单方式是假设所有 MDP 任务是相同的，并将观察结果视为来自单一 MDP 任务。显然，如果 MDP 任务是不相同的，那么这种简单方法并不会表现得很好。

考虑到 MDP 任务之间的不同，Wilson 等人[2007]提出一个层次贝叶斯模型，它增加了一个随机变量 C 来指示 MDP 类(即相似 MDP 的分组)。它假设分配到同一类的 MDP 任务彼此之间是相似的，而分配到不同类的 MDP 任务彼此之间是非常不同的。这里，$\mathcal{M}$ 表示一个 MDP 任务，M 表示 MDP 上的一个随机变量。$\mathcal{M}_1$，$\mathcal{M}_2$，…表示 MDP 任务序列。不同于单一任务中将后验分布表示为 $P(M|\Theta, \mathcal{O})$，在层次模型中，第 i 个任务的后验分布被建模为 $P(M|\Psi, \mathcal{O}_i)$，其中 $\Psi=\{\Theta, \mathcal{C}\}$。$\Theta$ 表示每个类的参数，$\mathcal{C}$ 表示所有分配的类，$\mathcal{O}_i$ 是任务 $\mathcal{M}_i$ 的观察集。使用这种后验分布，通过利用以前的任务学习一个近似的 MDP $\hat{M}$，来逼近 $\mathcal{M}_i$。增加的类层使得模型具有层次性。其思想是，一个类中的知识可以被迁移到同一类的 MDP 任务中，但是不能被迁移到类

以外的 MDP 任务中。

考虑到终身 RL 中 MDP 任务的数量是未知的，因此将一个非参数无限混合模型应用在类层中。在非参数无限混合模型中，假设类(或混合组件)的数量是无限的，以此应对新的 MDP 任务与之前所有任务都不相似的情况。具体来说，这里使用了**狄利克雷过程**(Dirichlet process)。狄利克雷过程是包含一个基分布 G_0 和一个正缩放参数 α 的随机过程，参数 α 控制狄利克雷过程认为应该分配一个新类的概率，这个新类也被称为一个**辅助类**。使用上述的过程，可以设计一个 Gibbs 采样过程来重复地采样类分配直到收敛。

9.2.3 MTRL 算法

我们现在介绍 MTRL 算法(见算法 9.14)。起初，在没有任何 MDP 任务时，层次模型参数 Ψ 被初始化为盲目值(第 1 行)。当每个新 MDP 任务 $\mathcal{M}_i$ 到达时(第 2 行)，算法执行两个步骤：(1)它使用从以前 MDP 任务学习的知识 Ψ 为 $\mathcal{M}_i$ 去学习一个近似的 MDP $\hat{M}_i$(第 4～10 行)，(2)在考虑新任务后，它更新旧知识以便从$\hat{M}_1$，…，$\hat{M}_i$ 中生成新知识(第 12 行)。

算法 9.14 层次贝叶斯 MTRL 算法

输入： MDP 任务序列 $\mathcal{M}_1$，$\mathcal{M}_2$，…
输出： 层次模型参数 Ψ

```
1: Initialize the hierarchical model parameters Ψ
2: for each MDP task M_i from i = 1,2,... do
3:    // 第一步，应用过去的知识以便快速学习新MDP任务 M_i
4:    O_i = ∅; // O_i 是 M_i 中环境的观察集
5:    while policy π_i has not converged do
6:       M̂_i ← SampleAnMDP(P(M|Ψ,O_i)) // P(M|Ψ,O_i) 是后验概率
7:       π_i = Solve(M̂_i) // 例如，使用值迭代
8:       Run π_i in M_i for k steps
9:       O_i = O_i ∪ {observations from k steps}
10:   end while
11:   // 第二步，从 M̂_1,...,M̂_i 学习新参数（知识）
12:   Ψ ← UpdateModelParameters(Ψ|M̂_1,...,M̂_i)
13: end for
```

步骤 1，函数 SampleAnMDP 根据后验分布 $P(M|\Psi, \mathcal{O}_i)$采样一个 MDP 集并返回一个概率最高的 MDP(如$\hat{M}_i$)，其中，M 表示所有 MDP 上的随机变量。这就是使用

过去知识的方式，我们将在9.2.5节解释这个函数。然后使用一个方法如值迭代[Sutton and Barto，1998]为$\hat{M}_i$学习一个最优策略π_i(第7行)。在获得π_i后，π_i会在环境$\mathcal{M}_i$中被运行k次(第8行)。这部分与Thompson采样[Strens，2000；Thompson，1933；Wang et al.，2005]是相似的，只不过它首先采样一个MDP集，然后选择了一个概率最高的MDP。从k次执行中收集到的观察结果被加入观察集$\mathcal{O}_i$，这会改变后验概率$P(M|\Psi,\mathcal{O}_i)$。然后系统进入下一次迭代，采样一个新的$\hat{M}_i$。重复这个过程直到策略π_i收敛。

步骤2，第12行从$\hat{M}_1$，…，$\hat{M}_i$中学习一个层次模型参数Ψ的新集合，它包含为每个MDP任务分配的类以及与每个类关联的模型参数。注意，函数UpdateModelParameter(见9.2.4节)可以自动地决定类的数量和层次模型中内在的类结构。

9.2.4　更新层次模型参数

我们首先描述如何更新层次模型参数Ψ(算法9.14第12行)。有关采样MDP的细节(第6行)将在下一子节进行讨论。Gibbs采样用于寻找合适的模型参数集(见算法9.15)。算法9.15中的方法可以处理基分布G_0和分量分布不共轭的情况。在Gibbs采样中，马尔可夫链状态包括Θ和$\mathcal{C}$，其中$\Theta=\{\theta_1,\cdots,\theta_K\}$($K$是现有类的数量)是类参数的集合，$\mathcal{C}=\{C_1,\cdots,C_i\}$是分配的类的集合。辅助类的使用使得分配新的类成为可能，m是这种辅助类的数量，并依经验被设置成一个较小的值。

在算法9.15中，使用当前的参数初始化马尔可夫链的状态(第3行)。第7～10行为每个辅助类选取参数，第12～14行调用算法9.16为每个$\hat{M}_j$采样一个类的分配。给定类的分配，采样一个新的类参数的集合(第16行)。采样取决于MDP分布的具体形式，论文中并没有具体说明。在预烧期后，Gibbs采样器保持运行直到收敛。最终，返回最后的马尔可夫状态以更新层次模型参数(第20行)。

算法9.15　**更新层次模型参数**

输入：模型为MDP任务$\{\mathcal{M}_1,\cdots,\mathcal{M}_i\}$估算$\{\hat{M}_1,\cdots,\hat{M}_i\}$，给定类的MDP分布$F$，狄利克雷过程$\mathrm{DP}(G_0,\alpha)$

输出：经过更新的层次模型参数$\hat{\Psi}$

1: Let i be the total number of MDPs seen so far.
2: Let m be the number of auxiliary classes
3: Initialize the Markov chain state $(\Theta_0, \mathcal{C}_0)$
4: $k \leftarrow 0$
5: **while** Gibbs sampling is not converged **do**
6: $K = |\Theta_k|$
7: **for** $c = K+1$ **to** $K+m$ **do**
8: Draw θ_c from G_0
9: $\Theta_k = \Theta_k \cup \{\theta_c\}$
10: **end for**
11: $\hat{\Psi} = \{\Theta_k, \mathcal{C}_k\}$
12: **for** $j = 1$ **to** i **do**
13: $c_j =$ SamplingClassAssignment$(\hat{\Psi}, \hat{M}_j, F, K, m, G_0, \alpha)$
14: **end for**
15: Remove all classes with zero MDPs
16: $\Theta_{k+1} =$ Sample$(P(\Theta_k | c_1, \ldots, c_i))$
17: $\mathcal{C}_k = \{c_1, \ldots, c_i\}$
18: $k \leftarrow k+1$
19: **end while**
20: return $\hat{\Psi} = \{\Theta_k, \mathcal{C}_k\}$

9.2.5 对 MDP 进行采样

最后，我们描述函数 SampleAnMDP(算法 9.14 第 6 行)，它对 MDP 进行采样。为精准地采样，智能体或系统需要有一个精准的层次模型。然后，每当有一个可用的新观察结果时，它应该更新它的模型参数 Ψ(知识)。但是，考虑到观察结果的数量和 MDP 任务的数量可能都很大，这对 LL 来说计算代价会非常大。为此，Wilson 等人[2007]提出当学习一个新 MDP 时，保持参数 Ψ 不变。这就是算法 9.14 的第 12 行在 while 循环之外(第 5～10 行)的原因。注意，Ψ 包含分配的类 $\mathcal{C}$ 和类参数 Θ，它们一起被称为知情先验，并且在探索一个新 MDP 时保持不变。

在生成一个 MDP 的过程中，首先采样一个类 c，之后根据这个类采样一个 MDP $\hat{M}_i$，对类进行采样需要借助算法 9.16。然后使用过去的知识来帮助未来的学习，也就是，如果 c 属于一个已知类 $c \in \{1, \cdots, K\}$，那么利用 θ_c 中的信息作为先验知识进行探索(见下)。否则，智能体使用一个新类，并从先验 G_0 中采样类参数 θ_c(不使用过去的知识)。

SampleAnMDP 按如下方式工作：开始时，通过在知情先验中采样来初始化 $\hat{M}_i$，

C_i 也以类似的方式初始化。在之后的迭代中，得到每个观察集之后(算法 9.14 第 8 行)，智能体通过多次运行算法 9.16 采样一个分配的类的序列 C_i，并选择最有可能的一个作为给$\hat{M}_i$ 分配的类。回想一下，α 控制返回的类 c 有多大可能是一个辅助类(未见过的类)，即 $K+1\leqslant c\leqslant K+m$(算法 9.16 第 4 行)。一旦采样到类 c，智能体就会使用后验分布 $P(M_i|\theta_c,\mathcal{O}_i)$从类 c 中采样一个 MDP。算法是通用的，并适用于不同形式的 MDP 分布 F，这对应于不同的具体采样过程。更多细节，请参看 Wilson 等人[2007]的原论文。

算法 9.16　采样类分配

输入： 层次模型参数 Ψ，MDP 参数估计$\hat{M}_j$，给定类的 MDP 分布 F，现有类的数量 K，辅助类的数量 m，狄利克雷过程 DP(G_0，α)

输出： $\hat{M}_j$ 的类分配 C_j

1: Let i be the total number of MDPs seen so far
2: Let $n_{-j,c}$ be the number of MDPs assigned to class c without considering class assignment of $\hat{M}_j$
3: Let $F_{c,j}$ denotes $F(\theta_c,\hat{M}_j)$, the probability of $\hat{M}_j$ in class c (the exact form may differ in different problems)
4: Sample and return C_j according to:

$$P(C_j=c)\propto\begin{cases}\frac{n_{-j,c}}{i-1+\alpha}F_{c,j}, & 1\leqslant c\leqslant K\\ \frac{\alpha/m}{i-1+\alpha}F_{c,j}, & K+1\leqslant c\leqslant K+m\end{cases}$$

9.3　PG-ELLA：终身策略梯度强化学习

不同于 9.1 节中使用 LL 能力对随机梯度方法进行扩展，Bou Ammar 等人[2014]采用了一种策略梯度方法[Sutton et al.，2000]。具体来说，Bou Ammar 等人[2014]把一个单一任务策略梯度算法扩展为一个 LL 算法，称为**高效策略梯度终身学习算法**(**Policy Gradient Efficient Lifelong Learning Algorithm，PG-ELLA**)。PG-ELLA 中的终身思想与 ELLA [Ruvolo and Eaton，2013b](3.4 节)中相似。本节首先介绍策略梯度 RL，然后介绍 PG-ELLA 算法。本节全部采用 Bou Ammar 等人[2014]论文中的符号。

9.3.1　策略梯度强化学习

在 RL 中，智能体顺序地选择动作去执行，以使期望的奖励或回报最大化。正如之前提到的，这样的问题通常被形式化为马尔可夫决策过程(MDP)$\langle \mathcal{X}, \mathcal{A}, P, R, \lambda \rangle$。$\mathcal{X} \subseteq \mathbb{R}^d$ 是可能无限的状态集合，d 是环境的维度。$\mathcal{A} \subseteq \mathbb{R}^{d_a}$ 是所有可能动作的集合，d_a 是可能动作的数量。P：$\mathcal{X} \times \mathcal{A} \times \mathcal{X} \rightarrow [0, 1]$是状态转移概率函数，即给定一个状态和一个动作，它会给出下一个状态的概率。P：$\mathcal{X} \times \mathcal{A} \rightarrow \mathbb{R}$ 是提供智能体反馈的奖励函数。$\lambda \in [0, 1]$是奖励随时间衰减的程度。

在每个时间步 h，智能体处于状态 $x_h \in \mathcal{X}$。它必须选择一个动作$a_h \in \mathcal{A}$。在执行动作后，智能体会转移到一个由 P 给出的新状态 $x_{h+1} \sim p(x_{h+1} | x_h, a_h)$。同时，一个奖励 $r_{h+1} = R(x_h, a_h)$会作为反馈被发送给智能体。**策略**被定义为状态和动作二者配对的概率分布，即 π：$\mathcal{X} \times \mathcal{A} \rightarrow [0, 1]$。$\pi(a|x)$表示为给定状态 x 选择动作 a 的概率。RL 的目标是寻找一个最优策略 π^*，使得智能体的期望回报最大。在可能无限的范围 H 上，状态-动作对的实际序列可以组成一个**轨迹** $\tau = [x_{0:H}, a_{0:H}]$。

策略梯度方法已经被广泛地应用于求解高维 RL 问题[Bou Ammar et al.，2014；Peters and Schaal，2006；Peters and Bagnell，2011；Sutton et al.，2000]。在一个策略梯度方法中，策略被表示为一个参数概率分布$\pi_{\boldsymbol{\theta}}(a|x) = p(a|x; \boldsymbol{\theta})$，给定状态 x，它根据一个控制参数向量 $\boldsymbol{\theta}$ 随机选择动作 a。其目标是寻找最优参数 $\boldsymbol{\theta}^*$ 来使期望的平均回报最大化：

$$\mathcal{J}(\boldsymbol{\theta}) = \int_{\mathbb{T}} p_{\boldsymbol{\theta}}(\tau) \Re(\tau) \mathrm{d}\tau \tag{9.3}$$

其中，$\mathbb{T}$ 表示所有可能轨迹的集合。轨迹 τ 上的分布被定义为：

$$p_{\boldsymbol{\theta}}(\tau) = P_0(x_o) \prod_{h=0}^{H-1} p(x_{h+1} | x_h, a_h) \pi_{\boldsymbol{\theta}}(a_h | x_h) \tag{9.4}$$

这里，$P_0(x_0)$表示初始状态的概率。平均回报 $\Re(\tau)$被定义为：

$$\Re(\tau) = \frac{1}{H} \sum_{h=0}^{H-1} r_{h+1} \tag{9.5}$$

大部分的策略梯度算法通过最大化 $\mathcal{J}(\boldsymbol{\theta})$（公式(9.3)）的期望回报的下界来学习参数 $\boldsymbol{\theta}$。它比较当前策略 $\pi_{\boldsymbol{\theta}}$和新策略 $\pi_{\tilde{\boldsymbol{\theta}}}$的结果。如在 Kober 和 Peters[2011]中，可以使用延森不等式和对数的凹性来获得这个下界：

$$\log \mathcal{J}(\tilde{\boldsymbol{\theta}}) = \log \int_{\mathbb{T}} p_{\tilde{\boldsymbol{\theta}}}(\tau) \Re(\tau) d\tau$$

$$
\begin{aligned}
&=\log\int_{\mathbb{T}} \frac{p_{\boldsymbol{\theta}}(\tau)}{p_{\boldsymbol{\theta}}(\tau)} p_{\tilde{\boldsymbol{\theta}}}(\tau)\mathfrak{R}(\tau) d\tau \\
&\geqslant \int_{\mathbb{T}} p_{\boldsymbol{\theta}}(\tau)\mathfrak{R}(\tau)\log\frac{p_{\tilde{\boldsymbol{\theta}}}(\tau)}{p_{\boldsymbol{\theta}}(\tau)}\mathrm{d}\tau \quad \text{（使用 Jensen 不等式）} \\
&=-\int_{\mathbb{T}} p_{\boldsymbol{\theta}}(\tau)\mathfrak{R}(\tau)\log\frac{p_{\boldsymbol{\theta}}(\tau)}{p_{\tilde{\boldsymbol{\theta}}}(\tau)}\mathrm{d}\tau \\
&\propto -\mathfrak{D}_{KL}(p_{\boldsymbol{\theta}}(\tau)\mathfrak{R}(\tau) \,\|\, p_{\tilde{\boldsymbol{\theta}}}(\tau)) = \mathcal{J}_{\mathcal{L},\boldsymbol{\theta}}(\tilde{\boldsymbol{\theta}})
\end{aligned}
\tag{9.6}
$$

其中，$\mathfrak{D}_{KL}$表示 KL 散度。根据上式，可以在将当前策略$\pi_{\boldsymbol{\theta}}$的轨迹分布$p_{\boldsymbol{\theta}}$乘以它的奖励函数 $\mathfrak{R}$ 之后，使相乘的结果与新策略$\pi_{\tilde{\boldsymbol{\theta}}}$的轨迹分布$p_{\tilde{\boldsymbol{\theta}}}$之间的 KL 散度最小化。

9.3.2　策略梯度终身学习设置

策略梯度 LL 的问题设置与 ELLA(Efficient Lifelong Learning Algorithm)(3.4.1 节)的问题设置相似。也就是说，强化学习任务以终身方式顺序地到达。每个任务 t 是一个初始状态分布为P_0^t 的 MDP$\langle \mathcal{X}^t, \mathcal{A}^t, P^t, R^t, \lambda^t \rangle$。不同于监督学习，每个强化学习任务不包含已标记的训练数据。在每个任务中，智能体在转移到下个任务之前会学习多条轨迹。设 N 为目前为止遇到的任务的数量，N 对于智能体来说可能是未知的，其目标是学习一个**最优**策略集$\{\pi_{\boldsymbol{\theta}^{1*}}, \pi_{\boldsymbol{\theta}^{2*}}, \cdots, \pi_{\boldsymbol{\theta}^{N*}}\}$和其对应的参数$\{\boldsymbol{\theta}^{1*}, \boldsymbol{\theta}^{2*}, \cdots, \boldsymbol{\theta}^{N*}\}$。

9.3.3　目标函数和优化

与 ELLA 相似，PG-ELLA 也假设每个任务模型的参数$\boldsymbol{\theta}^t$ 可以由一组共享的潜在组件$\boldsymbol{L}$(共享的知识)和特定于任务的系数向量 $\boldsymbol{s}^t$ 的线性组合来表示，即 $\boldsymbol{\theta}^t=\boldsymbol{L}\boldsymbol{s}^t$[Bou Ammar et al.，2014]。换句话说，PG-ELLA 为所有的任务模型保留 k 个稀疏共享的基础模型组件。k 个基础模型组件表示为$\boldsymbol{L}\subseteq\mathbb{R}^{d\times k}$，其中 d 是模型参数维度。为了适应任务之间的不同，特定于任务的向量 $\boldsymbol{s}^t$ 应该是稀疏的。PG-ELLA 的目标函数如下：

$$
\frac{1}{N}\sum_{t=1}^{N}\min_{\boldsymbol{s}^t}\{-\mathcal{J}(\boldsymbol{\theta}^t)+\mu\|\boldsymbol{s}^t\|_1\}+\lambda\|\boldsymbol{L}\|_F^2 \tag{9.7}
$$

其中，$\|\cdot\|_1$ 是 L_1 范数，它被 μ 控制并作为真实向量稀疏性的凸近似。$\|\boldsymbol{L}\|_F^2$ 是矩阵$\boldsymbol{L}$ 的弗罗贝尼乌斯范数，λ 是矩阵$\boldsymbol{L}$ 的正则化系数。目标函数与 ELLA 中的公式(3.4)密切相关，这个目标函数在 $\boldsymbol{L}$ 和 $\boldsymbol{s}^t$ 上不是共凸的。因此，采用交替优化策略寻找一个局部最小值，即在固定 $\boldsymbol{s}^t$ 时优化$\boldsymbol{L}$ 和在固定$\boldsymbol{L}$ 时优化$\boldsymbol{s}^t$。

组合公式(9.6)和(9.7)，我们可以获得下面的目标函数：

$$\frac{1}{N}\sum_{t=1}^{N}\min_{s^t}\{-\mathcal{J}_{\mathcal{L},\boldsymbol{\theta}}(\widetilde{\boldsymbol{\theta}}^t)+\mu\|\boldsymbol{s}^t\|_1\}+\lambda\|\boldsymbol{L}\|_F^2 \tag{9.8}$$

注意下面的 $\mathcal{J}_{\mathcal{L},\boldsymbol{\theta}}(\widetilde{\boldsymbol{\theta}}^t)$：

$$\mathcal{J}_{\mathcal{L},\boldsymbol{\theta}}(\widetilde{\boldsymbol{\theta}}^t)\propto-\int_{\tau\in\mathbb{T}^t}p_{\boldsymbol{\theta}_t}(\tau)\mathfrak{R}^t(\tau)\log\left(\frac{p_{\boldsymbol{\theta}^t}(\tau)\mathfrak{R}^t(\tau)}{p_{\widetilde{\boldsymbol{\theta}}^t}(\tau)}\right)\mathrm{d}\tau \tag{9.9}$$

所以目标函数可以重写为：

$$\frac{1}{N}\sum_{t=1}^{N}\min_{s^t}\left\{\left[\int_{\tau\in\mathbb{T}^t}p_{\boldsymbol{\theta}^t}(\tau)\mathfrak{R}^t(\tau)\log\left(\frac{p_{\boldsymbol{\theta}^t}(\tau)\mathfrak{R}^t(\tau)}{p_{\widetilde{\boldsymbol{\theta}}^t}(\tau)}\right)d\tau\right]+\mu\|\boldsymbol{s}^t\|_1\right\}+\lambda\|\boldsymbol{L}\|_F^2 \tag{9.10}$$

再次，与 ELLA 相似，在求解目标函数时有两个主要的低效问题：(a)对所有任务的**所有**可用轨迹的明显依赖，(b)单个候选 $\boldsymbol{L}$ 的评估取决于每个任务 t 的 $\boldsymbol{s}^t$ 的优化。为解决第一个问题，使用二阶泰勒逼近去近似目标函数。按照 3.4.3 节中的步骤，可以得到下面的近似目标函数：

$$\begin{aligned}
&\frac{1}{N}\sum_{t=1}^{N}\min_{s^t}\{\|\hat{\boldsymbol{\theta}}^t-\boldsymbol{L}\boldsymbol{s}^t\|_{\boldsymbol{H}^t}^2+\mu\|\boldsymbol{s}^t\|_1\}+\lambda\|\boldsymbol{L}\|_F^2\\
&\boldsymbol{H}^t=\frac{1}{2}\nabla^2_{\widetilde{\boldsymbol{\theta}}^t,\widetilde{\boldsymbol{\theta}}^t}\left\{\int_{\tau\in\mathbb{T}^t}p_{\boldsymbol{\theta}^t}(\tau)\mathfrak{R}^t(\tau)\log\left(\frac{p_{\boldsymbol{\theta}^t}(\tau)\mathfrak{R}^t(\tau)}{p_{\widetilde{\boldsymbol{\theta}}^t}(\tau)}\right)\mathrm{d}\tau\right\}\Bigg|_{\widetilde{\boldsymbol{\theta}}^t=\hat{\boldsymbol{\theta}}^t}\\
&\hat{\boldsymbol{\theta}}^t=\underset{\widetilde{\boldsymbol{\theta}}^t}{\operatorname{argmin}}\left\{\int_{\tau\in\mathbb{T}^t}p_{\boldsymbol{\theta}^t}(\tau)\mathfrak{R}^t(\tau)\log\left(\frac{p_{\boldsymbol{\theta}^t}(\tau)\mathfrak{R}^t(\tau)}{p_{\widetilde{\boldsymbol{\theta}}^t}(\tau)}\right)\mathrm{d}\tau\right\}
\end{aligned} \tag{9.11}$$

当为单个 $\boldsymbol{L}$ 计算目标函数时会出现第二个问题。对于每个单一候选 $\boldsymbol{L}$，为了重新计算每个 $\boldsymbol{s}^t$ 的值，必须先解决优化问题。当任务的数量很多时，这个过程的代价会非常大。可以按照第 3.4.4. 节的方法解决这个问题。当遇到任务 t 时，只更新 $\boldsymbol{s}^t$，而所有其他任务 t' 的 $\boldsymbol{s}^{t'}$ 保持不变。因此，$\boldsymbol{\theta}^t$ 的任何改变将只通过共享的基础 $\boldsymbol{L}$ 被转移到其他任务中。Ruvolo 和 Eaton[2013b]表明，当任务数量较多时，这个策略对模型拟合的质量不会有较大的影响。使用前面计算的 $\boldsymbol{s}^t$ 的值，执行下面的优化过程：

$$\boldsymbol{s}^t\leftarrow\underset{s^t}{\operatorname{argmin}}\|\hat{\boldsymbol{\theta}}^t-\boldsymbol{L}_m\boldsymbol{s}^t\|_{\boldsymbol{H}^t}^2+\mu\|\boldsymbol{s}^t\|_1,\ \boldsymbol{L}_m\ \text{固定}$$

$$\boldsymbol{L}_{m+1}\leftarrow\arg\min_{\boldsymbol{L}}\frac{1}{N}\sum_{t=1}^{N}(\|\hat{\boldsymbol{\theta}}^t-\boldsymbol{L}\boldsymbol{s}^t\|_{\boldsymbol{H}^t}^2+\mu\|\boldsymbol{s}^t\|_1)+\lambda\|\boldsymbol{L}\|_F^2,\ \boldsymbol{s}^t\ \text{固定}$$

其中，$\boldsymbol{L}_m$ 是指在第 m 次迭代时潜在组件的值，并假定 t 是智能体正在处理的特定任务。其他的细节可以参看 Bou Ammar 等人[2014]的论文。

9.3.4 终身学习的安全策略搜索

PG-ELLA 在学习中使用无约束优化。但是，这样的无约束优化是脆弱的，因为智能体可能会学习执行危险的动作，并对智能体或环境造成物理破坏。基于 PG-ELLA，Bou Ammar 等人[2015c]使用对抗框架为策略梯度强化学习提出一种安全的终身学习器，它考虑在优化整体性能时对每个任务都应用安全约束。Bou Ammar 等人[2015c]论文中的目标函数是：

$$\min_{L,s^t}[\eta^t \times l^t(\boldsymbol{L}\boldsymbol{s}^t)] + \mu\|s^t\|_1 + \lambda\|\boldsymbol{L}\|_F^2 \tag{9.12}$$

$$s.t. \quad \boldsymbol{A}^t\boldsymbol{L}\boldsymbol{s}^t \leqslant \boldsymbol{b}^t \quad \forall t \in \{1,2,\cdots,N\}$$

$$\boldsymbol{\lambda}_{\min}(\boldsymbol{L}\boldsymbol{L}^{\mathrm{T}}) \geqslant p \quad 且 \quad \boldsymbol{\lambda}_{\max}(\boldsymbol{L}\boldsymbol{L}^{T}) \leqslant q$$

其中，约束 $\boldsymbol{A}^t \in \mathbb{R}^{d\times d}$，$d$ 是模型参数维度，$b^t \in \mathbb{R}^d$ 表示允许的策略组合。$\lambda_{\min}$ 和 $\lambda_{\max}$ 是最小和最大特征值。p 和 q 是弗罗贝尼乌斯范数的边界约束，用以确保共享知识可以被安全有效地使用。η^t 是每个任务的设计权重。上面的目标函数旨在确保知识可以被安全地跨任务迁移，并避免引起智能体学习和执行非理性的动作。关于解决优化问题的方法，请参考 Bou Ammar 等人[2015c]的论文。

9.3.5 跨领域终身强化学习

上述 Bou Ammar 等人[2014，2015c]的工作假设任务来自一个单一的任务领域，即它们共享共同的状态和动作空间。当任务有不同的状态和/或动作空间时，通常需要**任务间映射**(inter-task mapping)[Taylor et al.，2007]来充当任务之间的桥梁。Taylor 等人[2007]在这种设置下针对强化学习研究了迁移学习，即从一个源领域迁移到一个目标领域，这两个领域有不同的状态和动作空间。鉴于一个任务间映射被作为输入提供给了智能体，Taylor 等人[2007]表明该智能体可以先学习一个任务，然后显著地减少它学习另一个任务的时间。

也是在迁移学习设置中，Bou Ammar 等人[2015b]提出了一个算法，它自动地发现两个任务之间的任务间映射。他们关注于构建一个状态间映射，并证明把它从一个任务应用到另一个任务的有效性。提出的方法包含两个步骤：(1)使用 Wang 和 Mahadevan[2009]论文中的**无监督流形对齐**(Unsupervised Manifold Alignmen，UMA)方法学习一个状态间映射。具体来说，分别从源任务和目标任务收集两个状态轨迹集。然后把每个集合转换成一个被应用 UMA 的状态特征向量。(2)给定学习的状态间映射，目标任务中的初始状态集被映射到源任务中的状态。然后，根据被映射的源任务状态，使用最优源任务策略来产生一个最优状态轨迹集。然后，将这种最优状态轨迹映射回目标任务，以生成特定于目标任务的轨迹。但是，Wang 和 Mahadevan[2009]的工作并不能被很好地推广到 LL 场景，因为它只学习一对任务之间的映射。对于 LL，从一个大任务池中为每对任务之间学习映射的计算代价是很高的。Isele 等人[2016]也提出了一个零样本(zero-shot)LL 方法，它通过任务的描述符对任务之间的关系进行建模。

Bou Ammar 等人[2015a]在终身设置中提出了一个在任务序列中能更高效地保存和迁移知识的方法。它与 PG-ELLA[Bou Ammar et al.，2014]非常相关。不同之处是 Bou Ammar 等人[2015a]允许任务来自不同领域，即来自不同的状态和/或动作空间。Bou Ammar 等人[2015a]假设所有的任务都可以被划分到不同的任务组，一个任务组中的任务假设共享共同的状态和动作空间。形式上，与 PG-ELLA(9.3.3 节)中把任务参数表示为 $\boldsymbol{\theta}^t=\boldsymbol{L}\boldsymbol{s}^t$ 不同，Bou Ammar 等人[2015a]把它们表示为 $\boldsymbol{\theta}^t=B^{(g)}s^t$，其中 g 是 $B^{(g)}$ 的任务组，$B^{(g)}$ 是 g 中共享的一个潜在模型组件。与 PG-ELLA 相似，s^t 被假设是稀疏的，以适用于不同的任务。此外，$B^{(g)}$ 被假设为 $\Psi^{(g)}\boldsymbol{L}$，其中 $\boldsymbol{L}$ 是全局潜在模型组件(与在 PG-ELLA 中相同)，$\Psi^{(g)}$ 把共享的潜在组件 $\boldsymbol{L}$ 映射到每个任务组 g 的基础上。大体上，Bou Ammar 等人[2015a]增加了另一个层，即任务组，以便对来自不同领域的任务进行建模。论文为该方法在任务和组的数量增加时的稳定性提供了理论保证。更多细节，请参考 Bou Ammar 等人[2015a]的原论文。

9.4 小结和评估数据集

本章介绍了在 RL 背景下的现有 LL 工作。再次说明，当前的工作是不全面的，部分原因可能是在过去 RL 的实际应用较少，并不像传统监督学习一样受欢迎。但是，由于 AlphaGo 在围棋比赛中成功打败了最优秀的人类选手[Silver et al.，2016，2017]，RL 已经成为主流。尽管游戏一直是 RL 的传统应用领域，但它的应用远远不止游戏。在现实环境中，需要与人类以及其他机器人进行交互的物理和软件机器人(例如，聊天机器人和智能个人助理)的受欢迎度在不断增加，因此 RL 也变得越来越重要。终身 RL 同样会变得很重要，因为在这样的现实交互环境中，很难通过每个人或机器人收集大量的训练样本。系统必须从它经历过的所有可能的环境中学习和积累知识，以使它自己能够很快地适应一个新环境，并很好地执行任务。

评估数据集

最后，为帮助该领域的研究者，我们总结了本章讨论的论文中使用到的评估数据集。Tanaka 和 Yamamura[1997]在它们的评估中使用 9×9 的迷宫数据。Wilson 等人[2007]使用一个合成的彩色迷宫数据测试他们的假设，任务是沿着最小代价路径从一个地点走到另一个地点。PG-ELLA[Bou Ammar et al.，2014]在三个基准动态系统上进行评估：Simple Mass Spring Damper[Bou Ammar et al.，2014]、Cart-Pole[Boci et al.，2013]和 Three-Link Inverted Pendulum[Bou Ammar et al.，2014]。Simple Mass Spring Damper 和 Cart-Pole 也被使用在了 Bou Ammar 等人[2015c]的论文中。除了这三个动态系统，Quadrotor[Bouabdallah，2007]也被用于 Bou Ammar 等人[2015b]论文的评估中。Bou Ammar 等人[2015a]也额外考虑了 Bicycle 和 Helicopter 系统。Tessler 等人[2017]使用环境 State 空间。

结论及未来方向

本书对终身(机器)学习(LL)现有的许多思路和技术进行了综述，还简要介绍了转移学习和多任务学习(MTL)等密切相关的学习范式，并讨论了这些学习范式与终身学习的不同之处。研究人员和从业者有时会混淆这些学习范式，这并不奇怪，因为这些范式确实存在相似之处，并且具有相关性。希望我们在1.4节中给出的LL的新定义以及在第2章中的讨论有助于澄清这些区别并消除混淆。

如第1章所述，尽管在1995年已经首次提出了终身学习的概念，但是由于许多因素的限制使得在这方面的研究未得到广泛开展，例如，这些因素包括终身学习自身存在的难题、过去缺乏大数据的支撑，以及过去二十多年里统计学和算法的重点没有放在机器学习(ML)社群上。然而，随着人工智能的再次兴起以及统计机器学习算法的进步和成熟，LL变得越来越重要。因为ML的最终目标是在不同领域和开放环境中持续、交互和自主地学习，以便让智能体变得越来越有知识而且越来越擅长学习。智能助手、聊天机器人、自动驾驶汽车以及其他软件和硬件机器人等应用都需要LL。一般意义上来说，如果一个系统不具备学习多种类型知识的能力，不能随着时间的推移积累知识，并利用知识来更多、更好地学习，那么这个系统就不是智能系统。即使一个系统非常擅长执行一项困难的任务，例如像AlphaGo或像深蓝一样下棋，但在一般意义上它们也不是智能系统。由于人类大脑的物理限制，我们的思考、推理和解决问题的能力可能无法对复杂任务进行优化。机器则没有这些限制，并且在受限环境中的某些预设定且范围狭窄的任务中必然胜过人类。然而，这并不一定能使机器智能化，至少不是一般人类智能意义上的智能化。传统上，我们在比较人与人的智力的时候，是指某些特殊的心智能力或才能；然而，更广泛来说，智能更多地是关于人类的基础知觉和认知能力，这些能力使人类能够不断学习几乎任何事物的新知识，并无缝地应用知识来解决各种问题，这形成了一种良性循环。

我们相信，现在正是对终身学习的研究进行大力投入的时候。首先，现在已经有大量数据可供系统学习大量多样化的知识。如果没有足够多的现存知识，就很难通过利用过去知识来学习更多知识。这个过程与人类学习非常相似：我们知道得越多，我们就能够学得更好。其次，统计机器学习越来越成熟，想要更进一步进行提升也越来越困难，而使用过去学习到的知识来帮助学习是一种自然的方式，这就是在模仿人类的学习过程。现有研究表明，LL具有很高的效率。第三，随着智能个人助理、聊天机器人、与人交互的物理机器人以及现实生活和开放环境中的各类系统变得越来越普遍，持续的终身学习能力变得越来越有必要。我们预计在不久的将来会出现大量这方面的研究，而且可能取得重大的突破。

下面，我们想强调一些具有挑战性的问题和未来的方向，以鼓励人们进行更多的终身学习研究。这些问题的解决方案可能对LL，特别是机器学习和人工智能，产生重大的影响。

1. **知识的正确性**：如何判断过去的知识是否正确？这一点对于终身学习(LL)至关重要，因为LL利用过去的知识来帮助未来的学习，所以错误的先验知识对这个学习过程是不利的。简而言之，由于LL是一个连续的自举学习过程，因此错误会从先前的任务传播到后续任务，并导致越来越多的错误。必须在很大程度上解决或减轻这个问题，才能保证LL的有效性。人类的学习可以非常有效地解决这个问题。即使一开始产生了错误，也可以在后续新的证据出现后对其进行纠正。他们还可以回溯并修复错误，以及基于错误进行溯源推断。LL系统应该能够做到这一点，一些已有的LL系统已经尝试解决这个问题。例如，Chen和Liu[2014a]使用频繁模式挖掘来找出出现在多个领域中的必要链接(must-link)(过去的知识)，并假设那些频繁的必要链接更可能是正确的。他们还在建模过程中明确核查过去知识的有效性。NELL系统[Mitchell et. al.，2015]通过使用多种策略或满足某些类型约束，来确保从多个来源能提取出相同词项，从而确保过去知识的正确性。但是，现有方法仍然相当不成熟，这些方法的召回率很低，并且仍然会获得错误的知识。

2. **知识的适用性**：如何判断过去的知识是否适用于新的学习任务？这一点对于终身学习同样重要。某些知识虽然在先前任务的背景下是正确和适用的，但是由于新任务的背景不同，导致这些知识不再适用。知识的适用性问题也可能导致终身学习无效。同样，Chen和Liu[2014a，b]、Chen等人[2015]和Shu等人[2016]提出了一些初步的机制来处理主题建模、监督分类和置信传播中的上下文问题。但是，由于这些方法都是基于特定问题的，因此问题仍未得到解决。目前，还没一个通用的方法来解决此问题，还需要更进一步的研究。显然，知识的适用性问题与上文提到的正确性问题具有一定的相关性。

3. **知识表示和推理**：在人工智能的早期，在基于逻辑的知识表示和推理方面已经有了大量的研究。但是在过去的20年里，人工智能研究已经将重点转移到基于优化的统计机器学习上。由于LL具有知识库(KB)，因此知识表示和推理自然是相当重要的。推理允许系统从现有知识推断出新知识，这些新知识可以用在新任务学习中。需要解决的重要问题包括哪些知识的形式是重要的、如何表示这些知识、哪些种类的推理能力对终身学习有用。到目前为止，很少有研究在LL的范围内解决这些问题。现有终身学习系统的知识主要基于特定学习算法或应用的直接需求来表示。除了NELL[Mitchell et al.，2015]具有一些有限的推理能力以外，其他的LL系统仍然没有推理能力。

4. **学习多种类型和/或不同领域的任务**：目前终身学习的研究主要集中在同一类型的多个任务上。在这种情况下，利用过去的知识变得更加容易。如果涉及不同类型的任务(例如实体识别和属性提取)，为了将一种任务类型的知识迁移到另一种类型的任务中，我们需要在任务间建立联系，否则很难实现跨任务的知识共享。同样，NELL系统[Mitchell et al.，2015]做了一些尝试。理想情况下，在任务之间建立联系是自动完成的，但是，由于建立连接需要通过高层次的知识来完成，而高层次的知识需要在系统之外学习得到，因此这项工作很难实现。当任务来自不同的领域时，LL也更具挑战性，因为它可能也需要更高层次的知识来弥合任务之间的差距，并找到任务之间的相关性或相似性[Bou Ammar et al.，2015a]以确保知识的适用性。在某些情况下，甚至可能需要从大量的不同域中学习足够多的知识来应用到新任务中，因为可能每个领域中只有一小部分知识可用(某些领域可能没有提供适用的知识)[Chen and Liu，2014a，b；Wang et al.，2016]。当涉及完全不同领域的多个不同类型的任务时，挑战将更严峻。

5. **自我激励学习**：当前的机器学习技术通常要求人类用户提供学习任务，以及大量的训练数据(仅在少数情况下，智能体可以通过与模拟器交互来学习)。如果机器人要与其现实世界的环境互动并不断学习，它需要识别和制定自己的学习任务，并在其探索过程中收集自己的训练数据。例如，如果机器人看到一个从未见过的人，则需要对这个人拍摄视频或照片来收集正向训练数据。在这个例子中，识别陌生人本身实际上就是一个挑战，它需要利用开放式学习(第5章)[Fei et al.，2016]，这是目前大多数监督学习算法都无法做到的，因为它们都基于封闭世界的假设，即只能预测训练数据中已经出现过的类别，实际上，这种假设很难满足。另一个例子是人机对话，未来的聊天机器人必须能够在对话期间学习，从用户话语中提取知识，并在不理解某些东西或遇到一些新概念时提出疑问(第 8 章)。我们人类一直在做这样的事情，这使我们以自我激励的方式学习，并且变得越来越知识渊博。更一般地说，自我激励学习意味着机器人或智能体具有好奇心，并且有兴趣探索未知领域，并在探索过程中自己学习新事物。显然，这与无监督学习和强化学习密切相关。这些学习形式以及综合所有学习形式的学习应该是自我激励的。请注意，此处提到自我激励学习与 Raina 等人[2007]提出的自学式学习或无监督特征学习不同。在自学式学习中，大量未标记的数据用于学习一个具有良好特征表示的输入。然后，通过监督学习方法，使用所学习到的特征表示和少量标记数据来构建一个分类器。

6. **自我监督学习**：在传统的机器学习范式中，需要大量手动标记的训练数据才能进行准确学习。然而，人类不可能对世界上的所有东西都进行标记，这项工作太过复杂，而且数量庞大，还会持续变化。因此，对于有效的终身学习，在大多数情况下，智能体必须通过从人类或环境中获取隐含或明确的反馈或线索，以自我监督的方式持续学习，并获得监督信息，使其无须询问人类即可学习明确的标记数据。例如，在自动驾驶中，如果汽车看到前面的汽车驶过道路中间的一个小坑洞，它可以认为这个坑洞并不危险。更一般地说，汽车可以通过各种方式来学习人类的驾驶行为，比如模仿学习、倾听用户的口头反馈或指令，甚至通过提问自然地获得监督信息。此外，以前从书籍和其他权威来源以及智能体自身经验中学到的知识也可以作为监督信息。

7. **终身自然语言学习**：在此，我们重申 NLP 可能是 LL 最适合的应用领域之一。首先，大多数概念适用于跨领域或跨任务的场景，因为相同词汇在不同的领域中也具有相同或相似的语义。以信息提取为例，尚不清楚人脑是否有像 HMM 或 CRF 这样复杂的算法用于提取，但人类在实体识别中显然可以做得很好。我们认为其中一个关键原因是，当我们得到一个特定的提取或识别任务时，我们已经知道了大部分答案，因为我们过去已经学习并积累了大量实体，并且根据以往的经验，知道如何识别文本中的实体。其次，正如我们在第 1 章中讨论的那样，所有 NLP 任务显然都彼此密切相关，因为它们共同构成句子的意义。因此，从一项任务中学到的知识可以帮助学习其他任务。

8. **组合学习**：组合式的学习对终身学习非常重要，经典机器学习并非组合式学习。例如，人类学习一门语言时，首先学习单个单词和短语，然后学习句子、段落，最后学习完整文档。从这种学习中获得的知识是高度可重用的。目前的机器学习方法使用单标签来标记整个句子甚至整个文档，这是非常不符合自然规律的。从这样的标记方法中学到的知识也难以重复使用。因为句子的形式复杂多样，所以学习非频繁事件是很困难的。对于统计机器学习来说，事件发生的频次必须足够多，才能得到可靠的统计数据。然而，如果通过自下而上的方式学习，从单词到短语、再到句子和整个文档，就可以自然而然地理解那些不常见的句子，因为它们的每个组成单词或短语可能经常出现，句子的句法结构也可能经常出现。我们相信人类以组合的方式进行学习，组合学习对于图像识别和自然语言处理特别有用。例如，我们不仅可以识别整个人，还可以分别识别他/她的脸部、头部、手臂、腿部、躯干等。对于头部，还可以识别眼睛、嘴巴、鼻子、眉毛等。目前的学习算法都不是组合式的。组合学习对 LL 来说可能非常重要，因为它允许系统分享知识，并在任何粒度级别进行组合。

上面给出的具有挑战性的问题清单并非详尽无遗，终身学习中还存在许多其他挑战。作为一个新兴的领域，终身学习目前已有的方法和系统仍然不成熟。但是千里之行始于足下，研究领域是广阔的，为了取得突破，仍然需要大量的研究。然而，实际应用和智能系统需要这种先进的机器学习，以便从根本上推进人工智能的研究和应用。在不久的将来，我们设想将建立大量具有 LL 功能的大型复杂学习系统。这些具有庞大知识库的系统有望取得重大进展。如果没有大量的先验知识，那么很难学习更多知识。

参考文献

Wickliffe C. Abraham and Anthony Robins, (2005). Memory retention–the synaptic stability vs. plasticity dilemma. *Trends in Neurosciences*, 28(2):73–78. DOI: 10.1016/j.tins.2004.12.003. 55

Gediminas Adomavicius and Alexander Tuzhilin, (2005). Toward the next generation of recommender systems: A survey of the state-of-the-art and possible extensions. *IEEE Transactions on Knowledge and Data Engineering*, 17(6), pages 734–749. DOI: 10.1109/tkde.2005.99. 118

Rakesh Agrawal and Ramakrishnan Srikant, (1994). Fast algorithms for mining association rules. In *VLDB*, pages 487–499. 97, 121

Rahaf Aljundi, Punarjay Chakravarty, and Tinne Tuytelaars, (2016). Expert gate: Lifelong learning with a network of experts. *CoRR, abs/1611.06194*, 2. DOI: 10.1109/cvpr.2017.753. 57, 67, 68, 69, 74

Rahaf Aljundi, Francesca Babiloni, Mohamed Elhoseiny, Marcus Rohrbach, and Tinne Tuytelaars, (2017). Memory aware synapses: Learning what (not) to forget. *ArXiv Preprint ArXiv:1711.09601*. 58, 74

Naomi S. Altman, (1992). An introduction to kernel and nearest-neighbor nonparametric regression. *The American Statistician*, 46(3), pages 175–185. DOI: 10.2307/2685209. 37

David Ameixa, Luisa Coheur, Pedro Fialho, and Paulo Quaresma, (2014). Luke, I am your father: Dealing with out-of-domain requests by using movies subtitles. In *International Conference on Intelligent Virtual Agents*. DOI: 10.1007/978-3-319-09767-1_2. 131

Rie Kubota Ando and Tong Zhang, (2005). A high-performance semi-supervised learning method for text chunking. In *ACL*, pages 1–9. DOI: 10.3115/1219840.1219841. 21

Marcin Andrychowicz, Misha Denil, Sergio Gomez, Matthew W Hoffman, David Pfau, Tom Schaul, Brendan Shillingford, and Nando De Freitas. Learning to learn by gradient descent by gradient descent. In *NIPS*, pages 3981–3989, 2016. 33

David Andrzejewski, Xiaojin Zhu, and Mark Craven, (2009). Incorporating domain knowledge into topic modeling via Dirichlet forest priors. In *ICML*, pages 25–32. DOI: 10.1145/1553374.1553378. 92

David Andrzejewski, Xiaojin Zhu, Mark Craven, and Benjamin Recht, (2011). A framework for incorporating general domain knowledge into latent Dirichlet allocation using first-order logic. In *IJCAI*, pages 1171–1177. DOI: 10.5591/978-1-57735-516-8/IJCAI11-200. 92

Gabor Angeli, Melvin J. Premkumar, and Christopher D. Manning, (2015). Leveraging linguistic structure for open domain information extraction. In *ACL*. DOI: 10.3115/v1/p15-1034. 138

Bernard Ans, Stéphane Rousset, Robert M. French, and Serban Musca, (2004). Self-refreshing memory in artificial neural networks: Learning temporal sequences without catastrophic forgetting. *Connection Science*, 16(2):71–99. DOI: 10.1080/09540090412331271199. 58

Andreas Argyriou, Theodoros Evgeniou, and Massimiliano Pontil, (2008). Convex multi-task feature learning. *Machine Learning*, 73(3), pages 243–272. DOI: 10.1007/s10994-007-5040-8. 27

Rafael E. Banchs and Haizhou Li, (2012). Iris: A chat-oriented dialogue system based on the vector space model. In *Proc. of the ACL System Demonstrations*, pages 37–42. 131

Bikramjit Banerjee and Peter Stone, (2007). General game learning using knowledge transfer. In *IJCAI*, pages 672–677. 32

Michele Banko and Oren Etzioni, (2007). Strategies for lifelong knowledge extraction from the Web. In *K-CAP*, pages 95–102. DOI: 10.1145/1298406.1298425. 111

Jonathan Baxter, (2000). A model of inductive bias learning. *Journal of Artificial Intelligence Research*, 12, pages 149–198. 26

Shai Ben-David and Reba Schuller, (2003). Exploiting task relatedness for multiple task learning. In *COLT*. DOI: 10.1007/978-3-540-45167-9_41. 26

Abhijit Bendale and Terrance E Boult, (2015). Towards open world recognition. In *Proc. of the IEEE Conference on Computer Vision and Pattern Recognition*, pages 1893–1902. DOI: 10.1109/cvpr.2015.7298799. 7, 77, 78, 79

Abhijit Bendale and Terrance E. Boult, (2016). Towards open set deep networks. In *Proc. of the IEEE Conference on Computer Vision and Pattern Recognition*, pages 1563–1572. DOI: 10.1109/cvpr.2016.173. 79, 85, 86, 88

Yoshua Bengio, (2009). Learning deep architectures for AI. *Foundations and Trends {®} in Machine Learning*, 2(1), pages 1–127. DOI: 10.1561/2200000006. 24

Yoshua Bengio, (2012). Deep learning of representations for unsupervised and transfer learning. *Unsupervised and Transfer Learning Challenges in Machine Learning*, 7. 25

James Bergstra and Yoshua Bengio, (2012). Random search for hyper-parameter optimization. *Journal of Machine Learning Research*, 13(Feb):281–305. 72

Steffen Bickel, Michael Brückner, and Tobias Scheffer, (2007). Discriminative learning for differing training and test distributions. In *ICML*, pages 81–88. DOI: 10.1145/1273496.1273507. 21

David M. Blei, Andrew Y. Ng, and Michael I. Jordan, (2003). Latent Dirichlet allocation. *The Journal of Machine Learning Research*, 3, pages 993–1022. 91, 93

John Blitzer, Ryan McDonald, and Fernando Pereira, (2006). Domain adaptation with structural correspondence learning. In *EMNLP*, pages 120–128. DOI: 10.3115/1610075.1610094. 22

John Blitzer, Mark Dredze, and Fernando Pereira, (2007). Biographies, bollywood, boom-boxes and blenders: Domain adaptation for sentiment classification. In *ACL*, pages 440–447. 22, 72

Avrim Blum and Tom Mitchell, (1998). Combining labeled and unlabeled data with co-training. In *COLT*, pages 92–100. DOI: 10.1145/279943.279962. 24

Botond Bocsi, Lehel Csató, and Jan Peters, (2013). Alignment-based transfer learning for robot models. In *IJCNN*, pages 1–7. DOI: 10.1109/ijcnn.2013.6706721. 152

Danushka Bollegala, Takanori Maehara, and Ken-ichi Kawarabayashi, (2015). Unsupervised cross-domain word representation learning. In *ACL*. `http://www.aclweb.org/anthology/P15-1071` DOI: 10.3115/v1/p15-1071. 52

Danushka Bollegala, Kohei Hayashi, and Ken-ichi Kawarabayashi, (2017). Think globally, embed locally—locally linear meta-embedding of words. *ArXiv*. 52

Edwin V. Bonilla, Kian M. Chai, and Christopher Williams, (2008). Multi-task Gaussian process prediction. In *NIPS*, pages 153–160. 22

Antoine Bordes, Seyda Ertekin, Jason Weston, and Léon Bottou, (2005). Fast Kernel classifiers with online and active learning. *The Journal of Machine Learning Research*, 6, pages 1579–1619. 31

Antoine Bordes, Jason Weston, Ronan Collobert, and Yoshua Bengio, (2011). Learning structured embeddings of knowledge bases. In *AAAI*. 132

Antoine Bordes, Nicolas Usunier, Alberto Garcia-Duran, Jason Weston, and Oksana Yakhnenko, (2013). Translating embeddings for modeling multi-relational data. In *NIPS*. 132

Haitham Bou Ammar, Eric Eaton, Jose Marcio Luna, and Paul Ruvolo, (2015a). Autonomous cross-domain knowledge transfer in lifelong policy gradient reinforcement learning. In *AAAI*. 8, 140, 151, 152, 155

Haitham Bou Ammar, Eric Eaton, Paul Ruvolo, and Matthew E. Taylor, (2014). Online multi-task learning for policy gradient methods. In *ICML*, pages 1206–1214. 8, 15, 140, 146, 147, 149, 150, 151, 152

Haitham Bou Ammar, Eric Eaton, Paul Ruvolo, and Matthew E. Taylor, (2015b). Unsupervised cross-domain transfer in policy gradient reinforcement learning via manifold alignment. In *AAAI*. 151, 152

Haitham Bou Ammar, Rasul Tutunov, and Eric Eaton, (2015c). Safe policy search for lifelong reinforcement learning with sublinear regret. In *ICML*. 8, 140, 150, 151, 152

Samir Bouabdallah, (2007). *Design and Control of Quadrotors with Application to Autonomous Flying*. Ph.D. thesis, Ecole Polytechnique Federale de Lausanne. DOI: 10.5075/epfl-thesis-3727. 152

Hervé Bourlard and Yves Kamp, (1988). Auto-association by multilayer perceptrons and singular value decomposition. *Biological Cybernetics*, 59(4–5):291–294. DOI: 10.1007/bf00332918. 68

Jordan L. Boyd-Graber, David M. Blei, and Xiaojin Zhu, (2007). A topic model for word sense disambiguation. In *EMNLP-CoNLL*, pages 1024–1033. 91

Greg Brockman, Vicki Cheung, Ludwig Pettersson, Jonas Schneider, John Schulman, Jie Tang, and Wojciech Zaremba, (2016). Openai gym. *ArXiv Preprint ArXiv:1606.01540.* 75

Emma Brunskill and Lihong Li, (2014). PAC-inspired option discovery in lifelong reinforcement learning. In *ICML*, pages 316–324. 140

Chris Buckley, Gerard Salton, and James Allan, (1994). The effect of adding relevance information in a relevance feedback environment. In *SIGIR*, pages 292–300. DOI: 10.1007/978-1-4471-2099-5_30. 84

Lucian Busoniu, Robert Babuska, Bart De Schutter, and Damien Ernst, (2010). *Reinforcement Learning and Dynamic Programming Using Function Approximators*, vol. 39. CRC press. DOI: 10.1201/9781439821091. 32

Raffaello Camoriano, Giulia Pasquale, Carlo Ciliberto, Lorenzo Natale, Lorenzo Rosasco, and Giorgio Metta, (2017). Incremental robot learning of new objects with fixed update time. In *IEEE International Conference on Robotics and Automation (ICRA)*, pages 3207–3214. 58 DOI: 10.1109/icra.2017.7989364.

Andrew Carlson, Justin Betteridge, and Bryan Kisiel, (2010a). Toward an architecture for never-ending language learning. In *AAAI*, pages 1306–1313. 8, 111, 114, 115

Andrew Carlson, Justin Betteridge, Richard C. Wang, Estevam R. Hruschka Jr., and Tom M. Mitchell, (2010b). Coupled semi-supervised learning for information extraction. In *WSDM* pages 101–110. DOI: 10.1145/1718487.1718501. 115, 116

Rich Caruana, (1997). Multitask learning. *Machine Learning*, 28(1), pages 41–75. DOI: 10.1007/978-1-4615-5529-2_5. 10, 26, 38, 39, 53, 56

Chih-Chung Chang and Chih-Jen Lin, (2011). LIBSVM: A library for support vector machines. *ACM Transactions on Intelligent Systems and Technology (TIST)*, 2(3), page 27. DOI: 10.1145/1961189.1961199. 82

Jonathan Chang, Jordan Boyd-Graber, Wang Chong, Sean Gerrish, and David M. Blei, (2009). Reading tea leaves: How humans interpret topic models. In *NIPS*, pages 288–296. 92

Zhiyuan Chen and Bing Liu, (2014a). Topic modeling using topics from many domains, lifelong learning and big data. In *ICML*, pages 703–711. 7, 13, 14, 15, 16, 91, 92, 94, 98, 109, 154 155

Zhiyuan Chen and Bing Liu, (2014b). Mining topics in documents: Standing on the shoulders of big data. In *KDD*, pages 1116–1125. DOI: 10.1145/2623330.2623622. 7, 13, 15, 16, 53 89, 91, 92, 94, 100, 101, 102, 103, 104, 105, 106, 109, 154, 155

Zhiyuan Chen, Bing Liu, and M. Hsu, (2013a). Identifying intention posts in discussion forums. In *NAACL-HLT*, pages 1041–1050. 23, 24

Jianhui Chen, Lei Tang, Jun Liu, and Jieping Ye, (2009). A convex formulation for learning shared structures from multiple tasks. In *ICML*, pages 137–144. DOI: 10.1145/1553374.1553392. 10, 26

Jianhui Chen, Jiayu Zhou, and Jieping Ye, (2011). Integrating low-rank and group-sparse structures for robust multi-task learning. In *KDD*, pages 42–50. DOI: 10.1145/2020408.2020423 27

Zhiyuan Chen, Arjun Mukherjee, and Bing Liu, (2014). Aspect extraction with automated prior knowledge learning. In *ACL*, pages 347–358. DOI: 10.3115/v1/p14-1033. 91, 94

Zhiyuan Chen, Nianzu Ma, and Bing Liu, (2015). Lifelong learning for sentiment classification. In *ACL (short paper)*, vol. 2, pages 750–756. DOI: 10.3115/v1/p15-2123. 7, 14, 15, 16, 36 46, 47, 49, 53, 154

Zhiyuan Chen, Arjun Mukherjee, Bing Liu, Meichun Hsu, Malu Castellanos, and Riddhiman Ghosh, (2013b). Discovering coherent topics using general knowledge. In *CIKM*, pages 209–218. DOI: 10.1145/2505515.2505519. 92

Zhiyuan Chen, Arjun Mukherjee, Bing Liu, Meichun Hsu, Malu Castellanos, and Riddhiman Ghosh, (2013c). Exploiting domain knowledge in aspect extraction. In *EMNLP*, pages 1655–1667. 92, 105

Hao Cheng, Hao Fang, and Mari Ostendorf, (2015). Open-domain name error detection using a multi-task RNN. In *EMNLP*, pages 737–746. DOI: 10.18653/v1/d15-1085. 30

Kenneth Ward Church and Patrick Hanks, (1990). Word association norms, mutual information, and lexicography. *Computational Linguistics*, 16(1), pages 22–29. DOI: 10.3115/981623.981633. 98

Christopher Clingerman and Eric Eaton, (2017). Lifelong learning with Gaussian processes. In *Joint European Conference on Machine Learning and Knowledge Discovery in Databases*, pages 690–704, Springer. DOI: 10.1007/978-3-319-71246-8_42. 36

Gregory Cohen, Saeed Afshar, Jonathan Tapson, and André van Schaik, (2017). Emnist: An extension of mnist to handwritten letters. *ArXiv Preprint ArXiv:1702.05373*. DOI: 10.1109/ijcnn.2017.7966217. 88

Ronan Collobert and Jason Weston, (2008). A unified architecture for natural language processing: Deep neural networks with multitask learning. In *ICML*, pages 160–167. DOI: 10.1145/1390156.1390177. 30, 121

Ronan Collobert, Jason Weston, Léon Bottou, Michael Karlen, Koray Kavukcuoglu, and Pavel Kuksa, (2011). Natural language processing (almost) from scratch. *Journal of Machine Learning Research*, 12, pages 2493–2537. 30, 85

Robert Coop, Aaron Mishtal, and Itamar Arel, (2013). Ensemble learning in fixed expansion layer networks for mitigating catastrophic forgetting. *IEEE Transactions on Neural Networks and Learning Systems*, 24(10):1623–1634. DOI: 10.1109/tnnls.2013.2264952. 73

Mark Craven, Dan DiPasquo, Dayne Freitag, Andrew McCallum, Tom Mitchell, Kamal Nigam, and Seán Slattery, (1998). Learning to extract symbolic knowledge from the world wide web. In *AAAI*, pages 509–516. 111

Wenyuan Dai, Gui-Rong Xue, Qiang Yang, and Yong Yu, (2007a). Co-clustering based classification for out-of-domain documents. In *KDD*, pages 210–219. DOI: 10.1145/1281192.1281218. 22

Wenyuan Dai, Gui-rong Xue, Qiang Yang, and Yong Yu, (2007b). Transferring naive Bayes classifiers for text classification. In *AAAI*. 21, 23, 24

Wenyuan Dai, Qiang Yang, Gui-Rong Xue, and Yong Yu, (2007c). Boosting for transfer learning. In *ICML*, pages 193–200. DOI: 10.1145/1273496.1273521. 21

Cristian Danescu-Niculescu-Mizil and Lillian Lee, (2011). Chameleons in imagined conversations: A new approach to understanding coordination of linguistic style in dialogs. In *Proc. of the Workshop on Cognitive Modeling and Computational Linguistics, (ACL)*. 138

Cristian Danescu-Niculescu-Mizil, Lillian Lee, Bo Pang, and Jon Kleinberg, (2012). Echoes of power: Language effects and power differences in social interaction. In *Proc. of WWW*. DOI: 10.1145/2187836.2187931. 138

Rajarshi Das, Arvind Neelakantan, David Belanger, and Andrew McCallum, (2016). Chains of reasoning over entities, relations, and text using recurrent neural networks. *ArXiv Preprint ArXiv:1607.01426*. DOI: 10.18653/v1/e17-1013. 134

Hal Daume III, (2007). Frustratingly easy domain adaptation. In *ACL*, pages 256–263. 22

Hal Daumé III, (2009). Bayesian multitask learning with latent hierarchies. In *UAI*, pages 135–142. 26

Grégoire Mesnil Yann Dauphin, Xavier Glorot, Salah Rifai, Yoshua Bengio, Ian Goodfellow, Erick Lavoie, Xavier Muller, Guillaume Desjardins, David Warde-Farley, and Pascal Vincent, (2012). Unsupervised and transfer learning challenge: a deep learning approach. In *Proc. of ICML Workshop on Unsupervised and Transfer Learning*, pages 97–110. 56

Marc Peter Deisenroth, Peter Englert, Jochen Peters, and Dieter Fox, (2014). Multi-task policy search for robotics. In *ICRA*, pages 3876–3881. DOI: 10.1109/icra.2014.6907421. 8, 140

Teo de Campos, Bodla Rakesh Babu, and Manik Varma, (2009). Character recognition in natural images. 75
DOI: 10.5220/0001770102730280.

Rocco De Rosa, Thomas Mensink, and Barbara Caputo, (2016). Online open world recognition. *ArXiv:1604.02275 [cs.CV]*. 77

Chuong Do and Andrew Y. Ng, (2005). Transfer learning for text classification. In *NIPS*, pages 299–306. DOI: 10.1007/978-3-642-05224-8_3. 23

Jeff Donahue, Yangqing Jia, Oriol Vinyals, Judy Hoffman, Ning Zhang, Eric Tzeng, and Trevor Darrell, (2014). Decaf: A deep convolutional activation feature for generic visual recognition. In *ICML*, pages 647–655. 56

Mark Dredze and Koby Crammer, (2008). Online methods for multi-domain learning and adaptation. In *EMNLP*, pages 689–697. DOI: 10.3115/1613715.1613801. 31

Yan Duan, Marcin Andrychowicz, Bradly Stadie, Jonathan Ho, Jonas Schneider, Ilya Sutskever, Pieter Abbeel, and Wojciech Zaremba. One-shot imitation learning. In *NIPS*, pages 1087–1098, 2017. 34

Vladimir Eidelman, Jordan Boyd-Graber, and Philip Resnik, (2012). Topic models for dynamic translation model adaptation. In *ACL*, pages 115–119. 91

Mathias Eitz, James Hays, and Marc Alexa, (2012). How do humans sketch objects? DOI: 10.1145/2185520.2335395. 75

Salam El Bsat and Matthew E. Taylor, (2017). Scalable multitask policy gradient reinforcement learning. In *AAAI*. 140

Oren Etzioni, Michael Cafarella, Doug Downey, Stanley Kok, Ana-Maria Popescu, Tal Shaked, Stephen Soderland, Daniel S. Weld, and Alexander Yates, (2004). Web-scale information extraction in knowitall: (preliminary results). In *WWW*, pages 100–110. DOI: 10.1145/988672.988687. 111

Theodoros Evgeniou and Massimiliano Pontil, (2004). Regularized multi-task learning. In *KDD*, pages 109–117. DOI: 10.1145/1014052.1014067. 26, 37

Geli Fei and Bing Liu, (2015). Social media text classification under negative covariate shift. In *EMNLP*, pages 2347–2356. DOI: 10.18653/v1/d15-1282. 84

Geli Fei and Bing Liu, (2016). Breaking the closed world assumption in text classification. In *Proc. of NAACL-HLT*, pages 506–514. DOI: 10.18653/v1/n16-1061. 7, 77

Geli Fei, Zhiyuan Chen, and Bing Liu, (2014). Review topic discovery with phrases using the Pólya urn model. In *COLING*, pages 667–676. 91

Geli Fei, Shuai Wang, and Bing Liu, (2016). Learning cumulatively to become more knowledgeable. In *KDD*. DOI: 10.1145/2939672.2939835. 7, 11, 15, 25, 64, 77, 78, 79, 80, 81, 82, 83, 89, 156

Fernando Fernández and Manuela Veloso, (2013). Learning domain structure through probabilistic policy reuse in reinforcement learning. *Progress in Artificial Intelligence*, 2(1), pages 13–27. DOI: 10.1007/s13748-012-0026-6. 8, 140

Chrisantha Fernando, Dylan Banarse, Charles Blundell, Yori Zwols, David Ha, Andrei A. Rusu, Alexander Pritzel, and Daan Wierstra, (2017). Pathnet: Evolution channels gradient descent in super neural networks. *ArXiv Peprint ArXiv:1701.08734*. 58, 72, 74

Chelsea Finn, Pieter Abbeel, and Sergey Levine. Model-agnostic meta-learning for fast adaptation of deep networks. In *ICML*, 2017. 33

Tommaso Furlanello, Jiaping Zhao, Andrew M. Saxe, Laurent Itti, and Bosco S. Tjan, (2016). Active long term memory networks. *ArXiv Preprint ArXiv:1606.02355*. 58

Eli M. Gafni and Dimitri P. Bertsekas, (1984). Two-metric projection methods for constrained optimization. *SIAM Journal on Control and Optimization*, 22(6), pages 936–964. DOI: 10.1137/0322061. 28

Jing Gao, Wei Fan, Jing Jiang, and Jiawei Han, (2008). Knowledge transfer via multiple model local structure mapping. In *KDD*, pages 283–291. DOI: 10.1145/1401890.1401928. 22

Matt Gardner and Tom M. Mitchell, (2015). Efficient and expressive knowledge base completion using subgraph feature extraction. In *EMNLP*. DOI: 10.18653/v1/d15-1173. 133

Jort F. Gemmeke, Daniel P. W. Ellis, Dylan Freedman, Aren Jansen, Wade Lawrence, R. Channing Moore, Manoj Plakal, and Marvin Ritter, (2017). Audio set: An ontology and human-labeled dataset for audio events. In *ICASSP*, pages 776–780, IEEE. DOI: 10.1109/icassp.2017.7952261. 73, 75

Alexander Gepperth and Cem Karaoguz, (2016). A bio-inspired incremental learning architecture for applied perceptual problems. *Cognitive Computation*, 8(5):924–934. DOI: 10.1007/s12559-016-9389-5. 58, 73

Marjan Ghazvininejad, Chris Brockett, Ming-Wei Chang, Bill Dolan, Jianfeng Gao, Wen-tau Yih, and Michel Galley, (2017). A knowledge-grounded neural conversation model. *ArXiv Preprint ArXiv:1702.01932*. 131

Xavier Glorot, Antoine Bordes, and Yoshua Bengio, (2011). Domain adaptation for large-scale sentiment classification: A deep learning approach. In *ICML*, pages 513–520. 24

Pinghua Gong, Jieping Ye, and Changshui Zhang, (2012). Robust multi-task feature learning. In *KDD*, pages 895–903. DOI: 10.1145/2339530.2339672. 27

Ian Goodfellow, (2016). NIPS 2016 tutorial: Generative adversarial networks. *ArXiv Preprint ArXiv:1701.00160*. 57, 58, 70, 71

Ian Goodfellow, Mehdi Mirza, Da Xiao, Aaron Courville, and Yoshua Bengio, (2013a). An empirical investigation of catastrophic forgetting in gradient-based neural networks. *ArXiv Preprint ArXiv:1312.6211*. 59, 72, 74

Ian Goodfellow, Jean Pouget-Abadie, Mehdi Mirza, Bing Xu, David Warde-Farley, Sherjil Ozair, Aaron Courville, and Yoshua Bengio, (2014). Generative adversarial nets. In *NIPS*, pages 2672–2680. 70, 72

Ian Goodfellow, Yoshua Bengio, and Aaron Courville, (2016). *Deep Learning*. MIT Press. `http://www.deeplearningbook.org` DOI: 10.1038/nature14539. 85

Ian Goodfellow, David Warde-Farley, Mehdi Mirza, Aaron Courville, and Yoshua Bengio, (2013b). Maxout networks. *ArXiv Preprint ArXiv:1302.4389*. 72

Ben Goodrich and Itamar Arel, (2014). Unsupervised neuron selection for mitigating catastrophic forgetting in neural networks. In *Circuits and Systems (MWSCAS), IEEE 57th International Midwest Symposium on*, pages 997–1000. DOI: 10.1109/mwscas.2014.6908585. 58

Gregory Griffin, Alex Holub, and Pietro Perona, (2007). Caltech-256 object category dataset. 75

Erin Grant, Chelsea Finn, Sergey Levine, Trevor Darrell, and Thomas Griffiths. Recasting gradient based meta-learning as hierarchical Bayes. In *arXiv preprint arXiv:1801.08930*, 2018. 34

Thomas L. Griffiths and Mark Steyvers, (2004). Finding scientific topics. *PNAS*, 101 Suppl., pages 5228–5235. DOI: 10.1073/pnas.0307752101. 95

R. He and J. McAuley, (2016). Ups and downs: Modeling the visual evolution of fashion trends with one-class collaborative filtering. In *WWW*. DOI: 10.1145/2872427.2883037. 54

Xu He and Herbert Jaeger, (2018). Overcoming Catastrophic Interference using Conceptor-Aided Backpropagation. In *International Conference on Learning Representations*. DOI: 10.1371/journal.pone.0105619. 58

James J. Heckman, (1979). Sample selection bias as a specification error. *Econometrica: Journal of the Econometric Society*, pages 153–161. DOI: 10.2307/1912352. 47

Gregor Heinrich, (2009). A generic approach to topic models. In *ECML PKDD*, pages 517–532. DOI: 10.1007/978-3-642-04180-8_51. 98

Mark Herbster, Massimiliano Pontil, and Lisa Wainer, (2005). Online learning over graphs. In *ICML*, pages 305–312. DOI: 10.1145/1102351.1102390. 31

Geoffrey E. Hinton, Nitish Srivastava, Alex Krizhevsky, Ilya Sutskever, and Ruslan R. Salakhutdinov, (2012). Improving neural networks by preventing co-adaptation of feature detectors. *ArXiv Preprint ArXiv:1207.0580*. 59, 72

Geoffrey Hinton, Oriol Vinyals, and Jeff Dean, (2015). Distilling the knowledge in a neural network. *ArXiv Preprint ArXiv:1503.02531*. 60, 65

Sepp Hochreiter and Jürgen Schmidhuber, (1997). Long short-term memory. In *Neural computation*, 9(8):1735–1780, 1997. 33

Matthew Hoffman, Francis R. Bach, and David M. Blei, (2010). Online learning for latent Dirichlet allocation. In *NIPS*, pages 856–864. 31

Thomas Hofmann, (1999). Probabilistic latent semantic analysis. In *UAI*, pages 289–296. DOI: 10.1145/312624.312649. 91

Yuening Hu, Jordan Boyd-Graber, and Brianna Satinoff, (2011). Interactive topic modeling. In *ACL*, pages 248–257. DOI: 10.1007/s10994-013-5413-0. 92

Jui-Ting Huang, Jinyu Li, Dong Yu, Li Deng, and Yifan Gong, (2013a). Cross-language knowledge transfer using multilingual deep neural network with shared hidden layers. In *IEEE International Conference on Acoustics, Speech and Signal Processing*, pages 7304–7308. DOI: 10.1109/icassp.2013.6639081. 30

Eric H. Huang, Richard Socher, Christopher D. Manning, and Andrew Y. Ng, (2012). Improving word representations via global context and multiple word prototypes. In *ACL*, pages 873–882. 121

Yan Huang, Wei Wang, Liang Wang, and Tieniu Tan, (2013b). Multi-task deep neural network for multi-label learning. In *IEEE International Conference on Image Processing*, pages 2897–2900. DOI: 10.1109/icip.2013.6738596. 30

Robert A. Hummel and Steven W. Zucker, (1983). On the foundations of relaxation labeling processes. *IEEE Transactions on Pattern Analysis and Machine Intelligence*, (3), pages 267–287. DOI: 10.1016/b978-0-08-051581-6.50058-1. 127

David Isele, Mohammad Rostami, and Eric Eaton, (2016). Using task features for zero-shot knowledge transfer in lifelong learning. In *IJCAI*. 151

Laurent Jacob, Jean-philippe Vert, and Francis R. Bach, (2009). Clustered multi-task learning: A convex formulation. In *NIPS*, pages 745–752. 27, 28

Jagadeesh Jagarlamudi, Hal Daumé III, and Raghavendra Udupa, (2012). Incorporating lexical priors into topic models. In *EACL*, pages 204–213. 92

Kevin Jarrett, Koray Kavukcuoglu, Yann LeCun, et al., (2009). What is the best multi-stage architecture for object recognition? In *Computer Vision, IEEE 12th International Conference on*, pages 2146–2153. DOI: 10.1109/iccv.2009.5459469. 72

Jing Jiang and ChengXiang Zhai, (2007). Instance weighting for domain adaptation in NLP. In *ACL*, pages 264–271.

Jing Jiang, (2008). A literature survey on domain adaptation of statistical classifiers. *Technical Report*. 21

Yaochu Jin and Bernhard Sendhoff, (2006). Alleviating catastrophic forgetting via multi-objective learning. In *IJCNN*, pages 3335–3342. DOI: 10.1109/ijcnn.2006.247332. 10, 21

Nitin Jindal and Bing Liu, (2008). Opinion spam and analysis. In *WSDM*, pages 219–230. DOI: 10.1145/1341531.1341560. 58

Heechul Jung, Jeongwoo Ju, Minju Jung, and Junmo Kim, (2016). Less-forgetting learning in deep neural networks. *ArXiv Preprint ArXiv:1607.00122*. 121

Leslie Pack Kaelbling, Michael L. Littman, and Andrew W. Moore, (1996). Reinforcement learning: A survey. *Journal of Artificial Intelligence Research*, pages 237–285. 57, 74

Nitin Kamra, Umang Gupta, and Yan Liu, (2017). Deep generative dual memory network for continual learning. *ArXiv Preprint ArXiv:1710.10368*. 32, 139

Zhuoliang Kang, Kristen Grauman, and Fei Sha, (2011). Learning with whom to share in multi-task feature learning. In *ICML*, pages 521–528. 58

Christos Kaplanis, Murray Shanahan, and Claudia Clopath, (2018). Continual reinforcement learning with complex synapses. *ArXiv Preprint ArXiv:1802.07239*. 27

Ashish Kapoor and Eric Horvitz, (2009). Principles of lifelong learning for predictive user modeling. In *User Modeling*, pages 37–46. DOI: 10.1007/978-3-540-73078-1_7. 59

Ronald Kemker and Christopher Kanan, (2018). FearNet: Brain-inspired model for incremental learning. In *ICLR*.

Ronald Kemker, Angelina Abitino, Marc McClure, and Christopher Kanan, (2018). Measuring catastrophic forgetting in neural networks. In *AAAI*. 58

Yoon Kim, (2014). Convolutional neural networks for sentence classification. *ArXiv Preprint ArXiv:1408.5882*. DOI: 10.3115/v1/d14-1181. 59, 72, 73, 74, 75

Hajime Kimura, (1995). Reinforcement learning by stochastic hill climbing on discounted reward. In *ICML*, pages 295–303. DOI: 10.1016/b978-1-55860-377-6.50044-x. 85

Diederik P. Kingma and Max Welling, (2013). Auto-encoding variational bayes. *ArXiv Preprint ArXiv:1312.6114*. 141

James Kirkpatrick, Razvan Pascanu, Neil Rabinowitz, Joel Veness, Guillaume Desjardins, Andrei A Rusu, Kieran Milan, John Quan, Tiago Ramalho, Agnieszka Grabska-Barwinska, et al., (2017). Overcoming catastrophic forgetting in neural networks. *Proc. of the National Academy of Sciences*, 114(13):3521–3526. DOI: 10.1073/pnas.1611835114. 72

Jyrki Kivinen, Alexander J. Smola, and Robert C. Williamson, (2004). Online learning with kernels. *IEEE Transactions on Signal Processing*, 52(8), pages 2165–2176. DOI: 10.1109/tsp.2004.830991. 57, 58, 59, 62, 64, 72, 73, 74, 75

Jens Kober and Jan Peters, (2011). Policy search for motor primitives in robotics. *Machine Learning*, 84(1), pages 171–203. DOI: 10.1007/s10994-010-5223-6. 31

George Konidaris and Andrew Barto, (2006). Autonomous shaping: Knowledge transfer in reinforcement learning. In *ICML*, pages 489–496. DOI: 10.1145/1143844.1143906. 148

Alex Krizhevsky and Geoffrey Hinton, (2009). Learning multiple layers of features from tiny images. 140
74

Alex Krizhevsky, Ilya Sutskever, and Geoffrey E. Hinton, (2012). Imagenet classification with deep convolutional neural networks. In *NIPS*, pages 1097–1105. DOI: 10.1145/3065386. 56

Abhishek Kumar, Hal Daum, and Hal Daume Iii, (2012). Learning task grouping and overlap in multi-task learning. In *ICML*, pages 1383–1390. 7, 27, 28, 36, 41

Dharshan Kumaran, Demis Hassabis, and James L. McClelland, (2016). What learning systems do intelligent agents need? Complementary learning systems theory updated. *Trends in Cognitive Sciences*, 20(7):512–534. DOI: 10.1016/j.tics.2016.05.004. 58

John Lafferty, Andrew McCallum, and Fernando C. N. Pereira, (2001). Conditional random fields: Probabilistic models for segmenting and labeling sequence data. In *ICML*, pages 282–289. 123

Ni Lao, Tom Mitchell, and William W. Cohen, (2011). Random walk inference and learning in a large scale knowledge base. In *EMNLP*. 132, 133

Ni Lao, Einat Minkov, and William W. Cohen, (2015). Learning relational features with backward random walks. In *ACL*. DOI: 10.3115/v1/p15-1065. 132

Neil D. Lawrence and John C. Platt, (2004). Learning to learn with the informative vector machine. In *ICML*. DOI: 10.1145/1015330.1015382. 22

Alessandro Lazaric and Mohammad Ghavamzadeh, (2010). Bayesian multi-task reinforcement learning. In *ICML*, pages 599–606. 10, 32

Phong Le, Marc Dymetman, and Jean-Michel Renders, (2016). LSTM-based mixture-of-experts for knowledge-aware dialogues. *ArXiv Preprint ArXiv:1605.01652*. DOI: 10.18653/v1/w16-1611. 131

Yann LeCun, John S. Denker, and Sara A. Solla, (1990). Optimal brain damage. In *NIPS*, pages 598–605. 61

Yann LeCun, Léon Bottou, Yoshua Bengio, and Patrick Haffner, (1998). Gradient-based learning applied to document recognition. *Proc. of the IEEE*, 86(11):2278–2324. DOI: 10.1109/5.726791. 64, 65, 72, 73, 74

Jeongtae Lee, Jaehong Yun, Sungju Hwang, and Eunho Yang, (2017a). Lifelong learning with dynamically expandable networks. *ArXiv Preprint ArXiv:1708.01547*. 58

Su-In Lee, Vassil Chatalbashev, David Vickrey, and Daphne Koller, (2007). Learning a meta-level prior for feature relevance from multiple related tasks. In *ICML*, pages 489–496. DOI: 10.1145/1273496.1273558. 26

Sang-Woo Lee, Jin-Hwa Kim, Jaehyun Jun, Jung-Woo Ha, and Byoung-Tak Zhang, (2017b). Overcoming catastrophic forgetting by incremental moment matching. In *Advances in Neural Information Processing Systems*, pages 4655–4665. 58

Zhizhong Li and Derek Hoiem, (2016). Learning without forgetting. In *European Conference on Computer Vision*, pages 614–629, Springer. DOI: 10.1007/978-3-319-46493-0_37. 56, 57, 58, 59, 60, 74, 75

Hui Li, Xuejun Liao, and Lawrence Carin, (2009). Multi-task reinforcement learning in partially observable stochastic environments. *The Journal of Machine Learning Research*, 10, pages 1131–1186. 26, 32

Jiwei Li, Will Monroe, and Dan Jurafsky, (2017a). Data distillation for controlling specificity in dialogue generation. *ArXiv Preprint ArXiv:1702.06703*. 131

Jiwei Li, Will Monroe, Tianlin Shi, Alan Ritter, and Dan Jurafsky, (2017b). Adversarial learning for neural dialogue generation. *ArXiv Preprint ArXiv:1701.06547*. DOI: 10.18653/v1/d17-1230. 131

Zhenguo Li, Fengwei Zhou, Fei Chen, and Hang Li. Meta-sgd: Learning to learn quickly for few shot learning. In *arXiv preprint arXiv:1707.09835*, 2017c. 34

Xuejun Liao, Ya Xue, and Lawrence Carin, (2005). Logistic regression with an auxiliary data source. In *ICML*, pages 505–512. DOI: 10.1145/1102351.1102415. 21

Zachary C. Lipton, Jianfeng Gao, Lihong Li, Jianshu Chen, and Li Deng, (2016). Combating reinforcement learning's sisyphean curse with intrinsic fear. *ArXiv Preprint ArXiv:1611.01211*. 59, 75

Bing Liu, (2007). *Web Data Mining: exploring hyperlinks, contents, and usage data*. Springer. DOI: 10.1007/978-3-642-19460-3. 102, 119

Bing Liu, (2012). Sentiment Analysis and Opinion Mining. *Synthesis Lectures on Human Language Technologies*, Morgan & Claypool Publishers. xvii, 3, 35, 91, 92, 117

Bing Liu, (2015). *Sentiment Analysis: Mining Opinions, Sentiments, and Emotions*. Cambridge University Press. xvii, 3, 92

Qian Liu, Zhiqiang Gao, Bing Liu, and Yuanlin Zhang, (2015a). Automated rule selection for aspect extraction in opinion mining. In *IJCAI*, pages 1291–1297. 129

Bing Liu, Wynne Hsu, and Yiming Ma, (1999). Mining association rules with multiple minimum supports. In *KDD*, pages 337–341, ACM. DOI: 10.1145/312129.312274. 102

Bing Liu, Wee Sun Lee, Philip S. Yu, and Xiaoli Li, (2002). Partially supervised classification of text documents. In *ICML*, pages 387–394. 116

Qian Liu, Bing Liu, Yuanlin Zhang, Doo Soon Kim, and Zhiqiang Gao, (2016). Improving opinion aspect extraction using semantic similarity and aspect associations. In *AAAI*. 7, 14, 15, 16, 111, 117, 118, 119, 120, 121, 129

Xiaodong Liu, Jianfeng Gao, Xiaodong He, Li Deng, Kevin Duh, and Ye-Yi Wang, (2015b). Representation learning using multi-task deep neural networks for semantic classification and information retrieval. In *NAACL*. DOI: 10.3115/v1/n15-1092. 4, 29, 30

Vincenzo Lomonaco and Davide Maltoni, (2017). CORe50: A new dataset and benchmark for continuous object recognition. *ArXiv Preprint ArXiv:1705.03550*. 75

David Lopez-Paz et al., (2017). Gradient episodic memory for continual learning. In *Advances in Neural Information Processing Systems*, pages 6470–6479. 58, 74

Ryan Lowe, Nissan Pow, Iulian Serban, and Joelle Pineau, (2015). The ubuntu dialogue corpus: A large dataset for research in unstructured multi-turn dialogue systems. *ArXiv Preprint ArXiv:1506.08909*. DOI: 10.18653/v1/w15-4640. 131, 138

Justin Ma, Lawrence K. Saul, Stefan Savage, and Geoffrey M. Voelker, (2009). Identifying suspicious URLs: An application of large-scale online learning. In *ICML*, pages 681–688. DOI: 10.1145/1553374.1553462. 31

Hosam Mahmoud, (2008). *Polya Urn Models*. Chapman & Hall/CRC Texts in Statistical Science. DOI: 10.1201/9781420059847. 97, 98

Julien Mairal, Francis Bach, Jean Ponce, and Guillermo Sapiro, (2009). Online dictionary learning for sparse coding. In *ICML*, pages 689–696. DOI: 10.1145/1553374.1553463. 31

Julien Mairal, Francis Bach, Jean Ponce, and Guillermo Sapiro, (2010). Online learning for matrix factorization and sparse coding. *The Journal of Machine Learning Research*, 11, pages 19–60. 31

S. Maji, J. Kannala, E. Rahtu, M. Blaschko, and A. Vedaldi, (2013). Fine-grained visual classification of aircraft. *Technical Report*. 75

Arun Mallya and Svetlana Lazebnik, (2017). PackNet: Adding multiple tasks to a single network by iterative pruning. *ArXiv Preprint ArXiv:1711.05769*. 58

Daniel J. Mankowitz, Augustin Žídek, André Barreto, Dan Horgan, Matteo Hessel, John Quan, Junhyuk Oh, Hado van Hasselt, David Silver, and Tom Schaul, (2018). Unicorn: Continual learning with a universal, off-policy agent. *ArXiv Preprint ArXiv:1802.08294*. 59, 75

Christopher D. Manning, Prabhakar Raghavan, Hinrich Schütze, et al., (2008). *Introduction to Information Retrieval*, vol. 1. Cambridge University Press, Cambridge. DOI: 10.1017/cbo9780511809071. 84

Nicolas Y. Masse, Gregory D. Grant, and David J. Freedman, (2018). Alleviating catastrophic forgetting using context-dependent gating and synaptic stabilization. *ArXiv Preprint ArXiv:1802.01569*. 58

Andreas Maurer, Massimiliano Pontil, and Bernardino Romera-Paredes, (2013). Sparse coding for multitask and transfer learning. In *ICML*, pages 343–351. 27

Sahisnu Mazumder and Bing Liu, (2017). Context-aware path ranking for knowledge base completion. In *IJCAI*. DOI: 10.24963/ijcai.2017/166. 132, 134

Sahisnu Mazumder, Nianzu Ma, and Bing Liu, (2018). Towards a continuous knowledge learning engine for chatbots. In *ArXiv:1802.06024 [cs.CL]*. 7, 131, 132, 133, 134, 135, 137, 138

Andrew McCallum and Kamal Nigam, (1998). A comparison of event models for Naive Bayes text classification. In *AAAI Workshop Learning for Text Categorization*. 47

James L. McClelland, Bruce L. McNaughton, and Randall C. O'reilly, (1995). Why there are complementary learning systems in the hippocampus and neocortex: Insights from the successes and failures of connectionist models of learning and memory. *Psychological Review*, 102(3):419. DOI: 10.1037//0033-295x.102.3.419. 58

Michael McCloskey and Neal J. Cohen, (1989). Catastrophic interference in connectionist networks: The sequential learning problem. In *Psychology of Learning and Motivation*, vol. 24, pages 109–165, Elsevier. DOI: 10.1016/s0079-7421(08)60536-8. 7, 55

Neville Mehta, Sriraam Natarajan, Prasad Tadepalli, and Alan Fern, (2008). Transfer in variable-reward hierarchical reinforcement learning. *Machine Learning*, 73(3), pages 289–312. DOI: 10.1007/s10994-008-5061-y. 32

Thomas Mensink, Jakob Verbeek, Florent Perronnin, and Gabriela Csurka, (2013). Distance based image classification: Generalizing to new classes at near-zero cost. *IEEE Transactions Pattern Analysis and Machine Intelligence*, 35(11):2624—2637. DOI: 10.1109/tpami.2013.83. 79

Tomas Mikolov, Kai Chen, Greg Corrado, and Jeffrey Dean, (2013a). Efficient estimation of word representations in vector space. *ArXiv*. 51

Tomas Mikolov, Ilya Sutskever, Kai Chen, Greg S. Corrado, and Jeff Dean, (2013). Distributed representations of words and phrases and their compositionality. In *NIPS*, pages 3111–3119.

Tomas Mikolov, Ilya Sutskever, Kai Chen, Greg S. Corrado, and Jeff Dean, (2013b). Distributed representations of words and phrases and their compositionality. In *Advances in Neural Information Processing Systems 26*, pages 3111–3119, Curran Associates, Inc. 51, 120

George A. Miller, (1995). WordNet: A lexical database for English. *Communications on ACM*, 38(11), pages 39–41. DOI: 10.1145/219717.219748. 92

David Mimno, Hanna M. Wallach, Edmund Talley, Miriam Leenders, and Andrew McCallum, (2011). Optimizing semantic coherence in topic models. In *EMNLP*, pages 262–272. 98, 99

Nikhil Mishra, Mostafa Rohaninejad, Xi Chen, and Pieter Abbeel. A simple neural attentive meta-learner. In *ICLR*, 2018. 34

T. Mitchell, W. Cohen, E. Hruschka, P. Talukdar, J. Betteridge, A. Carlson, B. Dalvi, M. Gardner, B. Kisiel, J. Krishnamurthy, N. Lao, K. Mazaitis, T. Mohamed, N. Nakashole, E. Platanios, A. Ritter, M. Samadi, B. Settles, R. Wang, D. Wijaya, A. Gupta, X. Chen, A. Saparov, M. Greaves, and J. Welling, (2015). Never-ending learning. In *AAAI*. DOI: 10.1145/3191513. 8, 16, 111, 115, 116, 154, 155

Andriy Mnih and Geoffrey Hinton, (2007). Three new graphical models for statistical language modelling. In *ICML*. DOI: 10.1145/1273496.1273577. 51

Volodymyr Mnih, Koray Kavukcuoglu, David Silver, Alex Graves, Ioannis Antonoglou, Daan Wierstra, and Martin Riedmiller, (2013). Playing atari with deep reinforcement learning. *ArXiv Preprint ArXiv:1312.5602*. 75

Joseph Modayil, Adam White, and Richard S. Sutton, (2014). Multi-timescale nexting in a reinforcement learning robot. *Adaptive Behavior*, 22(2), pages 146–160. DOI: 10.1177/1059712313511648. 33

Arjun Mukherjee and Bing Liu, (2012). Aspect extraction through semi-supervised modeling. In *ACL*, pages 339–348. 91, 92

Stefan Munder and Dariu M. Gavrila, (2006). An experimental study on pedestrian classification. *IEEE Transactions on Pattern Analysis and Machine Intelligence*, 28(11):1863–1868. DOI: 10.1109/tpami.2006.217. 75

Tsendsuren Munkhdalai and Hong Yu. Meta networks. *arXiv preprint arXiv:1703.00837*, 2017. 33

Arvind Neelakantan, Benjamin Roth, and Andrew McCallum, (2015). Compositional vector space models for knowledge base completion. *ArXiv Preprint ArXiv:1504.06662*. DOI: 10.3115/v1/p15-1016. 134

Yuval Netzer, Tao Wang, Adam Coates, Alessandro Bissacco, Bo Wu, and Andrew Y. Ng, (2011). Reading digits in natural images with unsupervised feature learning. In *NIPS Workshop on Deep Learning and Unsupervised Feature Learning*, page 5. 74

Cuong V. Nguyen, Yingzhen Li, Thang D. Bui, and Richard E. Turner, (2017). Variational continual learning. *ArXiv Preprint ArXiv:1710.10628*. 58

Maximilian Nickel, Kevin Murphy, Volker Tresp, and Evgeniy Gabrilovich, (2015). A review of relational machine learning for knowledge graphs. *ArXiv Preprint ArXiv:1503.00759*. DOI: 10.1109/jproc.2015.2483592. 132

Maria-Elena Nilsback and Andrew Zisserman, (2008). Automated flower classification over a large number of classes. In *6th Indian Conference on Computer Vision, Graphics and Image Processing*, pages 722–729, IEEE. DOI: 10.1109/icvgip.2008.47. 75

Sinno Jialin Pan and Qiang Yang, (2010). A survey on transfer learning. *IEEE Transactions on Knowledge and Data Engineering*, 22(10), pages 1345–1359. DOI: 10.1109/tkde.2009.191. 10, 21

Sinno Jialin Pan, Xiaochuan Ni, Jian-Tao Sun, Qiang Yang, and Zheng Chen, (2010). Cross-domain sentiment classification via spectral feature alignment. In *WWW*, pages 751–760. DOI: 10.1145/1772690.1772767. 22

German I. Parisi, Ronald Kemker, Jose L. Part, Christopher Kanan, and Stefan Wermter, (2018a). Continual lifelong learning with neural networks: A review. *ArXiv Preprint ArXiv:1802.07569*. 7, 57

German I. Parisi, Jun Tani, Cornelius Weber, and Stefan Wermter, (2017). Lifelong learning of human actions with deep neural network self-organization. *Neural Networks*, 96:137–149. DOI: 10.1016/j.neunet.2017.09.001. 59

German I. Parisi, Jun Tani, Cornelius Weber, and Stefan Wermter, (2018b). Lifelong learning of spatiotemporal representations with dual-memory recurrent self-organization. *ArXiv Preprint ArXiv:1805.10966*. 58, 75

Jeffrey Pennington, Richard Socher, and Christopher D. Manning, (2014). Glove: Global vectors for word representation. In *EMNLP*, pages 1532–1543. DOI: 10.3115/v1/d14-1162. 51, 121

Anastasia Pentina and Christoph H. Lampert, (2014). A PAC-Bayesian bound for lifelong learning. In *ICML*, pages 991–999. 7, 36

Jan Peters and Stefan Schaal, (2006). Policy gradient methods for robotics. In *IROS*, pages 2219–2225. DOI: 10.1109/iros.2006.282564. 147

Jan Peters and J. Andrew Bagnell, (2011). Policy gradient methods. In *Encyclopedia of Machine Learning*, pages 774–776, Springer. DOI: 10.1007/978-1-4899-7502-7_646-1. 147

James Petterson, Alex Smola, Tibério Caetano, Wray Buntine, and Shravan Narayanamurthy, (2010). Word features for latent Dirichlet allocation. In *NIPS*, pages 1921–1929. 92

John Platt et al., (1999). Probabilistic outputs for support vector machines and comparisons to regularized likelihood methods. *Advances in Large Margin Classifiers*, 10(3), pages 61–74. DOI: 10.1016/j.knosys.2012.04.006. 82

Robi Polikar, Lalita Upda, Satish S. Upda, and Vasant Honavar, (2001). Learn++: An incremental learning algorithm for supervised neural networks. *IEEE Transactions on Systems, Man, and Cybernetics, Part C (Applications and Reviews)*, 31(4):497–508. DOI: 10.1109/5326.983933. 58

Dean A. Pomerleau, (2012). *Neural Network Perception for Mobile Robot Guidance*, vol. 239. Springer Science and Business Media. DOI: 10.1007/978-1-4615-3192-0. 53

Guang Qiu, Bing Liu, Jiajun Bu, and Chun Chen, (2011). Opinion word expansion and target extraction through double propagation. *Computational Linguistics*, 37(1), pages 9–27. DOI: 10.1162/coli_a_00034. 118

Ariadna Quattoni and Antonio Torralba, (2009). Recognizing indoor scenes. In *CVPR*, pages 413–420, IEEE. DOI: 10.1109/cvpr.2009.5206537. 75

J. Ross Quinlan and R. Mike Cameron-Jones, (1993). FOIL: A midterm report. In *ECML*, pages 3–20. DOI: 10.1007/3-540-56602-3_124. 116, 117

Alec Radford, Luke Metz, and Soumith Chintala, (2015). Unsupervised representation learning with deep convolutional generative adversarial networks. *ArXiv Preprint ArXiv:1511.06434*. 70

Rajat Raina, Alexis Battle, Honglak Lee, Benjamin Packer, and Andrew Y. Ng, (2007). Self-taught learning: Transfer learning from unlabeled data. In *ICML*, pages 759–766. DOI: 10.1145/1273496.1273592. 156

Steve Ramirez, Xu Liu, Pei-Ann Lin, Junghyup Suh, Michele Pignatelli, Roger L. Redondo, Tomás J. Ryan, and Susumu Tonegawa, (2013). Creating a false memory in the hippocampus. *Science*, 341(6144):387–391. 70
DOI: 10.1126/science.1239073.

Amal Rannen Ep Triki, Rahaf Aljundi, Matthew Blaschko, and Tinne Tuytelaars, (2017). Encoder based lifelong learning. In *ICCV 2017*, pages 1320–1328. DOI: 10.1109/iccv.2017.148. 57, 70, 74

Sachin Ravi and Hugo Larochelle. Optimization as a model for few-shot learning. In *ICLR*, 2017. 34

Sylvestre-Alvise Rebuffi, Alexander Kolesnikov, and Christoph H. Lampert, (2017). iCaRL: Incremental classifier and representation learning. In *CVPR*, pages 5533–5542. DOI: 10.1109/cvpr.2017.587. 57, 64, 65, 74, 75

Fiona M. Richardson and Michael S. C. Thomas, (2008). Critical periods and catastrophic interference effects in the development of self-organizing feature maps. *Developmental Science*, 11(3):371–389. DOI: 10.1111/j.1467-7687.2008.00682.x. 56

Leonardo Rigutini, Marco Maggini, and Bing Liu, (2005). An EM based training algorithm for cross-language text categorization. In *Proc. of the IEEE/WIC/ACM International Conference on Web Intelligence*, pages 529–535. DOI: 10.1109/wi.2005.29. 23, 24

Mark Bishop Ring, (1994). Continual learning in reinforcement environments. Ph.D. thesis, University of Texas at Austin Austin, TX. 59

Mark B. Ring, (1998). CHILD: A first step towards continual learning. In *Learning to Learn*, pages 261–292. DOI: 10.1007/978-1-4615-5529-2_11. 8, 140

Anthony Robins, (1995). Catastrophic forgetting, rehearsal and pseudorehearsal. *Connection Science*, 7(2):123–146. DOI: 10.1080/09540099550039318. 58, 71

Amir Rosenfeld and John K. Tsotsos, (2017). Incremental Learning Through Deep Adaptation. *ArXiv Preprint ArXiv:1705.04228*. 57, 74

David E. Rumelhart, Geoffrey E. Hinton, and Ronald J. Williams, (1985). Learning internal representations by error propagation. *Technical Report*, DTIC Document. DOI: 10.21236/ada164453. 39

Olga Russakovsky, Jia Deng, Hao Su, Jonathan Krause, Sanjeev Satheesh, Sean Ma, Zhiheng Huang, Andrej Karpathy, Aditya Khosla, Michael Bernstein, et al., (2015). Imagenet large scale visual recognition challenge. *International Journal of Computer Vision*, 115(3):211–252. DOI: 10.1007/s11263-015-0816-y. 56, 75

Andrei A. Rusu, Sergio Gomez Colmenarejo, Caglar Gulcehre, Guillaume Desjardins, James Kirkpatrick, Razvan Pascanu, Volodymyr Mnih, Koray Kavukcuoglu, and Raia Hadsell, (2015). Policy distillation. *ArXiv Preprint ArXiv:1511.06295*. 61

Andrei A. Rusu, Neil C. Rabinowitz, Guillaume Desjardins, Hubert Soyer, James Kirkpatrick, Koray Kavukcuoglu, Razvan Pascanu, and Raia Hadsell, (2016). Progressive neural networks. *ArXiv Preprint ArXiv:1606.04671*. 57, 59, 61, 75

Paul Ruvolo and Eric Eaton, (2013a). Active task selection for lifelong machine learning. In *AAAI*, pages 862–868. 7, 40, 45, 46

Paul Ruvolo and Eric Eaton, (2013b). ELLA: An efficient lifelong learning algorithm. In *ICML*, pages 507–515. 7, 8, 14, 15, 16, 27, 36, 37, 40, 41, 42, 44, 53, 140, 146, 150

Adam Santoro, Sergey Bartunov, Matthew Botvinick, Daan Wierstra, and Timothy Lillicrap. Meta-learning with memory-augmented neural networks. In *ICML*, pages 1842–1850, 2016. 33

Walter J. Scheirer, Anderson de Rezende Rocha, Archana Sapkota, and Terrance E. Boult, (2013). Toward open set recognition. *Pattern Analysis and Machine Intelligence, IEEE Transactions on*, 35(7), pages 1757–1772. DOI: 10.1109/tpami.2012.256. 82, 83

Juergen Schmidhuber, (2018). One big net for everything. *ArXiv:1802.08864 [cs.AI]*, pages 1–17. 58

Mark Schmidt, Glenn Fung, and Rómer Rosales, (2007). Fast optimization methods for L1 regularization: A comparative study and two new approaches. In *ECML*, pages 286–297. DOI: 10.1007/978-3-540-74958-5_28. 28

Anton Schwaighofer, Volker Tresp, and Kai Yu, (2004). Learning Gaussian process kernels via hierarchical Bayes. In *NIPS*, pages 1209–1216. 22

Ari Seff, Alex Beatson, Daniel Suo, and Han Liu, (2017). Continual learning in generative adversarial nets. *ArXiv Preprint ArXiv:1705.08395*. 58, 74

Michael L. Seltzer and Jasha Droppo, (2013). Multi-task learning in deep neural networks for improved phoneme recognition. In *IEEE International Conference on Acoustics, Speech and Signal Processing*, pages 6965–6969. DOI: 10.1109/icassp.2013.6639012. 30

Iulian Vlad Serban, Ryan Lowe, Peter Henderson, Laurent Charlin, and Joelle Pineau, (2015). A survey of available corpora for building data-driven dialogue systems. *ArXiv Preprint ArXiv:1512.05742*. 131

Joan Serrà, Dídac Surís, Marius Miron, and Alexandros Karatzoglou, (2018). Overcoming catastrophic forgetting with hard attention to the task. *ArXiv Preprint ArXiv:1801.01423*. 58

Nicholas Shackel, (2007). Bertrand's paradox and the principle of indifference. *Philosophy of Science*, 74(2), pages 150–175. DOI: 10.1086/519028. 82

Donald Shepard, (1968). A two-dimensional interpolation function for irregularly-spaced data. In *Proc. of the 23rd ACM National Conference*, pages 517–524. DOI: 10.1145/800186.810616. 37

Hidetoshi Shimodaira, (2000). Improving predictive inference under covariate shift by weighting the log-likelihood function. *Journal of Statistical Planning and Inference*, 90(2), pages 227–244. DOI: 10.1016/s0378-3758(00)00115-4. 47

Hanul Shin, Jung Kwon Lee, Jaehong Kim, and Jiwon Kim, (2017). Continual learning with deep generative replay. In *NIPS*, pages 2994–3003. 57, 58, 70, 71, 74

Lei Shu, Hu Xu, and Bing Liu, (2017a). Doc: Deep open classification of text documents. In *EMNLP*. DOI: 10.18653/v1/d17-1314. 7, 79, 85, 86

Lei Shu, Bing Liu, Hu Xu, and Annice Kim, (2016). Lifelong-RL: Lifelong relaxation labeling for separating entities and aspects in opinion targets using lifelong graph labeling. In *EMNLP*. 7, 14, 15, 16, 127, 129, 154

Lei Shu, Hu Xu, and Bing Liu, (2018). Unseen class discovery in open-world classification. In *ArXiv:1801.05609 [cs.LG]*. 88, 89

Lei Shu, Hu Xu, and Bing Liu, (2017b). Lifelong learning CRF for supervised aspect extraction. In *Proc. of Annual Meeting of the Association for Computational Linguistics (ACL, Short Paper)*. DOI: 10.18653/v1/p17-2023. 7, 14, 25, 111, 123, 129

Daniel L. Silver and Robert E. Mercer, (1996). The parallel transfer of task knowledge using dynamic learning rates based on a measure of relatedness. *Connection Science*, 8(2), pages 277–294. DOI: 10.1007/978-1-4615-5529-2_9. 7, 36

Daniel L. Silver and Robert E. Mercer, (2002). The task rehearsal method of life-long learning: Overcoming impoverished data. In *Proc. of the 15th Conference of the Canadian Society for Computational Studies of Intelligence on Advances in Artificial Intelligence*, pages 90–101. DOI: 10.1007/3-540-47922-8_8. 7, 15, 36, 39

Daniel L. Silver and Ryan Poirier, (2004). Sequential consolidation of learned task knowledge. In *Conference of the Canadian Society for Computational Studies of Intelligence*, pages 217–232. DOI: 10.1007/978-3-540-24840-8_16. 39

Daniel L. Silver and Ryan Poirier, (2007). Context-sensitive MTL networks for machine lifelong learning. In *FLAIRS Conference*, pages 628–633. 39

Daniel L. Silver, Qiang Yang, and Lianghao Li, (2013). Lifelong machine learning systems: Beyond learning algorithms. In *AAAI Spring Symposium: Lifelong Machine Learning*, pages 49–55. 8

Daniel L. Silver, Geoffrey Mason, and Lubna Eljabu, (2015). Consolidation using sweep task rehearsal: Overcoming the stability-plasticity problem. In *Advances in Artificial Intelligence*, vol. 9091, pages 307–322. DOI: 10.1007/978-3-319-18356-5_27. 7, 15, 36

David Silver, Aja Huang, Chris J. Maddison, Arthur Guez, Laurent Sifre, George van den Driessche, Julian Schrittwieser, Ioannis Antonoglou, Veda Panneershelvam, Marc Lanctot, Sander Dieleman, Dominik Grewe, John Nham, Nal Kalchbrenner, Ilya Sutskever, Timothy Lillicrap, Madeleine Leach, Koray Kavukcuoglu, Thore Graepel, and Demis Hassabis, (2016). Mastering the game of Go with deep neural networks and tree search. *Nature*, 529(7587), pages 484–489. DOI: 10.1038/nature16961. 139, 152

David Silver, Julian Schrittwieser, Karen Simonyan, Ioannis Antonoglou, Aja Huang, Arthur Guez, Thomas Hubert, Lucas Baker, Matthew Lai, Adrian Bolton, et al., (2017). Mastering the game of Go without human knowledge. *Nature*, 550(7676):354. DOI: 10.1038/nature24270. 139, 152

Patrice Simard, Bernard Victorri, Yann LeCun, and John Denker, (1992). Tangent prop-a formalism for specifying selected invariances in an adaptive network. In *NIPS*, pages 895–903. 40

Rupesh K. Srivastava, Jonathan Masci, Sohrob Kazerounian, Faustino Gomez, and Jürgen Schmidhuber, (2013). Compete to compute. In *NIPS*, pages 2310–2318. 72

Johannes Stallkamp, Marc Schlipsing, Jan Salmen, and Christian Igel, (2012). Man vs. computer: Benchmarking machine learning algorithms for traffic sign recognition. *Neural Networks*, 32:323–332. DOI: 10.1016/j.neunet.2012.02.016. 75

Robert Stickgold and Matthew P. Walker, (2007). Sleep-dependent memory consolidation and reconsolidation. *Sleep Medicine*, 8(4):331–343. DOI: 10.1016/j.sleep.2007.03.011. 70

Malcolm Strens, (2000). A Bayesian framework for reinforcement learning. In *ICML*, pages 943–950.

Fabian M. Suchanek, Gjergji Kasneci, and Gerhard Weikum, (2007). Yago: A core of semantic knowledge. In *WWW*, pages 697–706. DOI: 10.1145/1242572.1242667. 144

Masashi Sugiyama, Shinichi Nakajima, Hisashi Kashima, Paul V. Buenau, and Motoaki Kawanabe, (2008). Direct importance estimation with model selection and its application to covariate shift adaptation. In *NIPS*, pages 1433–1440. 111

Richard S. Sutton and Andrew G. Barto, (1998). *Reinforcement Learning: An Introduction.* MIT press. DOI: 10.1109/tnn.1998.712192. 21

Richard S. Sutton, David A. McAllester, Satinder P. Singh, Yishay Mansour, et al., (2000). Policy gradient methods for reinforcement learning with function approximation. In *NIPS*, pages 1057–1063. 32, 139, 144

Richard S. Sutton, Joseph Modayil, Michael Delp, Thomas Degris, Patrick M. Pilarski, Adam White, and Doina Precup, (2011). Horde: A scalable real-time architecture for learning knowledge from unsupervised sensorimotor interaction. In *The 10th International Conference on Autonomous Agents and Multiagent Systems*, vol. 2, pages 761–768. 146, 147

Csaba Szepesvári, (2010). Algorithms for reinforcement learning. *Synthesis Lectures on Artificial Intelligence and Machine Learning*, 4(1), pages 1–103. DOI: 10.2200/s00268ed1v01y201005aim009. 32

Fumihide Tanaka and Masayuki Yamamura, (1997). An approach to lifelong reinforcement learning through multiple environments. In *6th European Workshop on Learning Robots*, pages 93–99. 32

Matthew E. Taylor and Peter Stone, (2007). Cross-domain transfer for reinforcement learning. In *ICML*, pages 879–886. DOI: 10.1145/1273496.1273607. 8, 15, 139, 140, 141, 152

Matthew E. Taylor and Peter Stone, (2009). Transfer learning for reinforcement learning domains: A survey. *The Journal of Machine Learning Research*, 10, pages 1633–1685. DOI: 10.1007/978-3-642-01882-4. 32

Matthew E. Taylor, Peter Stone, and Yaxin Liu, (2007). Transfer learning via inter-task mappings for temporal difference learning. *The Journal of Machine Learning Research*, 8, pages 2125–2167.

Matthew E. Taylor, Nicholas K. Jong, and Peter Stone, (2008). Transferring instances for model-based reinforcement learning. In *ECML PKDD*, pages 488–505. DOI: 10.1007/978-3-540-87481-2_32. 10, 21, 32

Chen Tessler, Shahar Givony, Tom Zahavy, Daniel J. Mankowitz, and Shie Mannor, (2017). A deep hierarchical approach to lifelong learning in minecraft. In *AAAI*, vol. 3, page 6. 151

William R. Thompson, (1933). On the likelihood that one unknown probability exceeds another in view of the evidence of two samples. *Biometrika*, 25(3/4), pages 285–294. DOI: 10.2307/2332286. 32

Sebastian Thrun, (1996a). *Explanation-based Neural Network Learning: A Lifelong Learning Approach*. Kluwer Academic Publishers. DOI: 10.1017/s0269888999211034. 140, 152

Sebastian Thrun, (1996b). Is learning the n-th thing any easier than learning the first? In *NIPS*, pages 640–646. 144

Sebastian Thrun and Tom M. Mitchell, (1995). Lifelong Robot Learning. In: L. Steels, editors, *The Biology and Technology of Intelligent Autonomous Agents*, vol 144. Springer. DOI: 10.1007/978-3-642-79629-6_7. 39

Sebastian Thrun. Lifelong learning algorithms. In S. Thrun and L. Pratt, editors, *Learning To Learn*, pages 181–209. Kluwer Academic Publishers, 1998. 6, 9, 15, 36, 37, 38, 40, 53

Geoffrey G. Towell and Jude W. Shavlik, (1994). Knowledge-based artificial neural networks. *Artificial Intelligence*, 70(1-2), pages 119–165. DOI: 10.1016/0004-3702(94)90105-8. 6, 8, 140

Joseph Turian, Lev Ratinov, and Yoshua Bengio, (2010). Word representations: A simple and general method for semi-supervised learning. In *ACL*, pages 384–394. 33

Rasul Tutunov, Julia El-Zini, Haitham Bou-Ammar, and Ali Jadbabaie, (2017). Distributed lifelong reinforcement learning with sub-linear regret. In *Decision and Control (CDC), IEEE 56th Annual Conference on*, pages 2254–2259. DOI: 10.1109/cdc.2017.8263978.

Michel F. Valstar, Bihan Jiang, Marc Mehu, Maja Pantic, and Klaus Scherer, (2011). The first facial expression recognition and analysis challenge. In *IEEE International Conference on Automatic Face and Gesture Recognition*, pages 921–926. DOI: 10.1109/fg.2011.5771374. 51, 120

Roby Velez and Jeff Clune, (2017). Diffusion-based neuromodulation can eliminate catastrophic forgetting in simple neural networks. *PloS One*, 12(11):e0187736. DOI: 10.1371/journal.pone.0187736. 140

Ragav Venkatesan, Hemanth Venkateswara, Sethuraman Panchanathan, and Baoxin Li, (2017). A strategy for an uncompromising incremental learner. *ArXiv Preprint ArXiv:1705.00744*. 53

Ricardo Vilalta and Youssef Drissi. A perspective view and survey of meta-learning. In *Artificial Intelligence Review*, 18(2):77–95, 2002. 58

Pascal Vincent, Hugo Larochelle, Yoshua Bengio, and Pierre-Antoine Manzagol, (2008). Extracting and composing robust features with denoising autoencoders. In *ICML*, pages 1096–1103. DOI: 10.1145/1390156.1390294. 58, 74

Oriol Vinyals and Quoc Le, (2015). A neural conversational model. *ArXiv Preprint ArXiv:1506.05869*. 33

Alexander Waibel, Toshiyuki Hanazawa, Geofrey Hinton, Kiyohiro Shikano, and Kevin J. Lang, (1989). Phoneme recognition using time-delay neural networks. *IEEE Transactions on Acoustics, Speech, and Signal Processing*, pages 328–339. DOI: 10.1016/b978-0-08-051584-7.50037-1. 24

Sida I Wang, Percy Liang, and Christopher D Manning. Learning language games through interaction. In *arXiv preprint arXiv:1606.02447*, 2016. 131

Chang Wang and Sridhar Mahadevan, (2008). Manifold alignment using procrustes analysis. In *ICML*, pages 1120–1127. DOI: 10.1145/1390156.1390297. 30

Chang Wang and Sridhar Mahadevan, (2009). Manifold alignment without correspondence. In *IJCAI*, pages 1273–1278. 34

Richard C. Wang and William W. Cohen, (2009). Character-level analysis of semi-structured documents for set expansion. In *EMNLP*, pages 1503–1512. DOI: 10.3115/1699648.1699697. 22

Tao Wang, Daniel Lizotte, Michael Bowling, and Dale Schuurmans, (2005). Bayesian sparse sampling for on-line reward optimization. In *ICML*, pages 956–963. DOI: 10.1145/1102351.1102472. 151

Shuai Wang, Zhiyuan Chen, and Bing Liu, (2016). Mining aspect-specific opinion using a holistic lifelong topic model. In *WWW*. DOI: 10.1145/2872427.2883086. 116

Christopher J. C. H. Watkins and Peter Dayan, (1992). Q-learning. In *Machine Learning*. DOI: 10.1007/bf00992698. 144

Xing Wei and W. Bruce Croft, (2006). LDA-based document models for ad hoc retrieval. In *SIGIR*, pages 178–185. DOI: 10.1145/1148170.1148204. 7, 91, 94, 109, 155

Peter Welinder, Steve Branson, Takeshi Mita, Catherine Wah, Florian Schroff, Serge Belongie, and Pietro Perona, (2010). Caltech-UCSD birds 200. 135
91

Robert West, Evgeniy Gabrilovich, Kevin Murphy, Shaohua Sun, Rahul Gupta, and Dekang Lin, (2014). Knowledge base completion via search-based question answering. In *WWW*. DOI: 10.1145/2566486.2568032. 73, 74

Marco Wiering and Martijn Van Otterlo. (2012). Reinforcement learning. *Adaptation, Learning, and Optimization*, 12. DOI: 10.1007/978-3-642-27645-3. 131

Aaron Wilson, Alan Fern, Soumya Ray, and Prasad Tadepalli, (2007). Multi-task reinforcement learning: A hierarchical Bayesian approach. In *ICML*, pages 1015–1022. DOI: 10.1145/1273496.1273624. 32

Rui Xia, Jie Jiang, and Huihui He, (2017). Distantly supervised lifelong learning for large-scale social media sentiment analysis. *IEEE Transactions on Affective Computing*, 8(4):480–491. DOI: 10.1109/taffc.2017.2771234. 8, 14, 15, 16, 140, 142, 143, 146, 152

Pengtao Xie, Diyi Yang, and Eric P. Xing, (2015). Incorporating word correlation knowledge into topic modeling. In *NAACL-HLT*, pages 725–734. DOI: 10.3115/v1/n15-1074. 51

Chen Xing, Wei Wu, Yu Wu, Jie Liu, Yalou Huang, Ming Zhou, and Wei-Ying Ma, (2017). Topic aware neural response generation. In *AAAI*. 92

Hu Xu, Bing Liu, Lei Shu, and Philip Yu, (2018). Lifelong domain word embedding via meta-learning. In *Proc. of 27th International Joint Conference on Artificial Intelligence (IJCAI)*. 131

Ya Xue, Xuejun Liao, Lawrence Carin, and Balaji Krishnapuram, (2007). Multi-task learning for classification with Dirichlet process priors. *The Journal of Machine Learning Research*, 8, pages 35–63. 14, 16, 36, 51, 52, 53

Wei Yang, Wei Lu, and Vincent Zheng, (2017). A simple regularization-based algorithm for learning cross-domain word embeddings. In *EMNLP*. `https://www.aclweb.org/anthology/D17-1311` DOI: 10.18653/v1/d17-1312. 27, 28, 53

Jason Yosinski, Jeff Clune, Yoshua Bengio, and Hod Lipson, (2014). How transferable are features in deep neural networks? In *NIPS*, pages 3320–3328. 52

Kai Yu, Volker Tresp, and Anton Schwaighofer, (2005). Learning Gaussian processes from multiple tasks. In *ICML*, pages 1012–1019. DOI: 10.1145/1102351.1102479. 24

Shipeng Yu, Volker Tresp, and Kai Yu, (2007). Robust multi-task learning with T-processes. In *ICML*, pages 1103–1110. DOI: 10.1145/1273496.1273635. 26

Bianca Zadrozny, (2004). Learning and evaluating classifiers under sample selection bias. In *ICML*, page 114, ACM. DOI: 10.1145/1015330.1015425. 27

Matthew D. Zeiler, M. Ranzato, Rajat Monga, Min Mao, Kun Yang, Quoc Viet Le, Patrick Nguyen, Alan Senior, Vincent Vanhoucke, Jeffrey Dean, et al., (2013). On rectified linear units for speech processing. In *Acoustics, Speech and Signal Processing (ICASSP), IEEE International Conference on*, pages 3517–3521. DOI: 10.1109/icassp.2013.6638312. 47

Friedemann Zenke, Ben Poole, and Surya Ganguli, (2017). Continual learning through synaptic intelligence. In *International Conference on Machine Learning*, pages 3987–3995. 69

Yusen Zhan, Haitham Bou Ammar, and Matthew E. Taylor, (2017). Scalable lifelong reinforcement learning. *Pattern Recognition*, 72:407–418. DOI: 10.1016/j.patcog.2017.07.031. 58, 74

Zhanpeng Zhang, Ping Luo, Chen Change Loy, and Xiaoou Tang, (2014). Facial landmark detection by deep multi-task learning. In *ECCV*, pages 94–108. DOI: 10.1007/978-3-319-10599-4_7. 140

Wayne Xin Zhao, Jing Jiang, Hongfei Yan, and Xiaoming Li, (2010). Jointly modeling aspects and opinions with a MaxEnt-LDA hybrid. In *EMNLP*, pages 56–65. 30

Fengwei Zhou, Bin Wu, and Zhenguo Li. Deep Meta-Learning: Learning to Learn in the Concept Space. In *arXiv preprint arXiv:1802.03596*, 2018. 91

George Kingsley Zipf, (1932). *Selected Papers of the Principle of Relative Frequency in Language*. Harvard University Press. DOI: 10.4159/harvard.9780674434929. 34